高等学校土木工程专业“十三五”规划教材
全国高校土木工程专业应用型本科规划推荐教材

结构试验

黄　华　段留省　王　博　主编
刘伯权　主审

中国建筑工业出版社

图书在版编目（CIP）数据

结构试验/黄华，段留省，王博主编．—北京：中国建筑工业出版社，2019.7（2022.12重印）

高等学校土木工程专业“十三五”规划教材．全国高校土木工程专业应用型本科规划推荐教材

ISBN 978-7-112-23754-8

Ⅰ．①结… Ⅱ．①黄… ②段… ③王… Ⅲ．①建筑结构-结构试验-高等学校-教材 Ⅳ．①TU317

中国版本图书馆CIP数据核字（2019）第095187号

本书依据《高等学校土木工程本科指导性专业规范》和国家最新标准、规范、规程编写，全面系统地讲述了结构试验的基本理论和试验测试相关技术。全书共8章，主要内容包括：绪论、结构试验设计、结构静载试验、结构动载试验、结构抗震试验、既有结构检测与可靠性评定、结构试验的数据处理、现代结构试验测量技术等。

本书可作为高等学校土木工程、建筑学、城乡规划等专业教材，也可作为工程技术人员的参考书。

为了更好地支持教学，本书作者制作了教学课件，有需要的读者可以发送邮件至2917266507@qq.com免费索取。本书通过二维码提供配套数字资源，主要为相关试验课程视频，便于学生理解相关知识。

* * *

责任编辑：聂　伟　王　跃

责任校对：王　瑞

高等学校土木工程专业“十三五”规划教材

全国高校土木工程专业应用型本科规划推荐教材

结构试验

黄　华　段留省　王　博　主编

刘伯权　主审

*

中国建筑工业出版社出版、发行（北京海淀三里河路9号）

各地新华书店、建筑书店经销

霸州市顺浩图文科技发展有限公司制版

北京建筑工业印刷厂印刷

*

开本：787×1092毫米　1/16　印张：14¾　字数：357千字

2019年8月第一版　2022年12月第三次印刷

定价：**36.00**元（附配套数字资源及课件）

ISBN 978-7-112-23754-8

（34075）

前　言

结构试验作为土木工程学科研究和发展的重要手段，在工程技术领域的工程研究、产品开发、生产监督、质量控制等方面起着重要作用。目前，“结构试验”已成为高校土木工程专业的一门专业必修课。本书根据《高等学校土木工程本科指导性专业规范》和国家最新相关标准、规范、规程编写，同时结合结构试验领域最新的试验技术，让学生了解本领域的技术进步和发展趋势。本书的编写特点为：

1. 本书较全面地介绍结构试验测试的各个层面，包括绪论、结构试验设计、结构静载试验、结构动载试验、结构抗震试验、既有结构检测与可靠性评定、结构试验的数据处理、现代结构试验测量技术等内容。

2. 考虑课程特点，以较小的篇幅（按照 24～32 学时教学计划编写），力求通俗易懂，便于读者自学。

3. 结合了长安大学结构与抗震实验室长期以来的试验积累，突出梁、板、柱、剪力墙基本构件的基本力学性能试验，辅以教学视频，使学习内容通俗易懂。

本书第 1、8 章、附录由长安大学黄华编写，第 2、3、5 章由长安大学段留省编写，第 4、6、7 章由长安大学王博编写。二维码数字资源中的视频课程主讲为长安大学石晶、卜永红和段留省。视频编导为长安大学李珺，视频拍摄为长安大学王涛、于鹏，视频编辑为长安大学王凤琦，视频剧务为长安大学郑继亭。全书由黄华统稿。本书由长安大学刘伯权教授审阅。

本书可作为高等学校土木工程、建筑学、城乡规划等专业的教材，也可作为工程技术人员的参考书。

本书在编写过程中参考了近年来出版的优秀教材、同行专家学者的相关论文和试验资料，也参考了部分网络资料、相关实验室的设备介绍和宣传资料、设备生产厂家的说明书和操作手册，对上述作者表示诚挚感谢。受编者的水平与实践经验所限，书中的错误和不足之处在所难免，恳请读者批评指正。

黄　华

2019 年 6 月西安

目　　录

第1章　绪　　论

内容提要： 本章介绍了结构试验的主要任务、目的和分类，给出了本课程的特点和学习建议。

能力要求： 掌握结构试验的分类方法，了解结构试验的主要任务、目的，以及本课程的特点。

1.1　结构试验的任务

建筑、桥梁、铁路等工程结构使用过程中，承受各种作用（如荷载等直接作用，温度、混凝土收缩、地震作用等间接作用），它将产生内力和变形等一系列结构反应。为了解和掌握工程结构在各种作用下的反应，就需要进行试验测试，以获得反映结构性能的各种参数。如图1-1所示为某新型结构的抗震性能试验。通过作动器在结构模型上施加低周反复荷载，由位移计和荷载传感器测得结构模型的滞回曲线，进而分析模型结构的抗震性能，包括结构强度、刚度、延性和变形能力等。

图1-1　某新型结构抗震性能试验

由此可见，结构试验的任务就是在试验对象（梁、板、柱等结构构件、子结构或结构模型等）上，以各种试验技术为手段，通过使用各种测试设备，量测不同作用（各种荷载、地震、温度、变形等）下与试验对象工作性能有关的各种参数（力、变形、应力、应变、裂缝、振幅、频率），从强度、刚度、稳定性和试验对象的实际破坏形态来判断其实际工作性能，评估其承载能力，确定试验对象对规范和使用要求的符合程度，为工程设计过程中结构优化、使用安全性和可靠性评估提供依据，并用以检验和发展结构的设计和计算理论。

1.2 结构试验的分类

结构试验一般根据试验目的、荷载性质、试验对象、试验场合、试验时间等因素进行分类。

1.2.1 根据试验目的分类

根据试验目的，一般将结构试验分为科学研究性试验和生产鉴定性试验两大类。

1.2.1.1 科学研究性试验

科学研究性试验具有研究、探索和开发的属性，主要用于验证结构的计算理论、科学判断、推理、假定以及概念的正确性，或通过结构试验创造某种新型结构体系，发展新型结构计算理论。例如广州新电视塔的风洞试验主要适用于解决新型结构的抗风设计问题，地震模拟振动台试验主要解决该新型结构体系抗震设计问题，但二者的试验模型是完全不同的。科学研究性试验的试验对象是针对某一研究目的进行设计和制作的，并通过专门的加载设备和数据测试系统，对试验对象的受力性能和破坏过程进行观测和分析研究，从而找出力学规律，为验证设计理论、计算假定和设计方法提供试验依据。科学研究性试验通常解决以下三个方面的问题：

1. 验证结构设计理论的各种假定

结构设计中，人们经常为了计算上的方便，对结构构件的计算简图和结构材料的本构关系作某些简化的假定。例如结构设计中梁柱的平截面假定，钢筋的双折线、三折线型本构关系等完全是基于构件和材料的试验测试加以确定的。

2. 为设计规范的制定和修订提供依据

我国现行各类结构设计规范除了总结已有工程经验以外，还参照了大量结构或构件的模型试验和原型试验的研究，如混凝土结构、砌体结构和钢结构的梁、柱、节点、墙板、框架等足尺和缩尺模型的试验研究，为编制各类结构设计规范提供了基本资料与试验数据。这些都体现了结构试验学科在发展设计理论和改进设计方法上的作用。

3. 为发展和推广新结构、新材料与新工艺提供试验依据

随着建筑科学和社会经济发展的需要，新结构、新材料和新工艺不断涌现。例如近年来的超高性能混凝土的应用，冷弯薄壁轻钢结构的设计，以及新型体育场馆等大跨度结构，高层、超高层建筑，核电站安全壳等特种结构的设计施工。每一种新型材料的应用，每一个新型结构的设计和新工艺的施工，都离不开反反复复的工程实践与科学研究试验，即由实践到认识，由认识到实践的多次反复，从而积累资料，丰富认识，使设计计算理论不断改进和完善。

1.2.1.2 生产鉴定性试验

生产鉴定性试验以实际结构或构件为对象，通过试验来检验其是否符合现行相关设计规范及施工验收规范的要求，并依据试验结果作出相应的技术结论。生产鉴定性试验通常解决以下四个方面的问题：

1. 检验结构工程质量，评价设计和施工的可靠性。

对于重大工程和一些比较重要的结构，除设计和施工阶段进行必要的试验研究外，在

实际结构建成以后，还要求通过试验综合性地鉴定其质量的可靠程度，如大桥通车前的荷载试验等。

2. 检验预制构件或结构的设计及制作质量。

大量预制构件在出厂或安装前均应对其进行抽样检验，通过试验测试来确定其是否满足预制构件质量检验评定标准的相关要求。

3. 检验加固改造工程的实际承载能力。

对由于承载能力或使用功能不能满足要求而进行加固或改扩建的既有结构，在单凭理论计算不能得到可靠结论时，就需要通过试验来确定其潜在的能力，这对于缺乏设计资料、要求改变结构工作条件的情况更有必要。

4. 为鉴定工程质量事故提供试验依据。

对于因地震、火灾、爆炸等原因受损的结构，或在建造和运营过程中发现有严重质量缺陷的结构，往往有必要借助现场承载力试验或取样测试，对受损或缺陷结构进行详细检验。

5. 既有结构的可靠性鉴定，通过试验评估结构的承载力和剩余寿命。

既有结构随着服役期的增长，由于荷载作用、环境因素等逐渐出现老化现象，承载力降低、使用性能劣化。为保证服役结构的安全使用，尽可能地延长它的使用寿命和防止结构破坏、倒塌等，可通过观察、检测、试验和分析，按可靠性鉴定规程评定其安全等级，由此推断既有结构的可靠性，并评估其剩余寿命。

1.2.2 根据荷载性质分类

根据试验荷载的性质，一般将结构试验分为静力试验和动力试验两大类。

1.2.2.1 静力试验

静力试验是结构试验中最常见的基本试验。由于大部分结构在服役过程中所承受的荷载以静力荷载为主，因此可以采用重物或千斤顶、电液伺服作动器等加载设备来满足加载要求。需要指出的是，“静力”一般是指试验过程中，结构本身运动的加速度效应（惯性力效应）可以忽略不计。根据试验性质的不同，静力试验可分为单调静力荷载试验、拟静力试验和拟动力试验。

静力试验在加载过程中，荷载是从零开始逐步递增一直到结构破坏为止，加载过程是在一个不长的时间段内完成的，如钢筋混凝土梁的正截面破坏试验。因此，这类试验也称作“结构单调加载静力试验”。

拟静力试验也称低周反复荷载试验或伪静力试验。它属于结构抗震试验的一种，利用加载系统对结构施加逐渐增大的反复作用荷载或交替变化的位移而使之破坏。结构或构件的受力历程与结构在地震作用下的受力历程基本相似，但加载的速度远低于实际结构在地震作用下所经历的变形速度。

拟动力试验则是通过计算机和电液伺服加载系统进行联机，计算机根据结构的当前状态信息和输入的地震波，控制加载系统对结构模型按实际的反应位移进行加载，使试验更接近于实际结构动力反应的真实情况。拟动力试验是在拟静力试验基础上发展起来的一种加载方法，也是一种结构抗震试验方法，是将地震实际反应所产生的惯性力作为荷载加在试验结构上，使结构所产生的非线性力学特征与结构在实际地震动作用下所经历的真实过程完全一致，但其加载周期还是远远大于实际结构的基本周期，仍然归为静力试验。

1.2.2.2 动力试验

实际结构运营过程中，一定条件下主要承受动力作用，如厂房吊车梁承受吊车的动力作用、桥梁承受车辆荷载作用、高层建筑在风荷载下的动力作用以及结构抵御地震作用等。为了了解结构或构件在动力荷载作用下的工作性能，则需要进行结构动力试验，通过动力加载设备对试验对象施加动力荷载，并测试其动力响应。典型的动力试验有疲劳试验、动力特性试验、地震模拟振动台试验和风洞试验等。

1. 疲劳试验

结构在动力荷载作用下，内部某一点或某一部分发生局部的、永久性的组织变化（损伤）的一种递增过程称为疲劳。经过足够多次应力或应变循环后，材料损伤累积导致裂纹生成并扩展，最后发生结构疲劳破坏。结构或构件的疲劳试验就是利用疲劳试验机，使构件受到重复作用的荷载，通过试验确定重复作用荷载的大小和次数对结构承载力的影响。对于混凝土结构，常规的疲劳试验按每分钟 400 次到 500 次、总次数为 200 万次进行。

2. 动力特性试验

结构动力特性是指结构物在振动过程中所表现的固有性质，包括固有频率（自振频率）、振型和阻尼系数。结构动力特性参数在结构的抗震、抗风设计中至关重要。在结构分析中，采用振型分解法求得结构的自振频率和振型，称为模态分析。用实验的方法获得这些模态参数的方法称为实验模态分析方法。测定结构动力特性参数时，通常采用人工激励法或环境随机激励法使结构产生振动，同时量测并记录结构的速度响应或加速度响应，再通过信号分析得到结构的动力特性参数。动力特性试验的对象以整体结构为主，可以在现场测试原型结构的动力特性，也可以在实验室对模型结构进行动力特性试验。

3. 地震模拟振动台试验

为真实再现结构地震时的动力反应，国内外开发了地震模拟振动台实验系统。试验时，在振动台上安装结构模型，然后控制振动台按预先设定的地震波发生运动，量测记录结构模型的动力反应，如位移、应变、加速度等数据，并观察结构的破坏过程和破坏形态。如图 1-2 所示为某结构的地震模拟振动台试验，一次试验通常在几秒到十几秒内完成，对振动台加载系统、控制系统和动态数据采集系统都有很高的要求。由于目前的分析方法还不能完全解决大型复杂结构非线性地震响应的计算，因此振动台试验常常成为必要的结构试验分析方法。

4. 风洞试验

对于高层结构、大跨结构等风荷载影响较大的结构，为准确进行风荷载计算，一般需进行风洞试验，测试风荷载体型系数、结构表面平均风压分布系数、风振系数等设计参数。结构风洞试验装置如图 1-3 所示，它是一种能够产生和控制气流以模拟建筑或桥梁等结构物周围的空气流动，并可量测气流对结构的作用，以及观察有关物理现象的一种管状空气动力学试验设备。结构风洞试验模型如图 1-3（d）所示，一般分为钝体模型和气弹模型两种。其中，钝体模型主要用于研究风荷载作用下结构表面各个位置的风压，而气弹模型则主要用于研究风致振动以及相关的空气动力学现象。

除以上动力试验外，还有结构爆炸试验、强迫振动试验、冲击碰撞试验等动载试验方法。对于现场或野外的动力试验，还可利用环境随机振动试验测定结构动力特性模态参

(a)

(b)

图 1-2 结构地震模拟振动台试验

(a) 振动台面及结构模型；(b) 振动台试验计算机控制系统

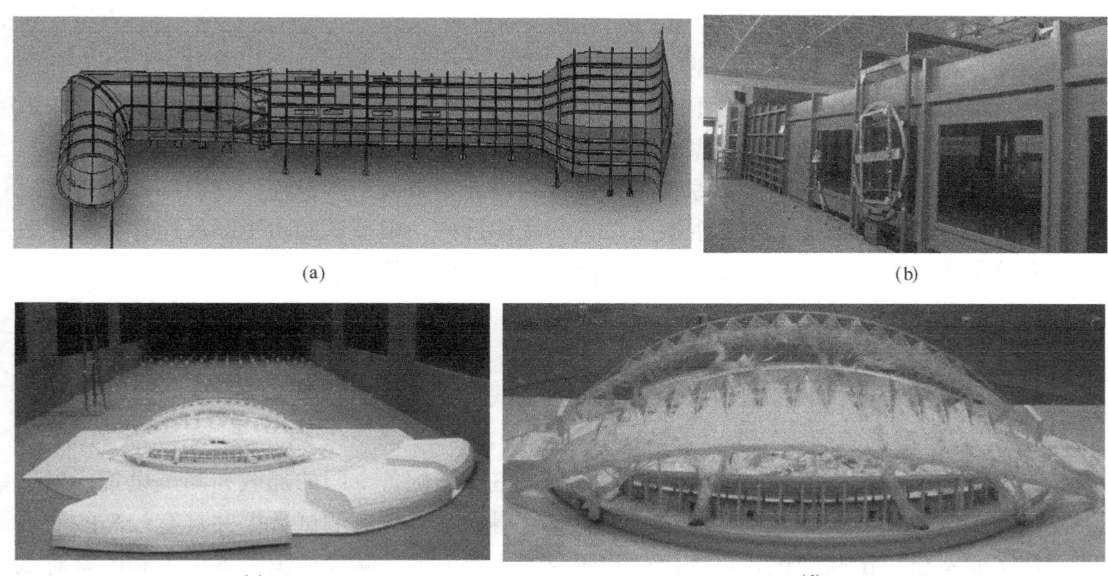

(a) (b) (c) (d)

图 1-3 风洞试验

(a) 直流吸气式边界层风洞气动轮廓图；(b) 风洞实验室照片；(c) 某体育场风洞试验；(d) 风洞试验模型

数。并可以利用人工爆炸产生人工地震的方法，甚至直接利用天然地震对结构进行抗震性能试验。由于荷载特性的不同，动力试验的加载设备和测试手段也与静力试验有很大的差别，并且要比静力试验复杂得多。

1.2.3 根据试验对象分类

根据试验对象，一般将结构试验分为原型试验和模型试验两大类。

1.2.3.1 原型试验

原型试验常采用实际结构或者按实际结构进行足尺复制的结构或构件。这类结构试验的对象，尺寸与实际结构相同或接近，可不考虑结构尺寸效应的影响。完全足尺的原型结构试验一般用于鉴定性试验，且大多是在工程结构现场进行的非破坏性试验；而在实验室内进行的足尺构件试验，则以破坏性试验为主，例如核电站的安全壳整体加压试验、桥梁的车辆荷载试验等。我国自20世纪70年代以来，先后进行了装配整体式框架结构、钢筋混凝土框架轻板结构、配筋砌体混合房屋结构的足尺结构试验。

原型结构试验的投资大、试验周期长、加载设备复杂，不论是鉴定性试验还是研究性试验都受到许多限制。但原型试验不受尺寸效应影响，可对实际结构的整体性、结构各部分的相互作用以及结构构造进行真实全面了解和把握，有着构件试验或模型试验不可取代的研究意义。

1.2.3.2 模型试验

模型试验是采用结构或构件的模型进行试验，被试验的模型与结构或构件原型在几何形状上基本相似，具有原型结构的全部或主要特征。例如，为研究结构抗震性能而进行的地震模拟振动台试验常采用大比例缩尺模型，如图1-2所示。为研究风对桥梁和结构的作用而进行的风洞试验，模型尺寸与原型结构之比可以达到1∶100，甚至更大，如图1-3所示。

与原型试验相比，模型试验的关键之一是模型结构的设计与制作。尤其如图1-2和图1-3所示的大比例缩尺模型，必须根据相似理论进行设计，模型所受的荷载也应符合相似关系，以使模型的力学性能与原型相似，根据模型试验的结果能够较为准确地推断原型结构的性能。模型试验常用于验证原型结构设计的设计参数或结构设计的安全度，也广泛应用于结构工程的科学研究。对于混凝土结构和砌体结构，模型试验由于缩尺而存在尺寸效应，对这类模型试验的结果必须经过校正以消除尺寸效应的影响。

1.2.4 根据试验场合分类

根据试验场合，一般将结构试验分为实验室试验和现场试验两大类。

1.2.4.1 实验室试验

实验室试验是指在实验室内进行试验。实验室试验配备专门的加载和测试设备，可采用精密和灵敏的仪器设备进行试验测试，能够获得大量有效的测试数据并具有较高的准确度。在实验室进行试验测试，可突出试验研究的主要方面，减少或消除各种不利因素对试验的影响，同时可以为试验测试人员提供一个适宜的工作环境。如图1-4所示为同济大学多功能振动台实验室，配备了大量精密的实验设备，可进行包括地震模拟振动台试验在内的大型结构静力、动力试验。

1.2.4.2 现场试验

现场试验是指在结构所在场地或施工现场进行的试验。与实验室试验相比，由于现场客观环境条件的影响，加载和测试方法相对受到一定限制，进行试验的方法相对简单。但现场试验研究对象常常是正在建造或使用的结构物，因此可获得结构工程实际工作状态下的数据资料，如图1-5所示为某桩基承载力现场加载试验。

图 1-4　同济大学多功能振动台实验室

图 1-5　某桩基承载力现场加载试验

1.2.5　根据试验时间分类

根据试验时荷载作用时间的长短，一般将结构试验分为短期荷载试验和长期荷载试验两大类。

1.2.5.1　短期荷载试验

对于主要承受静力荷载的结构或构件，实际荷载经常是长期作用的，如结构的自重以及设备重量等。但在进行结构试验时，受到试验条件、试验时间和基于解决问题的步骤等限制，只能采用短期荷载试验，即荷载从零开始施加到结构最终发生破坏或到某阶段进行卸荷，时间总共只有几十分钟、几小时或者几天。

对于承受动荷载的结构，即使是结构的疲劳试验，整个加载过程也仅在几天内完成，与实际工作有一定差别。对于爆炸、地震等特殊荷载作用时，整个试验的加荷过程只有几秒甚至是微秒或毫秒级，这种试验实际上是一种瞬态的冲击试验。

所以严格地讲，短期荷载试验不能代替长年累月进行的长期荷载试验，因此在分析试验结果时就必须考虑。

1.2.5.2　长期荷载试验

长期荷载试验也可称为持久试验，加载过程将持续几个月或几年时间，通过试验以获得结构性能随时间变化的规律，如混凝土结构的徐变，预应力结构中钢筋的松弛等。

为保证试验的精度，需要对试验环境进行严格控制，如保持恒温恒湿、防止振动影响等，这就必须在实验室内进行。如果能在现场对实际工作中的结构物进行系统长期观测，则积累和获得的数据资料对于研究结构的实际工作性能，进一步完善和发展结构理论都具有极为重要的意义。

1.3 课程的特点和学习方法

结构试验是土木工程专业的一门专业课，这门课程与其他课程具有密切的关系。首先，它以结构工程的专业知识为基础。材料力学、结构力学、弹性力学、混凝土结构、砌体结构、钢结构等课程是本课程的基础和先修课程，而学生掌握本课程的理论和方法，也将对结构性能和结构理论有更深刻理解。其次，结构试验依靠加载设备和仪器仪表进行，了解加载设备和测试仪器的基本原理和工作方法是本课程的重要环节。掌握机械、液压、电工学、电子学、化学、物理学等方面的知识，对理解结构试验方法有很大好处。此外，电子计算机是现代结构试验技术的核心，结构试验离不开计算机的试验控制、数据采集、信号分析和误差处理。结构试验技术还涉及自动控制、信号分析、数理统计等课程。总之，结构试验是一门综合性很强的课程，结构试验常常以直观的方式给出结构性能，但必须综合运用各方面的知识，全面掌握结构试验技术，才能准确理解结构受力的本质，提高结构理论水平。

结构试验还必须遵守一定的规则，以保证实验测试的准确性和可重复性。就结构试验，我国颁布了《混凝土结构试验方法标准》GB/T 50152—2012、《建筑抗震试验规程》JGJ/T 101—2015 等技术标准。对不同类型的结构，也用技术标准的形式规定了检测方法。这些与结构试验有关的技术标准或在技术标准中与结构试验有关的规定，有确保试验数据准确，结构安全可靠，统一评价尺度的功能，其作用与结构设计规范相同，在进行结构试验时必须遵守。

结构试验课具有实践性强的特点，通过课程的学习提高学生的动手能力和创新能力。学生在理论知识学习的基础上，参与相关试验的设计、制作、加载和数据处理，熟悉仪器

(a)

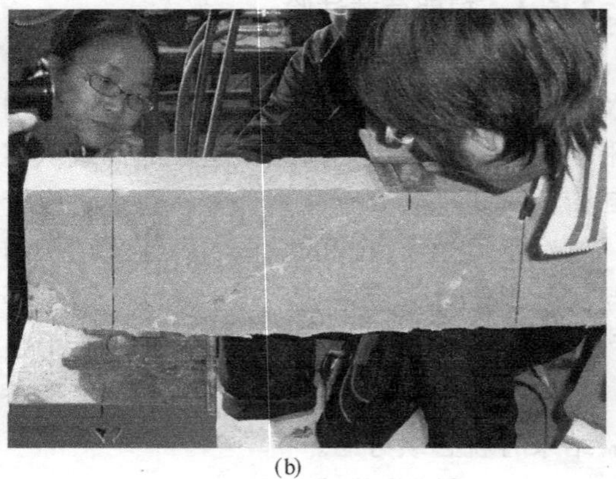

(b)

图 1-6 学生分组试验

(a) 钢筋混凝土梁正截面强度试验；(b) 钢筋混凝土梁斜截面强度试验

仪表操作，并最终完成相关试验测试。除掌握常规测试技术外，很多知识是在具体试验中掌握的，要在试验操作中注意体会。图 1-6 为学生进行钢筋混凝土梁正截面强度试验和斜截面强度试验，学生在试验过程中体会理论与实践相结合的乐趣。

思　考　题

1-1　结构试验的任务是什么？

1-2　结构试验如何分类？

1-3　研究性试验和生产鉴定性试验的区别是什么？

1-4　怎样才能学好“结构试验”这门课程？

第 2 章　结构试验设计

内容提要：结构试验设计是试验研究的关键一环，包括结构试验的试件设计、模型设计、荷载设计、观测设计，本章还讨论了材料的力学性能与结构试验的关系，提出了结构试验大纲和试验基本文件的编制要求。

能力要求：掌握结构试验设计的关键步骤和要求，了解材料力学性能与试验的关系，熟悉试验大纲的编制工作。

2.1　结构试验一般过程

结构试验是根据试验目的设计并完成试验任务，通过分析获得试验结论的操作过程。一般包括试验设计、试验准备、试验实施、试验分析四个环节，各环节的相互关系及工作内容见图 2-1。

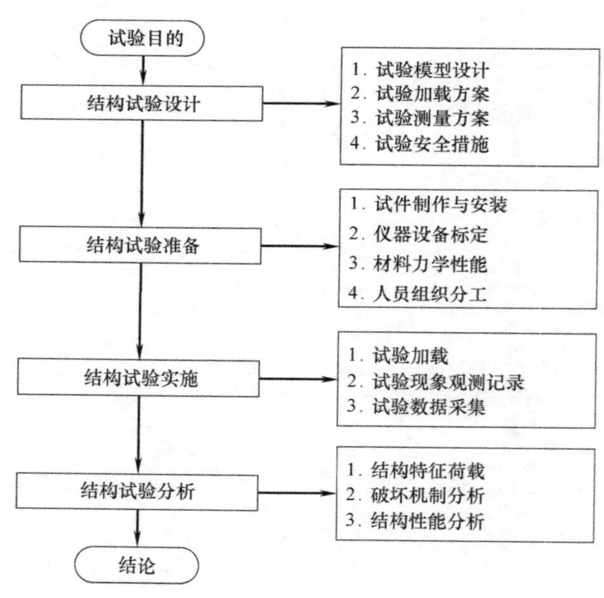

图 2-1　结构试验流程图

1. 结构试验设计

结构试验设计是对试验工作的总体规划和详细部署，是一项统筹全局的工作。试验设计时应根据试验目的，充分了解试验的任务要求，调查收集有关资料，确定试验的性质与规模。设计试验试件，制定加载与测量方案，准备试验设备与仪器仪表。此外，还应安排试验参与人员，编制经费预算，提出安全措施，最终制定试验大纲和进度计划。

在进行试验方案设计时，应通过必要理论计算和分析选择合适的设备仪表，制定合理的测点布设及加载方案；有时为解决某些不确定性的问题，可先做一些探索性试验，为试验设计和技术措施提供依据。

对于生产性试验，试验对象为既有结构或构件，不再需要试件设计。注意调查设计图纸、计算书、设计依据、施工记录、材料性能报告、隐蔽工程记录、建筑历史、事故经过等，并对试件进行实地检测，考察结构的设计和施工质量，结合试验目的制定试验计划。

2. 结构试验准备

试验准备工作包括试件制作、设备调试、仪表安装、材性试验、荷载估算等，准备工作充分与否直接影响试验进度，应注意各环节的工作，认真准备并做好工作日志，以便出现问题时查找原因。

3. 结构试验实施

结构试验实施是指按试验大纲的加载方案进行加载，加载过程中做好试验现象观测和数据记录。实时分析判断关键数据，如钢筋应变、裂缝、钢材应变、钢板屈曲、构件挠度等量测数据，发现异常情况时应查明原因，排除故障后方可继续进行试验。

试验过程中，尤其是进行第一个试件的试验时，需要工作人员严格按照试验方案，集中精力，观察试验过程中的各个细节，以便及时发现问题、解决问题。试验过程中，应客观记录和采集量测数据，同时拍照、摄像形成影像资料，以便后期核查分析使用。

4. 试验分析

通过试验加载，获得大量原始数据和各阶段照片，需要将数据进行整理分析，才能得到试验规律和研究结论。处理时注意异常数据，及时查找原因，保证测试结果真实可信。

2.2 结构试验试件设计

结构试验的试件可以取实际结构的整体或者其中一部分，也可以按照比例制作足尺模型或缩尺模型。试件设计应包括试件形状、尺寸、数量及构造措施，并满足试件在原结构中的受力边界条件。

2.2.1 试件形状

试件形状设计原则是实现试验研究所要求的受力状态。在静力系统中的单一构件较容易实现，比如简支梁、悬臂柱、简支桁架等。

但对于从整体结构中抽取的部分结构或节点，应特别注意受力边界条件分析，以保证抽取的子结构与原受力状态保持一致，并且能够在实验室现有条件下实现。常见试件形状如下：

简单情况下的框架试验中，大多设计成支座固结的单层单跨框架。

剪力墙结构试验，一般取底部若干层高度的剪力墙。

连梁试验，将两端混凝土剪力墙简化为混凝土支墩，中间为连梁。

砌体墙体，一般为单层墙体结构。

节点试验，节点上下两端的高度一般按柱子反弯点位置选取，梁长度一般取原结构梁跨度的 1/3。

2.2.2 试件尺寸

根据实验室条件和试验目的，试件尺寸可以按足尺制作，也可以按缩尺模型制作。

足尺试件不仅要求加载实验室空间大，还需要足够加载能力的试验设备，耗资大，周期长，不便于参数化研究。缩尺试验可适当增加试件数量，详细考察试件各因素对结构性能的影响规律。国内外大量研究表明，适当缩尺的试件试验结果与足尺试验并无显著差异。但缩尺试件尺寸不能太小，以防产生缩尺效应，影响试验结果。缩尺效应是指材料的力学性能不再是一个常数，而是随着材料几何尺寸的变化而变化。例如钢筋混凝土试件，试件尺寸缩小后，骨料和水泥本身无法进一步缩小，将影响试件钢筋与混凝土的黏结性能和强度。

除特殊研究要求外，一般都采用适量缩尺试件进行试验研究，这样既可以增加试验数量和类型，又可以降低试验成本。

常见试验的试件尺寸见表 2-1。

常见试件尺寸 表 2-1

试验类型	常用比例/尺寸	荷载类型
单个构件	1/4～1	静力试验
框架节点	1/2～1	静力试验
剪力墙	1/10～1/3	静力试验
砌块砌体	1/4～1/2	静力试验
混凝土短柱	150mm×150mm～500mm×500mm	静力试验
振动台	1/50～1/3	动力试验

2.2.3 试件数量

试件数量直接影响试验周期、工作量和研究成本。对于生产性试验和预制构件，一般按照试验任务的要求或相关质量验收规范或检测标准的规定执行。对于科研型试验，试件是按照研究目的专门设计制作，由于影响试件性能的因素很多，若每种因素都进行定量研究，试件数量会急剧增长。试件性能影响因素称为因子，每个因子都可以发生变化，变化的幅度或者量值称为水平。因子和水平数越多则试件数量越庞大。

如研究钢筋混凝土短柱抗剪强度试验时，混凝土强度等级、受拉钢筋配筋率、配箍率、轴向应力和剪跨比是主要因子。每个因子都有若干水平数。试件设计时必须将它们相互组合起来，才能研究各个参数与其相应各种状态对试验结果的影响。此种试件数量的设计方法称为因子设计法，也称全面试验法或全因子设计法。试件数量等于以水平数为底以因子数为次方的幂函数，即：试件数＝水平数^{因子数}，因子设计法试件组合数目见表 2-2。可见试件数量相当大，一般很难做到。

因子数和水平数对试件数量的影响 表 2-2

因子数 \ 水平数	2	3	4	5
1	2	3	4	5
2	4	9	16	25
3	8	27	64	125
4	16	81	256	625
5	32	243	1024	3215

为此，提出正交试验设计法，利用正交试验表进行整体试验设计，解决研究目的和试件数量之间的矛盾，以最小的试验数量实现试验研究目的。

正交表如表 2-3 所示。L_9（3^4）表示有 4 个因子，每个因子有 3 个水平，组成的试件数目为 9 个；L_{12}（$3^1\times2^4$）表示有 $1+4=5$ 个因子，第 1 个因子有 3 个水平，第 2～5 个因子各有 2 个水平，组成的试件数目为 12 个。更多因子和水平的正交表可查阅有关正交设计的书籍，在此不再赘述。

需要指出的是，利用正交表组织试验，对所得结果作综合评价可以取得很好效果，但因正交设计不能提供某一因子的单值变化，因而要建立单个因子与试验目标间的函数关系有一定困难。根据需要，有些大型结构试验可以预判 2、3 个主要因子，选定 3 个水平数，试件数量一般控制 10 个左右。

正交表示例 L_9（3^4） **表 2-3**

试件数量	*A* 配筋率	*B* 配箍率	*C* 轴压力	*D* 剪跨比
一	1	1	1	1
二	1	2	2	2
三	1	3	3	3
四	2	1	2	3
五	2	2	3	1
六	2	3	1	2
七	3	1	3	2
八	3	2	1	1
九	3	3	2	3

2.2.4 试件设计中需要注意的问题

在试件设计制作中，必须同时考虑试件安装、加载、量测的需要，对试件进行合理的构造设计。例如混凝土试件的支撑点、加载点等受局部作用的部位应预埋钢垫板（图 2-2a、c、f）；屋架试验受集中荷载作用的位置应埋设钢板，以防止试件受局部承压而破坏；荷载加载面倾斜时，应做凸缘平台（图 2-2b），以保证加载设备的稳定设置；在低周反复试验时，为满足构件单侧表面施加反复荷载的需要，应在荷载施加点处预埋承载钢板，以便连接加载用液压装置和荷载传感器（图 2-2c）；在做混凝土偏心受压构件试验时，试件两端应做成牛腿状，且宜布置多层钢筋网片，以保证试件的顺利安装和加载（图 2-2d、e）；砌体墙顶部增设钢筋混凝土垫梁（图 2-2f）；连续梁安装过程中，应采取措施保持全部支座受力均匀，防止因支座悬空而对试验结果产生影响。试件制作时应预留吊装孔，方便试件运输与安装。钢结构试件尤其注意平面外稳定问题，应采取可靠侧向支撑系统保证试验顺利进行。

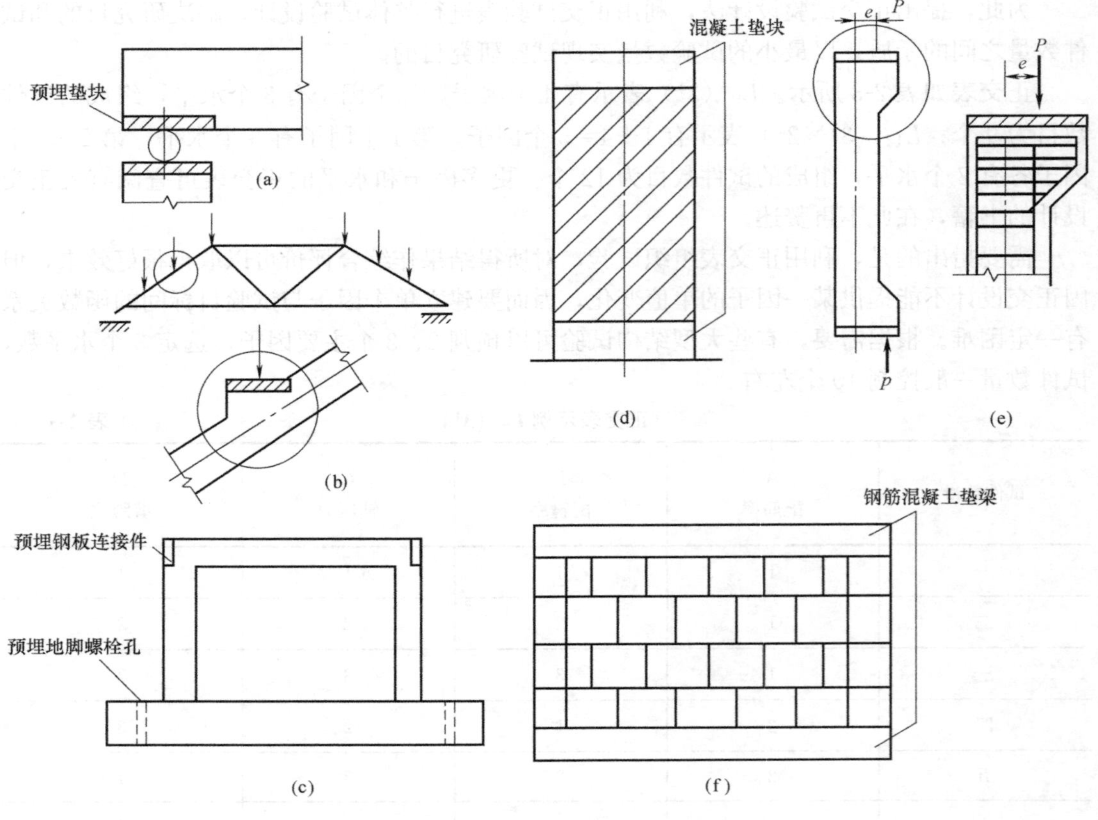

图 2-2　常用试件加载的构造措施

2.3　结构试验模型设计

结构试验除了在原型结构上进行试验和对工程结构中的局部构件（如梁、柱、板等）尺寸不大的足尺试验外，其余大多是通过各相关条件模拟的模型试验。考虑试验设备和经济等原因，通常都是做缩尺比例的结构模型试验。结构试验模型一般缩尺比例较小，具有实际工程结构的全部或部分特征，一般用于研究性试验。

建筑结构模型试验按研究的范围和目的可将结构模型分为弹性模型和强度模型。弹性模型的试验目的是获得原结构在弹性阶段的资料，研究范围限于结构的弹性工作阶段，模型材料不必和原型结构材料完全相似，例如，用有机玻璃制作的桥梁弹性模型。强度模型研究原型结构受荷全过程性能，重点是破坏形态和极限承载能力。强度模型的材料与原型结构相同，钢筋混凝土结构的模型试验常采用强度模型。

2.3.1　相似理论基础

1. 相似的概念和相似常数

结构模型试验中的相似是指模型和实物相对应的物理量相同或成比例。在相似系统中，各相同物理量之比称为相似常数、相似系数或相似比。

（1）几何相似

“几何相似”要求模型和原型对应的尺寸成比例，该比例即为几何相似常数。例如矩形截面简支梁，原型结构截面尺寸为 $b_p \times h_p$，跨度为 L_p。结构试验所做模型结构对应的参数为 b_m、h_m、L_m。下标 m 和 p 分别表示模型结构（model structure）和原型结构（prototype structure）。几何相似常数为：

$$\frac{h_m}{h_p}=\frac{b_m}{b_p}=\frac{L_m}{L_p}=S_l \tag{2-1}$$

结构模型与原型结构满足结构相似就要求模型与原型结构之间所有对应部分的尺寸成比例，除上式关系以外，还可以推导得出以下关系式。

面积比 $S_A=\frac{A_m}{A_p}=S_l{}^2$

截面惯性矩 $S_I=\frac{I_m}{I_p}=S_l{}^4$

截面模量比 $S_W=\frac{W_m}{W_p}=S_l{}^3$

位移相似常数 $S_x=\frac{x_m}{x_p}=\frac{\varepsilon_m l_m}{\varepsilon_p l_p}=S_\varepsilon S_l$

（2）质量相似

在研究工程振动等动力学问题时，要求结构的质量分布相似，即对应部分的质量（通常简化为对应点的集中质量）成比例。质量相似常数 S_m 或用质量密度 S_ρ 表示，而质量等于密度与体积的乘积：

$$S_m=\frac{m_m}{m_p} \tag{2-2}$$

$$S_\rho=\frac{\rho_m}{\rho_p} \tag{2-3}$$

由于模型与原型结构对应部分质量之比为 S_m，体积之比为 $S_V=S_l^3$，则

$$S_\rho=\frac{\rho_m}{\rho_p}\times\frac{V_m}{V_p}\times\frac{V_p}{V_m}=\frac{S_m}{S_l{}^3} \tag{2-4}$$

因此，给定几何常数后，密度相似常数可由质量相似常数导出。

（3）荷载相似

荷载相似要求模型和原型结构在对应点所受的荷载方向一致，大小成比例。

集中荷载相似常数

$$S_p=\frac{p_m}{p_p}=\frac{A_m\sigma_m}{A_p\sigma_p}=S_l{}^2 S_\sigma \tag{2-5}$$

线荷载相似常数 $S_W=S_l S_\sigma$，面荷载相似常数 $S_q=S_\sigma$，集中力矩相似常数 $S_M=S_l{}^3 S_\sigma$，式中，S_σ为应力相似常数。如果模型结构的应力与原型结构应力相同，则 $S_\sigma=1$，上式变为 $S_p=S_l{}^2$。

（4）物理相似

物理相似要求模型结构与原型结构对应点的应力应变、刚度变形关系相似。

$$S_\sigma=\frac{\sigma_m}{\sigma_p}=\frac{E_m\varepsilon_m}{E_p\varepsilon_p}=S_E S_\varepsilon \tag{2-6}$$

$$S_\tau=\frac{\sigma_m}{\sigma_p}=\frac{G_m\gamma_m}{G_p\gamma_p}=S_G S_r \tag{2-7}$$

式中，S_E、S_G、S_ε、S_τ、S_r、S_σ分别为弹性模量、剪切模量、正应变、剪应力、剪应变和泊松比的相似常数。研究与结构变形有关问题时，均涉及刚度问题，由刚度的定义可知，刚度为荷载与变形的比值。

$$S_K=\frac{S_p}{S_x}=\frac{S_\sigma S_l^2}{S_l}=S_\sigma S_l \tag{2-8}$$

（5）时间相似

涉及结构动力问题时，若模型结构的速度、加速度与原型结构的速度、加速度在对应的位置和对应的时刻保持一定的比例，并且运动方向一致，则称速度和加速度相似。时间相似常数为：

$$S_t=\frac{t_m}{t_p} \tag{2-9}$$

（6）边界条件相似

模型结构和原型结构在与外界接触的区域内的各种条件保持相似，包括结构的支承条件相似、约束情况相似、边界受力情况相似等。边界条件相似可以通过不同构造措施和支承装置来实现。

（7）初始条件相似

对于结构动力问题，初始条件包括在初始状态下，结构的初始位移、初始速度和初始加速度。一般情况下，动力试验的初始位移和初始速度为零，故在模型结构试验中容易实现初始条件相似。

2. 模型设计的相似条件

结构模型试验须反映各相关物理量之间的相互关系，也应反映出模型与原型结构各相似常数之间的关系。这种各相似常数之间所应满足的组合关系就是模型与原型结构之间的相似条件。所以，模型设计的关键是要写出相似条件。

模型结构相似常数的个数多于相似条件的数目，模型设计时首先明确几何比例，即几何相似常数 S_l。一般情况下，先确定模型材料，并由此确定 S_E。根据相似条件导出其他物理量的相似常数。当模型结构的 S_l、S_E确定后，其他物理量则为 S_l、S_E的函数或者等于1，如应变 S_ε、泊松比 S_υ、角位移 S_θ等均为无量纲数，它们的相似常数均为1。

模型相似均在假定弹性材料的情况下推导求得，实际工程结构中的钢筋混凝土材料、砌体材料均为非线弹性材料，模拟它的全部非线性性能是很困难的，只有模型结构与原型结构的材料具有相同的强度和变形，才有可能实现。

2.3.2 模型材料与制作要求

1. 模型材料

适用于制作模型的材料有很多，模型材料的物理性能对试验结果的影响显著，因此合理选用模型材料是结构模型试验成败的关键。在模型材料选用时，应考虑以下四个方面的要求：

（1）保证相似要求。要求模型材料本身与原型材料具有相似性，或者是根据模型设计的相似要求选择模型材料，保证模型试验结果可按相似常数相等条件推算至原型结构上。

（2）保证量测要求。要求模型材料在试验时能产生足够大的变形，使量测仪表有足够的读数。因此，应选择有机玻璃等弹性模量适度低一些的模型材料，但也不能过低，否则会因仪器安装或重力等因素影响试验结果。

（3）要求材料性能稳定且有良好的加工性能。要求模型材料不受温度、湿度变化的影响。一般模型结构尺寸较小，对环境变化敏感，容易产生的影响远大于原型结构，因此必须保证材料性能的稳定。此外，选用的模型材料应易于加工和制作，比如在研究结构的弹性反应时，可以用有机玻璃替代钢材，满足一定范围内的线弹性性能的同时也方便了加工和制作。

（4）应特别注意材料的蠕变和温度特性。静力模型试验中，模型受力的时间尺度可能不同于原型，材料蠕变对模型和原型将产生不同的影响。如果模型和原型采用不同的材料，其线膨胀系数可能不同，这将使模型试验中的温度应力不同于原型，有些情况下，将导致模型试验结果与原型性能产生较大的偏差。

一般来说，对于研究弹性阶段应力状态的模型试验，选择的模型材料应尽可能与一般弹性理论的基本假定一致，即是均质、各向同性、应力应变呈线性变化、泊松系数不变等。对于研究结构的全部工作特性，包括超载直至破坏，由于对模型材料模拟的要求更加严格，通常采用与原型极为相似的材料或与原型完全相同的材料来制作模型。

常用的模型材料有金属、塑料、石膏、水泥砂浆以及微混凝土材料，材料特性和适用范围简介如下：

（1）金属

常用的金属材料有钢材、铝合金、铜等。这些金属材料的力学特性符合弹性理论的基本假定。如果原型结构为金属结构（如钢结构），最合适的模型材料为金属材料（比如钢材、铝合金等）。钢材和铝合金的泊松比约为 0.30，比较接近于混凝土材料。尽管用金属材料制作模型有许多优点，但它存在一个致命的弱点就是加工困难，特别是构件连接部位不易满足相似要求，这就限制了金属材料模型的使用范围。此外，金属模型的弹性模量远大于塑料和石膏，荷载模拟较困难。

（2）塑料

塑料属于无机高分子材料，包括有机玻璃、环氧树脂、聚氯乙烯等。这类高分子材料的主要优点是在一定应力范围内具有良好的线弹性性能，弹性模量低，易于加工。但高分子材料的导热性能差，持续应力作用下的徐变较大，弹性模量随温度变化明显。

有机玻璃属于热塑性高分子材料，是常用的结构模型材料之一，弹性模量为 2.3～2.6×10^3kN，泊松比 0.33～0.35，抗拉比例极限大于 30MPa。因为有机玻璃徐变较大，因此试验加载时应控制材料中的应力不超过 7 MPa，而此时的应变可以达到 2000$\mu\varepsilon$，完全可以满足测试精度的要求。

有机玻璃的板材、棒材和管材可以用一般的木工工具切割加工，用氯仿溶剂黏结，也可以采用热气焊接。还可以对有机玻璃加热到 110℃使之软化，在模具上热压进行曲面加工。

（3）石膏

石膏的性质和混凝土相近，均属于脆性材料，而且加工容易，成本较低，常用作钢筋混凝土结构的模型材料。其缺点是抗拉强度低，且要获得均匀和准确的弹性特征比较困难。

纯石膏的弹性模量较高，而且很脆，凝结也快，因此用作模型材料时，往往需要加入一些掺合料来改善石膏的性能。掺合料可以是硅藻土粉末、岩粉、水泥或粉煤灰等粉末类材料，也可以在石膏中加入砂、浮石等颗粒类材料。一般石膏与硅藻土的配合比为2：1，水与石膏的配合比为0.7～2.0，这样形成的材料弹性模量在6×10^3～10×10^3MPa之间。采用石膏制作的结构模型在胎膜中浇注成形，脱模后，可以进行铣、削、切等机械加工，使模型尺寸满足设计要求。

(4) 水泥砂浆

水泥砂浆类的模型材料是以水泥为基本胶凝材料，掺入粒状或粉状外加料，按一定的比例配制而成。水泥砂浆的性能与混凝土比较接近，常用来制作钢筋混凝土板、薄壳等模型结构。

(5) 微混凝土

微混凝土也称微粒混凝土或细石混凝土，与普通混凝土的差别主要在于混凝土的最大粒径明显减小，一般用于制作缩尺比例大的钢筋混凝土模型。当模型的缩尺比例不大于1：4时，混凝土的粗骨料最大粒径为8～10mm，模型中的构件最小尺寸为40～50mm，属于小尺寸结构试验。当模型的缩尺比例大到1：10～1：6时，混凝土的粗骨料最大粒径小于5mm，此时，这类混凝土在试验中的性能表现与普通混凝土相比出现明显差异。高层建筑结构的地震模拟动力试验中，模型缩尺比例更大，构件尺寸更小，相应的混凝土粗骨料的最大粒径也将更小。

通常，当粗骨料粒径很小时，主要考虑微混凝土的水灰比、骨料体积含量、骨料级配等因素，通过试配，使微混凝土达到和原型混凝土相似的力学性能。

此外，对于缩尺比例较大的钢筋混凝土强度模型，还应仔细选择模型用钢筋。因为在钢筋混凝土强度模型试验中，获取破坏荷载和破坏形态往往是试验的主要目的之一，而模型钢筋的特性在一定程度上对结构非弹性性能的模拟起决定性影响。所以，应注意模型钢筋的力学性能相似要求，主要包括弹性模量、屈服强度和极限强度等。必要时，可以使钢筋产生一定程度的锈蚀或用机械方法在模型钢筋表面压痕，以便模拟真实的钢筋和混凝土之间的黏结情况。

2. 模型的制作要求

结构模型制作时主要应注意两个方面，一方面是材料的选择和配制，上文已阐述；另一方面就是模型的加工。模型加工应满足以下要求：

(1) 严格控制误差。一般模型的几何尺寸较原型结构缩小很多，模型尺寸的精度要求比一般结构试验要严格很多。理论上，模型制作的控制误差应按几何相似常数缩小。例如，原型结构构件的截面尺寸施工控制误差为－6～＋9mm，如果模型是原型的1/10，则模型制作时构件尺寸的制作误差应不大于±1mm。当模型的力学性能对几何非线性较为敏感时，模型加工误差的控制要求将更加严格。除构件截面尺寸外，模型结构的整体几何偏差也应严格控制，例如，桥面板的平整度、高层建筑的垂直度等。

(2) 模型材料性能应分布均匀。模型制作过程中，混凝土等材料分批次制作时，其强度随时间变化，或者不同批次的模型混凝土配合比控制误差可能使模型各个构件的强度分布偏离模型设计要求。钢结构焊接过程中的焊缝不均匀，存在初始缺陷等问题时，试验结果将不能反映原型结构的性能。

（3）模型安装和加载部位的连接应满足试验要求。为防止模型结构试验过程中发生局部破坏，通常对模型制作以及加载部位进行局部加强处理，这些加强部位的几何关系也应考虑相似要求。制作部位不但要满足强度要求，还应考虑刚度要求。局部加强部位和支座等均应保证其之间或其与构件之间有可靠的连接。

（4）模型试验对试验环境敏感。模型试验应在环境温度十分稳定的情况下进行，对于采用有机玻璃等高分子材料制作的结构模型一般温度变化不超过±1℃。这类试验，应尽量在安装空调设备的室内，或选择温度变化较小的夜间进行，尽量消除温度变化对试验带来的不利影响。

2.4 结构试验荷载设计

2.4.1 试验加载图式的选择与设计

试验荷载在试件上的布置情况称为加载图式，试验时的加载图式应与结构设计荷载图式一致，使试验时结构的工作状态与实际情况最为接近。但是，有时也会因为下列原因采用不同于设计计算所规定的荷载图式。

（1）对设计计算时采用的荷载图式的合理性有所怀疑，因而在试验时采用某种更接近于结构实际受力情况的荷载布置方式。

（2）受试验条件限制，为了加载方便同时减少荷载量，在不影响结构的工作和试验分析的前提下，改变加载图式。

例如，常用几个集中荷载来代替均布荷载，此时应注意集中荷载的数量和作用位置应尽可能地符合均布荷载所产生的内力值。集中荷载的大小也要根据等效条件换算得到。这些等效条件包括位移等效、应力等效等。采用这种方法布置的荷载称为等效荷载。需要注意的是，采用等效荷载时，必须对某些参数进行修正。例如，当一个构件满足强度等效时，其变形参数（如挠度等）一般不等效，需要对所测变形加以修正。当弯矩等效时，应注意验算剪力对构件的影响。

2.4.2 试验加载装置的设计

为保证试验顺利进行，试验加载装置必须进行专门的设计，满足强度、刚度、稳定性的要求。在使用实验室内现有的或常用的设备装置时，也要按照规定对装置的尺寸、强度、刚度等参数进行复核计算，必要时予以维修或更换。

试验加载装置反复使用后，其装置本身的几何尺寸、加工精度以及零件品质等可能会发生改变，试验前必须严格检查。对于加载装置的强度，首先要满足试验最大设计荷载量的要求，并留有足够的安全储备，同时要考虑到结构加载后局部构件的强度可能有所提高，使试件最大承载能力超出预期的情况。选择试验加载装置时，其刚度要求尤为重要，如果刚度不足，将难以获得试件达到峰值荷载时的变形和受力性能。加载试验装置还应符合结构构件的受力条件，要求能模拟结构构件的边界条件和变形条件。加载装置中应特别注意试件的支承方式，防止约束点摩擦力过大和次应力的产生。

2.4.3 结构试验的加载制度

试验加载制度是指结构试验时荷载或位移与时间的关系。加载制度包括预加载、加载大小、加载速度、持荷时间、加卸载循环次数等。

结构构件的承载能力和变形性质与其所受荷载作用的大小和时间均有关系。不同性质的试验必须根据试验的要求制定不同的加载制度。

在正式加载前，一般要进行一次或多次预加载，以检验加载设备和数据采集设备等是否能正常工作。预加载可以实现试件与加载头、支撑端紧密接触，有利于正式加载过程中数据采集的准确性。

对于一般结构静力试验，加载制度采用预加载和分级正式加载；拟静力试验采用荷载或变形控制的低周往复荷载；拟动力试验采用计算机控制，按结构受地震地面运动加速度作用后的位移反应时程曲线进行加载；一般动力试验采用正弦激振加载，而结构抗震的地震模拟振动台试验则采用模拟地震地面运动加速度地震波的激振加载。

2.5 结构试验观测设计

制定结构试验观测设计方案需要完成的内容有：根据试验目的和要求，确定观测项目，选择两侧区段，布置测点位置；按照确定的测量项目，选择合适的仪表；明确试验观测方法。

2.5.1 观测项目的确定

荷载作用下，结构的变形有两种，一种是反映结构整体工作状况的挠度、侧移或整体变形曲线；另一种是反映结构局部工作状态的裂缝、屈曲、局压变形等。

确定试验观测项目时，应首先考虑整体变形，因为结构整体变形最能反映其工作状态。对于检测性试验，按照结构正常使用极限状态的规范要求，当需要控制结构变形时，试验中也应测量构件的整体变形。

在缺乏测量仪器的情况下，对于生产性试验，只测定最大挠度也能进行定量分析。但对于脆性破坏结构，挠度突然增大与破坏几乎同时出现，没有明显预告，试验时应采取可靠安全措施。

其次是局部变形的测量。如测量钢筋混凝土裂缝出现与发展，评定结构的抗裂性能。测量局部应变，推算控制截面的应力状态；在非破坏试验中，实测应变又是诊断结构应力和极限承载力的关键参数；曲率、转角、局部变形的测量，有助于判定结构的工作状态和抗震性能。

2.5.2 测点布置设计

测点布置应根据观测项目展开，测点选取与布置应注意以下几点：

(1) 测点不宜布置的太多。结构试验仪器装置对结构试件进行变形和应变等测量时，满足试验目的即可，过多测点影响试验加载，降低试验效率。

（2）测点应布置在结构反应的关键点处。通常可先进行计算分析，了解结构受载后内力分布状态和关键点的量测范围，再选择合适的仪器仪表。

（3）测点的布置应尽可能选择便于操作的位置，且应当适当集中，以便于集中管理和测读；同时要考虑测量仪器的安全，在破坏性试验中应注意采取必要措施保护测量仪器，防止跌落损坏。

2.6 材料力学性能与结构试验的关系

2.6.1 材料力学性能测定

试件材料的力学性能对试验前极限荷载估算、试验中的工作状态判断和后期的试验数据处理工作都有重要意义。

常用材料力学性能指标包括混凝土抗压强度、钢材屈服强度和抗拉强度，砌体抗压强度，一般需要测定材料的全过程应力应变关系，并换算出弹性模量。

测定材料力学性能时，应按照国家或行业标准规定的标准试验方法进行。材料试样的尺寸、加工制作、加载方法符合标准，按标准程序试验得出的材料强度，称为“强度标准值”，可用于横向比较和后期试验数据处理分析。

结构试验测定材料力学性能的方法有直接试验法和间接试验法。

（1）直接试验法

直接试验法是最基本和最可靠的测定方法。将材料按规定制成标准试样，在标定过的试验机上用标准试验方法进行试验。试样制作时应注意与结构同材质和养护条件，有参数变化应注意及时编号区别，当采用非标准试样时，应根据规范进行强度换算。

（2）间接试验法

间接试验法也称为“非破损试验法”，对于既有结构，没有同条件的试块，只能采用非破损或微破损的方法测定材料性能。非破损需要借助专用仪器设备来推定结构材料强度，间接测量的物理量有回弹值、硬度值、声速值等。该方法广泛应用于现场工程检测，已发展为一门新型试验测试技术。

2.6.2 材料力学性能影响因素

影响材料力学性能的因素主要有试件尺寸形状、试验加载速率。对于混凝土材料来说，由于材质的不均匀性，受骨料粒径影响，不同形状尺寸的试块，测试结果可能出现较大差异。同一组试块，不同加载速率，试验结果也会不同。

1. 试件尺寸与形状

混凝土材料强度测定常用的试块有立方体和圆柱体两种。我国规范规定用尺寸为150mm×150mm×150mm的立方体试块测定抗压强度标准值，用尺寸为150mm×150mm×300mm的长方体试块测定轴心抗压强度标准值和弹性模量。国外一般采用100mm×200mm或150mm×300mm的圆柱体作为标准试块。

试验发现，混凝土强度随着试块尺寸减小而小幅升高。一方面是试验机上下压板对试块的摩擦力相当于环箍效应，约束混凝土横向变形，受压面积与周长的比值小的试块约束效应更明显；另一方面是内部缺陷（裂缝）随试块尺寸增大而增大。

值得注意的是，立方体制作方便，试块受压面平整度较好，便于试块安装，缺点是棱角处一般由砂浆填充，材料均匀分散程度不及圆柱体试块。圆柱体试块无棱角，边界均匀性较好，截面应力较为均匀，缺点是受压面比较粗糙，容易造成压力不均匀，试验结果离散性偏大。

2. 试验加载速率

加载速率对试验结果影响较大，在进行材料力学性能试验时，加载速率越大，材料应变速率增长越快，试件的强度和弹性模量会相应增大。

钢筋强度与加载速率的关系见图 2-3，混凝土材料也有着与钢筋材料类似的变化规律，原因是高速应变下，混凝土内部微裂缝还来不及发展。一般认为在试验开始加载并在破坏强度值的 50%内时，改变加载速度不会影响试块的最终破坏强度。

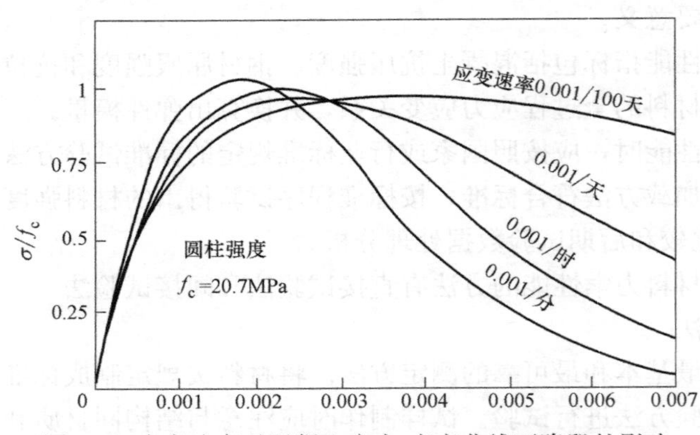

图 2-3　应变速率对混凝土应力-应变曲线下降段的影响

2.7 结构试验大纲和试验基本文件

2.7.1 试验结论

由于试验目的不同，试验的技术结论内容和表达形式也不同。检验性试验的技术结论可根据现行《建筑结构可靠性设计统一标准》GB 50068—2018 中的有关规定进行编写。例如，该标准对结构设计规定了三种极限状态，即承载能力极限状态、正常使用极限状态和耐久性极限状态，所以在结构性能检验报告书中，必须阐明试验结构在承载力极限状态、正常使用极限状态和耐久性极限状态三种情况下，是否满足设计要求（例如构件的强度、刚度、稳定、疲劳或裂缝等）。只有检验结果同时都满足三个极限状态设计所要求的内容时，该构件的结构性能才可评为“合格”，否则评为“不合格”。

检验性试验的技术报告，主要包括以下内容：

（1）检验或鉴定的原因和目的。

（2）试验前或检验后，存在的主要问题，结构所处的工作状态。

（3）采用的检验方案。

（4）试验数据的整理和分析结果。

（5）技术结论或建议。

（6）试验计划，原始记录，有关的设计、施工和使用情况调查报告等附件。

研究性试验，大多是为了探讨或验证某一新的结构理论，因此试验的技术结论无论从深度和广度上都远比检验性试验结论复杂，要求的内容也完全取决于具体的试验研究目的。

2.7.2 试验大纲和日志文件

试验大纲是进行整个试验的指导性文件，试验大纲内容的详略程度视不同的试验而定，但一般应包括以下部分：

（1）试验目的要求（即通过试验最后应得出的数据，如破坏荷载值、设计荷载下的内力分布和挠度曲线、荷载变形曲线等）。

（2）试件设计及制作要求（包括试件设计的依据及理论分析，试件数量及施工图，对试件原材料、制作工艺、制作精度等的要求）。

（3）辅助试验内容（包括辅助试验的目的、试件的种类、数量及尺寸、试件的制作要求、试验方法等）。

（4）试件的安装与就位（包括试件的支座装置、保证侧向稳定装置等）。

（5）加载方法（包括荷载数量及种类、加载设备、加载装置、加载图式、加载程序）。

（6）量测方法（包括测点布置、仪表型号选择、仪表标定方法、仪表的布置与编号、仪表安装方法、量测程序）。

（7）试验过程的观察（包括试验过程中除仪表读数外有关其他方面应作的记录）。

（8）安全措施（安全装置、脚手架、技术安全规定等）。

（9）试验进度计划。

（10）附件（如经费、器材及仪表设备清单等）。

每一结构试验从规划到最终完成应收集整理以下文件资料：

（1）试件施工图及制作要求说明书。

（2）试件制作过程及原始数据记录（包括各部分实际尺寸及疵病情况）。

（3）自制试验设备加工图纸及设计资料。

（4）加载装置及仪表编号布置图。

（5）仪表读数记录表（原始记录）。

（6）量测过程记录（包括照片、录像及测绘图等）。

（7）试件材料及原材料性能的测定结果。

（8）试验数据的整理分析及试验结果总结（包括整理分析所依据的计算公式，整理后的数据图表等）。

（9）试验工作日志。

（10）试验报告是全部试验工作的集中反映，它概括了其他文件的主要内容。编写试验报告应力求简明扼要。试验报告有时也不单独编写，而作为整个研究报告中的一部分。

结构试验必须在一定的理论基础上有效地进行。试验的成果又为理论计算提了宝贵的资料和依据。不可只凭借一些表面现象，草率作出结论，只有经过周详的考察和理论分析，才能作出正确的、符合实际情况的结论。

思 考 题

2-1 结构试验包括哪些主要环节？简述各环节内容。

2-2 采用什么方法确定多因素科研试验的试件参数？

2-3 简述模型设计中主要的相似要求。

2-4 简述结构试验荷载的分类。

2-5 何谓结构试验的加载制度？

2-6 简述试验测点选择与布置的原则。

2-7 加载装置设计时，应满足什么要求？

2-8 试验大纲包括哪些内容？

第 3 章　结构静载试验

内容提要：本章首先介绍了静载结构试验的荷载设备、加载方法、试验台座以及常用仪表工作原理和使用方法。重点阐述电阻应变计的构造、测量原理，惠斯通电桥的原理、组桥方式和应用。还介绍了静载试验的准备工作、加载和测量方案，列出几种常见结构静载试验，最后介绍了常用测量数据处理方法。

能力要求：掌握静载试验的加载方法、加载设备及支承设备；熟悉仪表的工作原理，掌握仪表的使用方法。了解电阻应变计的构造及量测原理、组桥方法、温度补偿技术应用，掌握常用的拉、压、弯曲应变的测量方法；掌握一般静载试验的试验大纲编写、试验构件设计、加载及观测方案制定的要求，能够进行基本构件的静载试验。

土木工程结构静载试验即静力荷载试验，是指对试验对象平缓施加一次或多次荷载直至试验对象破坏的试验，在试验加载过程中不考虑荷载施加时的惯性作用。静载试验操作简单，成本较低，在结构试验中应用最为广泛。通过试验可以获得试验对象的应变、裂缝、变形、失稳、屈曲等基本力学性能和破坏特征。随着工程实践和实验室试验积累，试验方法日趋成熟，已颁布的结构试验方法标准为结构试验提供了参考和指导。

结构静载试验包含加载设备、试验装置和台座、量测设备仪器、一般结构的静载试验方法。

3.1　静载试验加载设备

静载试验荷载施加需要依靠加载设备或配重完成，为保证结构静载试验顺利进行，加载设备应满足下列要求。

（1）加载效果与试验加载方案尽可能接近。保证试验对象再现真实工况下的边界条件，使得内力分布与原设计等效。

（2）传力方式和作用点明确，荷载数值稳定。静力荷载数值应保持相对稳定，不随时间、环境或试验对象变形而产生明显波动，一般要求荷载误差不超过 5%。

（3）设备应有足够的承载能力和刚度，保证试验对象完成试验破坏，防止因设备自身变形导致卸载。

（4）设备操作简单，方便加载和卸载，并能实现不同加载速率要求，适应不同试验对象。

（5）设备宜采用先进技术，配合数据采集系统使用，提高测试效率和试验质量。

静载试验加载方法多样，按荷载来源可分为重力加载和设备加载，前者包含直接重力加载法和间接重力加载法，后者包含液压加载法、机械加载法、气压加载法等。

3.1.1 重力加载法

重力加载法是利用加载物自身重量给试验对象施加荷载，加载物可以直接堆放在试验对象之上作为均布荷载，也可以利用吊篮悬挂于试验对象之上作为集中荷载。在实验室内常见的加载物有砝码、沙袋、混凝土块等，在现场常见的加载物有条石、钢筋等建筑材料。

重力加载法分为直接重力加载和间接重力加载两种。

（1）直接重力加载法

加载物应质量均匀一致、形状规则，不宜采用有吸水性的加载物，铁块、混凝土块、砖块等加载物重量应满足加载分级要求，单块重量不宜大于 25kg，试验前应对加载物进行称重，求得其平均重量；加载物应分堆码放，沿单向或双向受力试件跨度方向的堆积长度宜为 1m 左右，且不应大于试件跨度的 1/6～1/4；堆与堆之间宜预留不小于 50mm 的间隙，避免试件变形后形成内拱作用而卸载，如图 3-1 所示。

当采用散体材料进行均布加载时，散体材料宜装袋称重后计数加载，以防止材料内拱而产生卸载作用。砂子、石料等材料容易受环境湿度变化而变化，重量发生波动，造成试验结果偏差。

当采用吊篮对试件施加集中荷载时，每个吊篮必须分开，或通过分配梁将荷载传递给试件，准确控制所加荷载值，如图 3-2 所示。

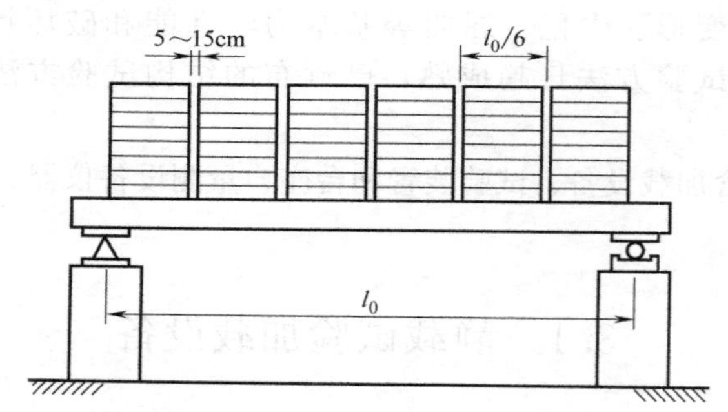

图 3-1 直接重物加载方式

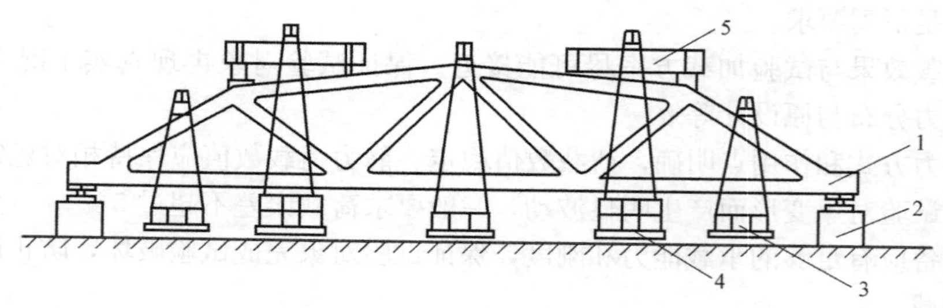

图 3-2 屋架静载试验加载装置

1—屋架试件；2—支墩；3—砝码；4—吊篮；5—分配梁

当采用流体（水）作为加载物进行均布加载时，应有水囊、围堰、隔水膜等有效防止渗漏的措施，如图 3-3 所示。水作为加载物较为高效，施加 $1kN/m^2$ 的均布荷载仅需 10cm 高的水，加载时利用进水管注水，卸载时利用虹吸效应抽水，可以大量减少工时数。

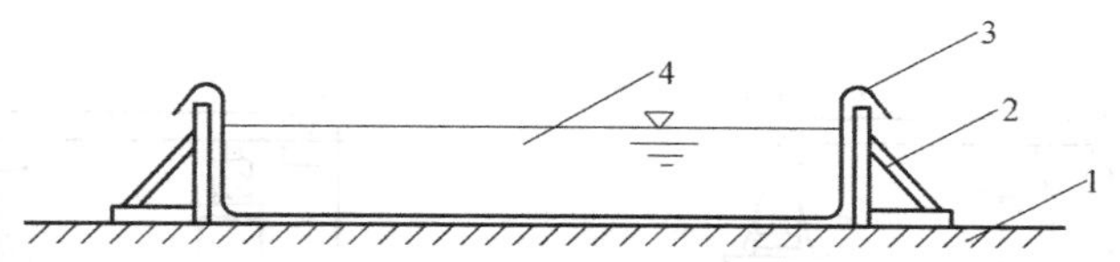

图 3-3 用水作为均布荷载的试验装置

1—试件；2—侧向支撑；3—防水胶布或塑料包；4—水

另外，现场对水塔、水池、油库的特种结构进行载荷试验时，水是最理想的加载物，不仅符合实际工况，同时能检测渗漏情况。

（2）间接重力加载法

直接重力法所加荷载受加载物数量限制，不能满足试验要求。此时可以采用间接重力加载法，即利用杠杆原理将加载物重量进行比例放大后再施加到试件上，以满足加载要求。杠杆制作简单，荷载值稳定，即使试件变形也可保持荷载恒定，特别适合持续集中力加载，诸如试件刚度、裂缝的研究。杠杆加载装置宜因地制宜，常见加载方案如图 3-4、图 3-5 所示。

杠杆重力加载法要求杠杆、拉杆、地锚、吊索、承载盘的承载力、刚度和稳定性符合试验要求，杠杆的三个支点应明确，并应在同一直线上，加载放大比例不宜大于 5 倍。

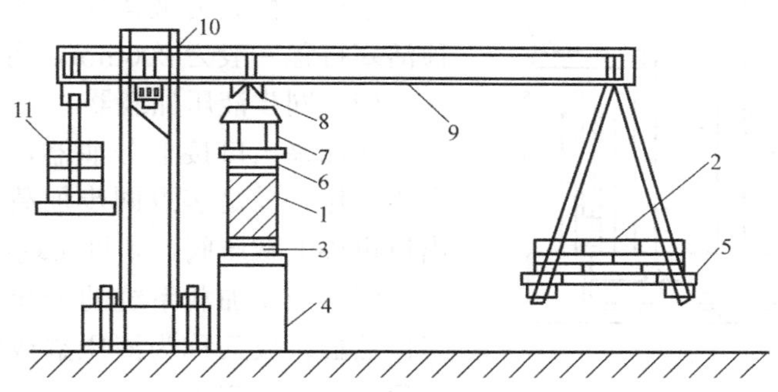

图 3-4 重物集中荷载

1—试件；2—重物；3—支座；4—支墩；5—荷载盘；6—分配梁支座；7—分配梁；8—加载支点；9—杠杆；10—荷载架；11—杠杆平衡重

3.1.2 液压加载法

液压加载设备是目前实验室普遍采用的加载设备。液压加载设备一般由加载作动缸、油泵控制器、荷载架组成。其原理是利用油泵输出带有压力的液压油，输送到油缸后推动油缸内活塞移动，活塞作用于结构，产生荷载。常用的液压加载设备有液压千斤顶、液压加载系统（试验机）、电液伺服液压系统（作动器）。

（1）液压千斤顶

液压千斤顶包括手动油泵和液压加载器两部分，其工作原理见图 3-6 和图 3-7，当手柄上提带动油泵活塞向上运动，油液从储油箱经单向阀抽到油缸中；当手柄带动油泵活塞向下运动时，油泵油缸中的油液压入工作油缸，推动工作活塞向上移动，将荷载施加于试

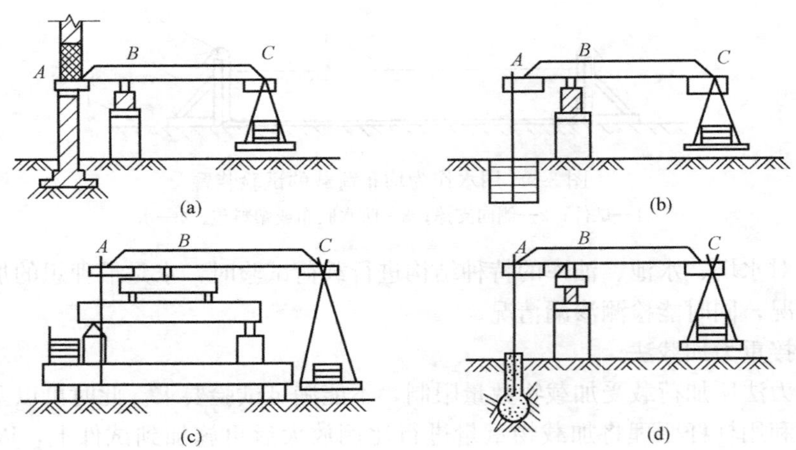

图 3-5 现场试验杠杆加载的试验方法

(a) 墙洞支承；(b) 重物支承；(c) 反弯梁支承；(d) 桩支承

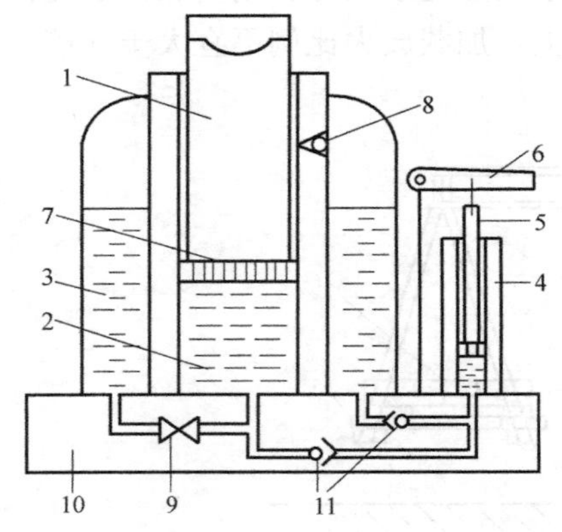

图 3-6 手动液压千斤顶

1—工作活塞；2—工作油缸；3—储油箱；4—油泵油缸；5—油泵活塞；6—手柄；7—油封；8—安全阀；9—泄油阀；10—底座；11—单向阀

件。卸载时只要打开阀门，使油从工作油缸流回储油箱即可。

千斤顶荷载为液体压力乘以活塞面积，千斤顶活塞行程一般为 200mm，满足常规试验要求。

（2）同步液压加载器

将油泵出口接上分油器，可实现多个加载器同步工作，满足多点同步加载试验需要。分油器出口再接上减压阀，则可实现同步施加差异荷载。

同步液压加载系统的千斤顶部分只有活塞和工作油缸，故又称为液压缸或液压加载器，活塞行程较大，活塞外端装有球铰，最大转动角度一般为 15°。同步液压加载系统可以进行大吨位、大行程、大跨度的土木结构试验，不受加载位置和数量限制，能够进行非对称加载。

（3）液压试验机

液压试验机是实验室内进行专门试验的设备，如万能试验机、长柱试验机、压力试验机等，如图 3-8 所示。这类试验机一般由油压操作台、大吨位液压加载器和机架组成，具有精度高、刚度大、操作方便的优点，是材料试样或构件静载的首选设备。

国产长柱试验机最大加载能力已达到 20000kN，试件高度为 10m。试验机操作通过计算机实现，数据采集和处理也能由计算机完成。

（4）电液伺服液压加载系统

电液伺服加载液压加载系统是目前使用最为广泛的加载装置，一般由液压源、控制系统和执行系统三大部分组成。

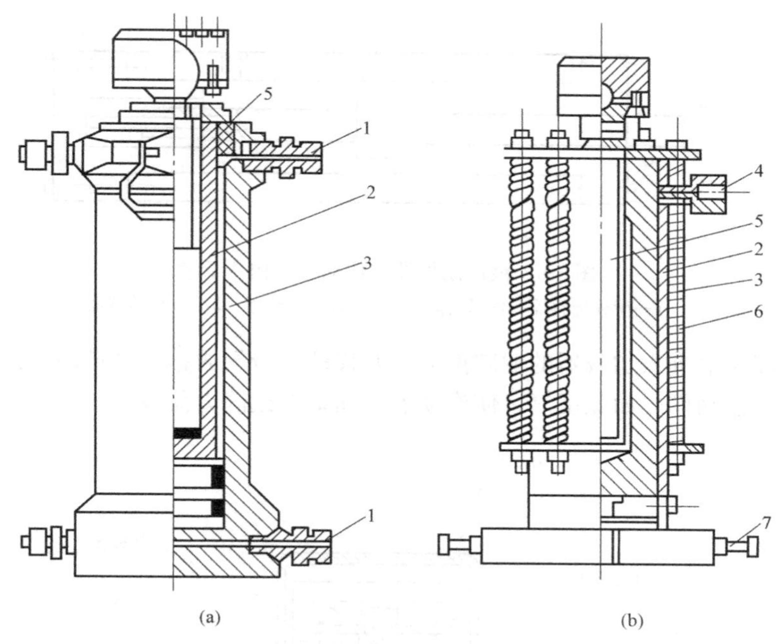

图 3-7　液压加载器

（a）双油路加载器；（b）间隙密封加载器

1—回程油管接头；2—活塞；3—油缸；4—高压油管接头；5—丝杆；6—拉簧；7—吊杆

液压源借助油泵输出高压油，通过伺服阀控制，流进流出加载器两个油腔产生推拉荷载，为保证油压稳定，液压源一般带有蓄能器。

执行系统由支承机构和加载器组成，加载器又称液压激振器或作动器，构造原理见图 3-9。一般为单缸双腔结构，刚度很大，活塞摩擦力很小，便于快速移动，尾座内腔和活塞前端分别装有位移和荷载传感器，能够自动记录和发出反馈信号，实现按位移或荷载控制加载。作动器两端均为铰接连接头。

控制系统通过电液伺服阀来实现电-液信号转换和控制，按放大级数可分为单级、双级和三级，常用为双级。电液伺服阀的控制原理见图 3-10，当电信号输入线圈时，衔铁偏转，带动挡板偏移，使两边喷嘴油的流量失去平衡，压力改变，推动

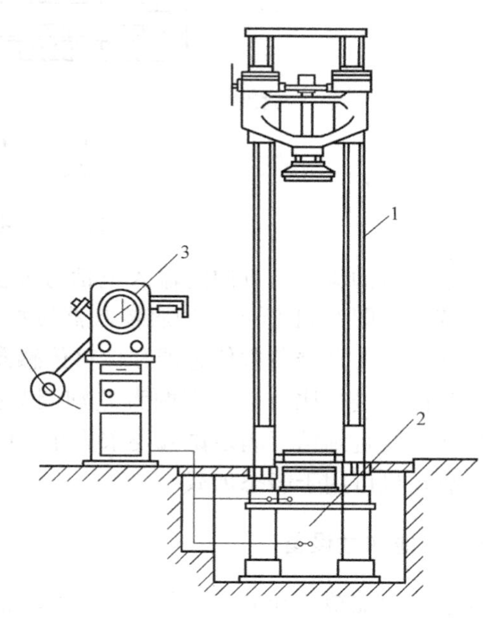

图 3-8　结构长柱试验机

1—试验机架；2—液压加载器；3—液压操纵台

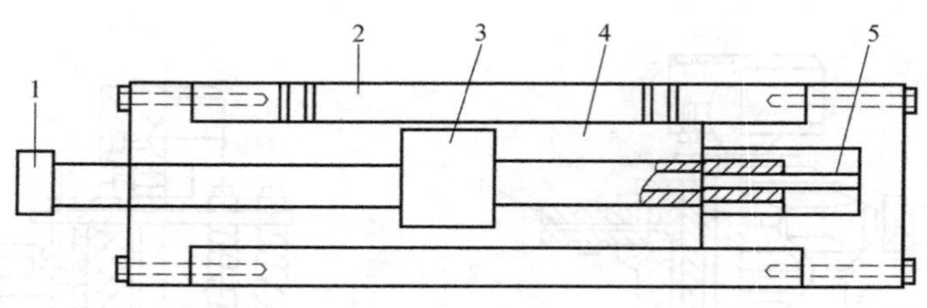

图 3-9 液压激振器（作动器）构造示意图

1—荷载传感器；2—缸体；3—活塞；4—油腔；5—位移传感器

滑阀滑移，高压油进入加载器的油腔推动活塞移动，滑阀的移动又带动反馈杆偏转，使另一挡板开始上述动作。如此反复，使作动器施加动态或静力荷载。

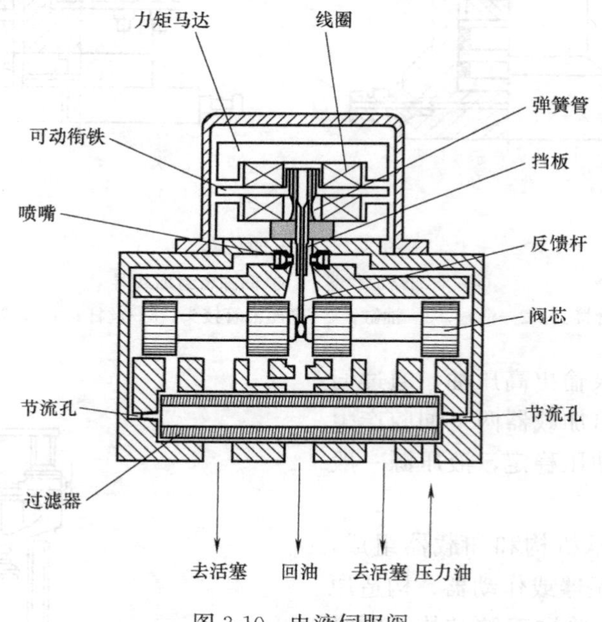

图 3-10 电液伺服阀

由于高压油流量与方向随输入电信号而变化，再加上闭环回路控制，即为电-液伺服工作系统，如图 3-11 所示。伺服控制器按指令信号控制伺服阀对作动器供油，驱动活塞对试件加载，作动器荷载传感器和位移传感器记录并反馈到控制装置，控制装置对指令信号和反馈信号进行比较，根据两者差别调节指令信号并发到伺服阀，调节活塞位置和压力，如此反复直到精度满足试验要求为止。电液伺服作动器具有良好动态性能，既可用作动态加载，也可用于静态加载。

3.1.3 其他加载设备

除了重力加载法和液压加载法，还有其他因地制宜的加载方法，如机械加载法、气压加载法。

（1）机械加载法

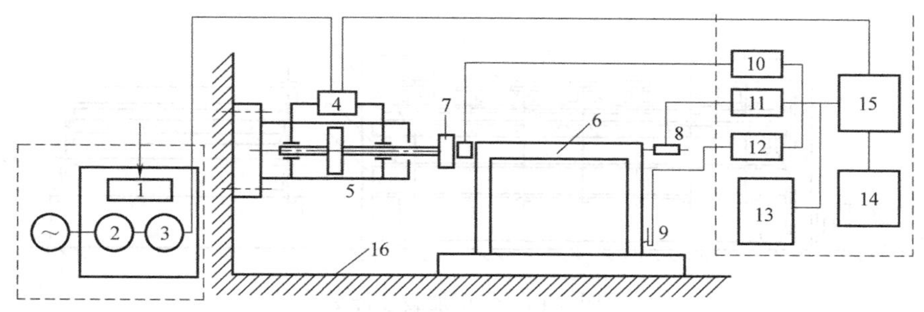

图 3-11　电-液伺服液压系统工作原理

1—冷却器；2—电动机；3—高压油泵；4—电液伺服阀；5—液压加载器；6—试验结构；7—荷重传感器；8—位移传感器；9—应变传感器；10—荷载传感器；11—位移调节器；12—应变放大器；13—记录及显示装置；14—指令发生器；15—伺服控制器；16—刚性地坪

该方法是利用常用机械机具或设备对结构施加拉力或压力，满足试验要求。常见的机械设备有螺旋式千斤顶、倒链（手拉葫芦）、卷扬机、花篮螺栓等，如图 3-12 所示。

螺旋千斤顶是利用蜗轮蜗杆机构传动原理制成，需要用荷载传感器测定荷载值大小，适用于简单加载或安装就位。

卷扬机、倒链主要是借助钢丝或锁链对结构或试件施加拉力，配合滑轮组使用可以改变荷载大小和方向，荷载可以通过测力计测得。

当所需拉力荷载较小时，如小比例缩尺模型，可以使用花篮螺栓加载。

机械加载法的优点是设备简单，容易操作，在高柔结构（桅杆、塔架等）的实测或模型试验中较常使用；缺点是荷载值不大，加载部位变形或影响荷载值大小，造成试验误差。

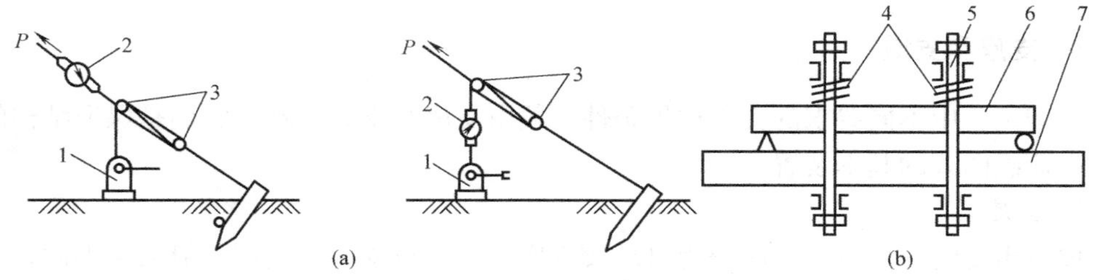

图 3-12　机械加载装置

1—绞车或卷扬机；2—拉力测力计；3—滑轮组；4—弹簧；5—螺杆；6—试件；7—台座或反弯梁

（2）气压加载法

该方法是利用气体充入或抽出产生正压或负压，适合对板或壳体结构施加荷载。正压加载装置示意见图 3-13，将气囊安装于平板试件与台座之间，利用空气压缩机对气囊充气，通过其他表计量所加均布荷载大小，最大荷载可达 200kPa。

负压加载装置示意见图 3-14，将试件与台座之间形成密闭空间，利用真空泵抽走密闭空间空气，利用大气压力对试件进行加载，由真空度计量负压压力，最大荷载可达 100kPa。

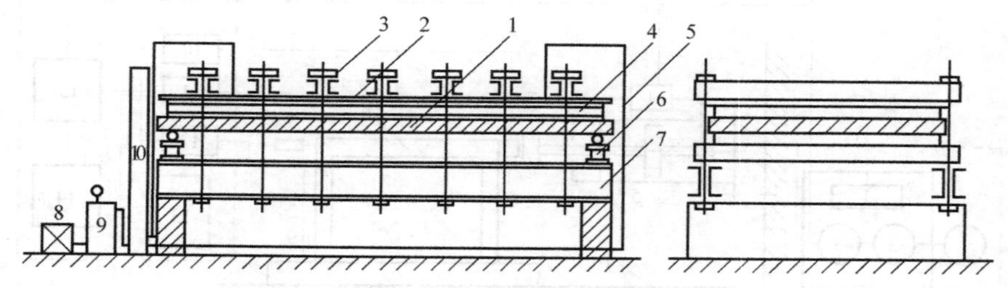

图 3-13　气压加载装置图

1—试件；2—拼合木板；3—承压梁；4—气囊；5—进气支管；6—横梁；7—纵梁；8—空气压缩机；9—蓄气室；10—气压计

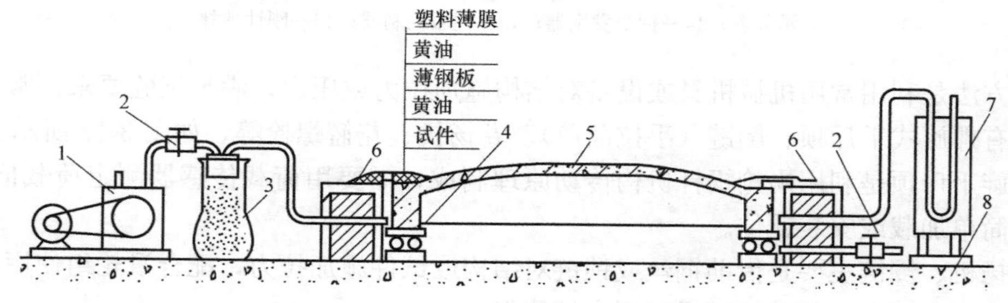

图 3-14　大气压差加载

1—真空泵；2—阀门；3—过滤瓶；4—铰支座；5—试件；6—台座侧壁；7—真空计；8—混凝土地坪

3.2　试验装置和台座

3.2.1　支座和支墩

结构试验中不同要求的支承边界条件一般由支座和支墩实现，它们是保证结构的传力路径、荷载图式的基本装置。

1. 支座

按自由度约束数量，支座分为可动铰支座、固定铰支座。支座一般采用钢制，常见支座形式有滚轴铰支座、球铰支座和刀口铰支座。

（1）滚轴铰支座

滚轴支座常用于简支受弯构件，单跨和多跨连续试件的支座，除一端为固定铰支座外，其他应为可动铰支座，铰支座长度不宜小于试件在支承处的宽度。

铰支座应保证结构在支座处能够自由转动，并且传力正确，铰支座构造与形式见图 3-15。为防止局压破坏，被支承构件宜设置钢垫板，或进行局压验算。可动铰支座允许被支承构件发生沿跨度方向的平动和绕接触切线的转动，支座只提供一个竖向支撑力固定铰支座，允许被支承构件在支座处转动，限制被支承构件在支座处移动，支座提供一个竖向支撑力和水平约束力。

（2）球铰支座和刀口铰支座

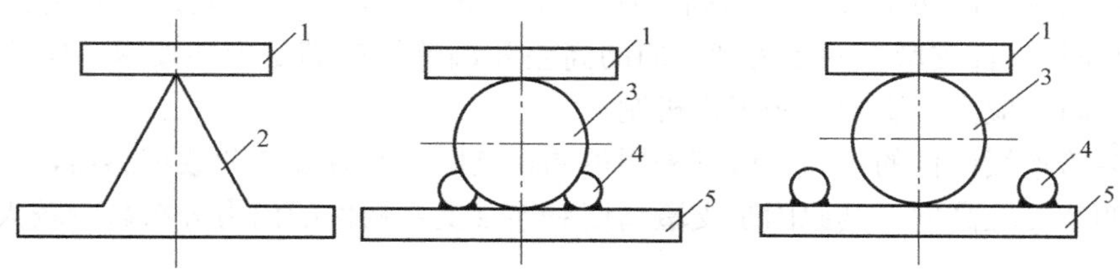

图 3-15　铰支座构造与形式

1—上垫板；2—刀口板；3—滚轴；4—限位件；5—下垫板

在受压构件端部需要设置球铰支座或刀铰支座，以保证试件端部能够自由转动，无约束弯矩；支座对试件只提供沿轴向的反力，无水平反力，也不应发生水平位移。球铰支座和刀口铰支座分别见图 3-16 和图 3-17。

轴心受压和双向偏心受压试件两端设置球铰支座，单向偏心受压构件两端宜设置沿偏心方向的刀口支座，也可采用球铰支座。球铰支座和刀口支座的中心应与加载点重合。

对于球铰支座，轴心加载时支座中心正对试件截面形心；偏心加载时支座中心与试件截面形心间的距离为试验方案所设定的偏心距；当在试验机上进行单向偏心受压试验时，试件一端布置球铰支座，则另一端可以布置刀口支座。

对于刀口支座，刀口长度不应小于试件截面宽度；安装时上下刀口应在同一平面内，刀口中心线应垂直于试件发生纵向弯曲的平面，并应与试验机或加载架的中心线重合；刀口中心线与试件截面形心间的距离应取试验方案所设定的偏心距。

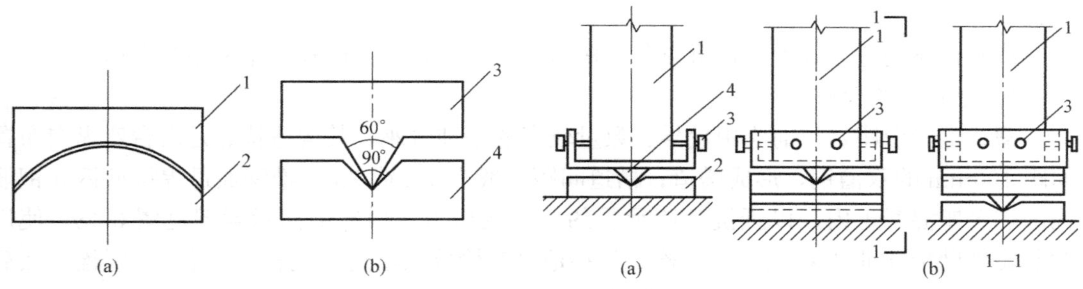

图 3-16　受压构件的支座

(a) 球形支座；(b) 刀口支座

1—上半球；2—下半球；3—刀口；4—刀口座

图 3-17　柱和墙板受压试验的铰支座

(a) 单向铰支座；(b) 双向铰支座

1—试件；2—铰支座；3—调整螺丝；4—刀口

2. 支墩

支墩一般采用钢材加工而成，现场试验多用砖砌筑。支墩的高度应一致，支承表面平整宽大，方便安装仪表和读数观测。

(1) 支墩和地基在试验最大荷载作用下的总压缩变形不应超过试件挠度的 1/10，以便使用高灵敏度的位移测量仪器测量结构挠度变形。

(2) 连续梁、四角支承和四边支承双向板等试件需要两个以上的支墩时，各支墩刚度应相同。防止支墩不均匀沉降，以及结构产生附加应力而破坏。

（3）单向试件的两个铰支座的高差应符合支座设计要求，其允许偏差为试件跨度的1/200；双向板试件支墩在两个跨度方向的高差和偏差均应满足上述要求。防止过大高差引起的结构附加应力，影响结构工作机制。

（4）多跨连续试件的中间支墩宜采用可调式支墩，并宜安装荷载传感器，根据支座反力的要求调节支墩高度。其原因是支墩高度对连续受弯构件的内力分布影响较大。

3.2.2 反力装置

结构试验中，承受加载装置反作用力的装置统称反力装置，一般包括竖向反力装置和水平反力装置。

1. 竖向反力装置

竖向反力装置有试验台座、反力架，二者需要配合使用。

（1）试验台座

试验台座是实验室内永久性固定设备，其功能是承受试验对象和反力架所带来的反作用力。

试验台座分为槽道式和地锚式，台座一般与地坪标高一致，以充分利用实验室的场地空间，便于搬运设备和试件，但试验活动容易受到干扰；也有台座高出地面，试验功能分区明确，相对独立，但场地相对较小，试验规模受限。

试验台座长度可按实际使用情况设计，从十几米到几十米不等，宽度可达十余米。台座承载力一般在200kPa以上，台座刚度极大，受力后变形不超过1/2000，可视为刚体，即使同时开展几个试验，也可认为相互间不影响。试验可以沿槽道纵向进行，也可沿槽道横向进行。需要注意的是，静力台座和动力台座应分开，避免动力试验对静力试验产生干扰。

按照台座构造方式不同，可以分为槽道式、地锚式、槽锚式台座和箱式台座。

1）槽式试验台座

槽式试验台座是目前应用较早、数量较多的一种台座，其构造特点是沿台座纵向布置间距100mm的双槽钢，形成槽道；槽道间距一般为1m或2m，槽钢通过焊接型钢和钢筋锚固在台座混凝土内，以抵抗其所承受的拉力或压力。构造剖面示意图见图3-18。使用时需要借助带T形的特制地脚螺栓，先将地脚螺栓放入槽道，旋转90°后上提螺栓，然后带螺帽上紧，使得T形件垂直槽道纵向并紧贴槽钢底面，完成连接。

2）地锚式台座

在地面按一定规则预埋地脚螺栓，与普通地脚螺栓不同的是，预留了地脚螺栓的螺栓孔。使用时将地脚螺栓拧入螺栓孔即可，如图3-19所示。这种台座造价低、施工简单，但抗拔承载力较小，一旦锚固失效难以修复。此外由于地锚位置都是预埋，位置无法改变，试件安装受到限制，目前较少使用。

3）槽锚式台座

这种台座兼有槽式台座和地锚式台座的特点，安装试件较灵活，同时地锚可以起到抗剪抗滑移的作用，充分利用材料强度。

4）箱式台座

箱式台座通过顶板、底板和中间肋板组成空腔箱形结构，如图3-20所示。顶板上预留地脚螺栓圆形通孔，孔距一般为 600mm×600mm 或 800mm×800mm，以便地脚螺栓穿过；腔体高度一般不小于 2m，一方面便于螺栓拆装，另一方面作为地下室，可供其他长期试验或特种试验使用。这种台座优势在于试件安装灵活，只要有地脚螺栓孔即可，但是造价较高。

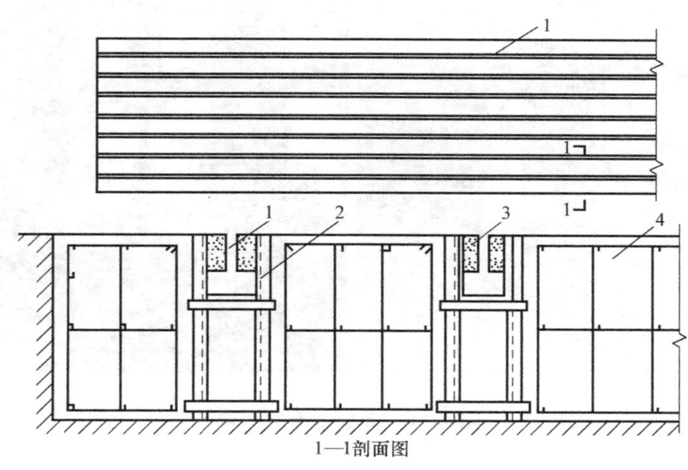

图 3-18　槽道式台座

1—槽轨；2—型钢骨架；3—槽钢；4—高强度混凝土

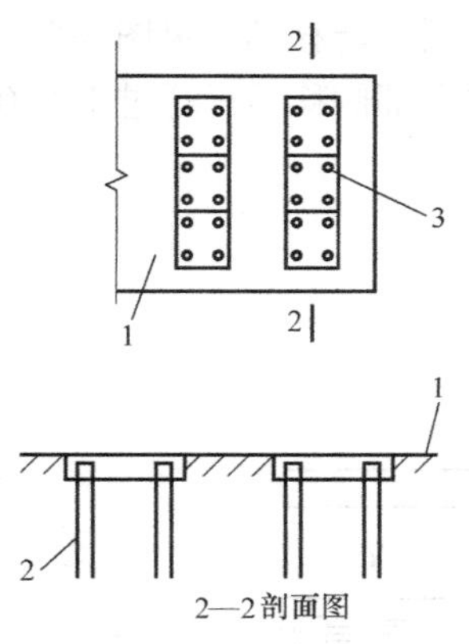

图 3-19　地脚螺栓式台座

1—台面；2—锚杆；3—地脚螺栓

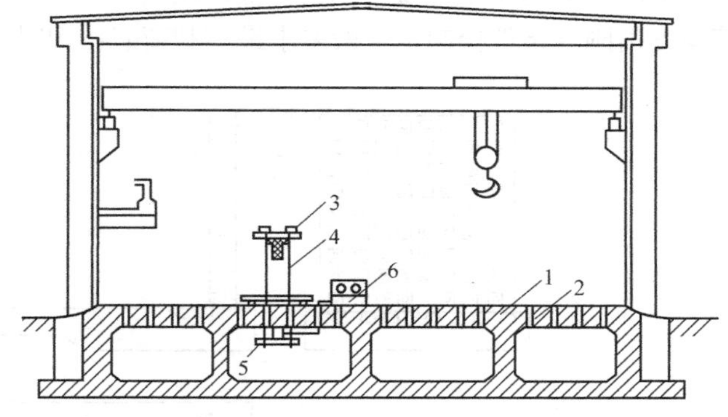

图 3-20　箱式结构试验台座

1—箱式台座；2—顶板上螺栓孔；3—试件；4—加载架；5—作动器；6—操作台

（2）反力架

反力架又称荷载架，一般由立柱、横梁和大梁组合而成。常见的反力架有双立柱式和四立柱式，如图 3-21 所示。反力架立柱上等间距开设圆孔，用于安装横梁并调节横梁高度；大梁通过拉杆悬吊于横梁之下，并紧贴横梁下表面，大梁主要承受试件的竖向力反力；立柱柱脚通过地脚螺栓与台座连接。反力架各个部件之间均采用螺栓连接，方便重复拆装，满足不同试验方案要求。立柱一般为焊接 H 型钢，横梁为焊接槽钢，而大梁一般为双腹板 H 钢梁以满足试验的刚度要求。

图 3-21　常见反力架装置

2. 水平反力装置

水平反力装置是抵抗加载设备水平荷载反力的装置，常见的有反力墙、反力架等。

(1) 反力墙

反力墙一般为型钢混凝土结构，底部刚接，顶部自由，建成后不能移动，见图 3-22。反力墙厚度由刚度条件控制，一般要求最不利荷载作用时，反力墙顶部侧移不得超过 1/2000。

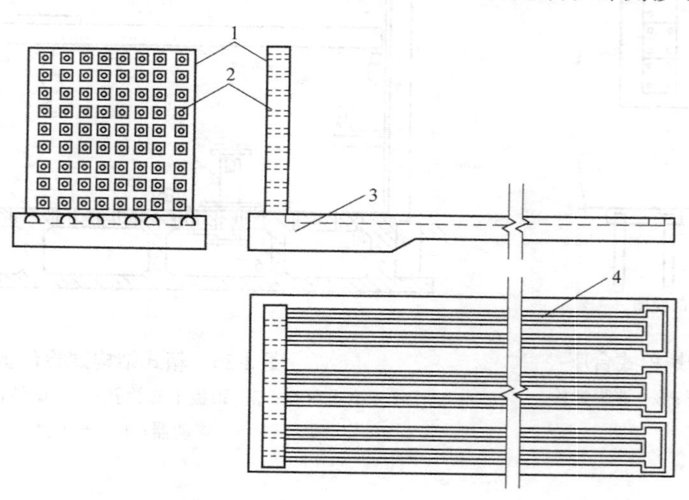

图 3-22　水平反力台座

1—反力墙；2—加载设备安装孔；3—水平台座；4—槽道

反力墙自身可设置槽道或锚栓孔，安装螺栓连接墙身槽道，或穿过墙体螺栓孔后，在墙后完成螺栓安装。当墙体厚度超过 2.5m 时，穿螺栓的难度很大，降低了设备或试件安装效率。

也可采用箱式反力墙，类似箱式反力地板，墙体为多空腔箱体，墙体两侧均可设置矩阵式螺栓通孔，拆装螺栓时可进入空腔内操作，大幅提高连接效率和可靠性。

（2）反力架

反力架一般采用钢结构制作，且可以在试验台座不同位置轮换使用，可以用于单向加载使用，也可通过不同组合用于双向加载使用。其优点是方便灵活，缺点是抗侧承载力低，刚度不及型钢混凝土，安装间隙对试验结果有一定影响。自平衡式反力架也可以承受竖向反力作用，见图 3-23。

图 3-23　自平衡反力架

3.3　静载试验用仪器仪表

3.3.1　概述

为量测试验对象受外部作用后的反应，需要借助仪器仪表进行观测和记录，以了解和分析试验对象的反应大小及变化规律，进而掌握试验对象的力学性能和破坏机理。

结构试验需要量测的数据总的来说分为两个方面，一是试验对象上的荷载作用，如竖向压力、水平推力、支座反力、基底反力、温度等；另一方面试验对象在荷载作用下的响应，如应变、位移、挠度、裂缝等。

随着技术进步，量测仪器种类多样，功能丰富，试验人员必须对试验所用到的各种仪器仪表基本原理和功能深入了解，才能够正确、合理地使用仪表完成测量工作，获取科学、准确的试验数据。

1. 测量系统的基本组成及作用

测量系统一般由传感器、放大器、显示器组成。

传感器的功能是感受各种物理量，并把它们转化为便于量测的电信号或其他容易处理的信号，根据转换形式可分为电阻式、电感式、压电式、光电式、磁电式等；放大器是一种高精度、稳定的微信号高倍放大装置，功能是把传感器发送的信号进行放大，使信号可以被显示和记录，记录器是将采集的信号存储下来，以便详细分析和长期保存。显示器用来显示所量测的数据，现多采用数字式，能够直接获得结构的实时反应。

量测仪器种类繁多，按照用途可分为电阻应变计、荷载传感器、位移传感器、裂缝观测仪等；按工作原理可分为机械式、电测式、光学式、复合式等；按仪器位置关系可分为接触式和非接触式。

2. 仪器仪表的主要性能指标

虽然量测仪器多种多样，其主要性能指标包括以下几个方面：

（1）量程。量程是指仪器能测量的最大测量范围，动态测试中又称为动态范围。例如：0～30mm 的百分表，其量程就是 30mm。

（2）刻度值（最小分度值）。仪器所能显示的最小测量值，如百分表的最小分度值是 0.01mm，千分表为 0.001mm。

（3）精度（精确度）。仪器测量指示值与被测值真值的符合程度称为精度或精确度。目前国内外还没有统一的表示仪表精度的方法。结构试验中，常以最大量程（F.S.）时的相对误差来表示精度，并以此来确定仪表的精度等级。例如，一台精度为 0.5 级的仪表，意思是其测定值的误差不超过满量程的±5%。也有很多仪器的测量精度和最小分度用相同的数值来表示。例如，百分表的测量精度与最小分度值均为 0.01mm。

（4）灵敏度。仪器的灵敏度是指单位输入量的变化引起的仪表读数值的改变量。也可用仪器输出量与输入量的比值表示，数值上与精度互为倒数，例如电测位移计的灵敏度为输出电压与输入位移的比值，单位是“V/mm”；百分表的灵敏度为表盘位移与实际位移的比值，单位是“mm/mm”。

（5）滞后（滞后量）。同一个输入量，从起始值增至最大值的量测过程称为正行程，输入量由最大值减至起始值的量测过程称为反行程。同一个输入量正反行程输出值之间的偏差称为滞后，偏差的最大值称为滞后量，滞后量越小越好。

（6）信噪比。仪器测得的信号中，信号与噪声的比值称为信噪比，用杜比（dB）值表示。比值越大，量测效果越好。在结构动力特性测试中，信噪比影响较大。

（7）稳定性。仪器受环境条件（温度、湿度等）干扰影响时其指示值的稳定程度。

3. 仪器仪表的选用原则

量测仪器大部分为电测类，机械类只在少量场合使用，选择仪表时应注意性能差异性和矛盾性，例如高精度仪表的量测值一般较小，同时对环境的要求也较高，可能不适合现场试验测试使用。在仪表选择时应根据试验目的综合考虑，宜遵循以下原则：

（1）结构试验选用量测仪表应首先满足试验设计方案的基本要求，廉价耐用、性能可靠。

（2）符合量测所需的量程及精度要求。选用仪表前，应先估算被测值，一般应使最大被测值不超过仪表的 2/3 量程，防止仪表超量程而损坏。同时，为保证量测精度，选用仪表的刻度值（最小分度值）不大于最大被测值的 5%。此外，应从试验实际需求出发，不必一味追求高精度、高灵敏度的仪表。

（3）对于安装在结构构件上的仪表，应选用体积小、自重轻的设备，同时应注意仪表架的设计与安装，防止在试验过程中仪表跌落。

(4) 尽量减少同一试验中仪器仪表种类、规格，以便统一数据精度，方便数据整理。

(5) 选用仪表时应考虑试验的环境条件，如在野外试验时仪表受风吹日晒、温湿度变化大等不利因素影响，宜选用机械式仪表或具有良好温度稳定性的设备。

4. 仪器的率定

为保证仪器仪表的精确度或换算系数准确，判定其误差，需将仪表示值和标准量进行比较，这一工作称为仪器的率定。率定后的仪器仪表按国家规定的精确度划分等级。按照国家计量管理部门规定，试验用量测仪表和设备均属于国家强制性计量率定的管理范围，必须按规定期限率定。

与率定仪表相比较的标准量应是经国家计量机构确认，具有一定精度等级的专用率定设备产生的。专用率定设备的精确度等级应比被率定的仪器高，例如标准测力计就是用来率定液压试验机荷载度盘示值的一种专用率定器。如果没有专用率定设备，可以用和被率定仪器具有同级精确度标准的“标准”仪器相比较进行率定。所谓标准仪器，一般指不常使用、度量性能保持不变、精确度是被认可的仪器。除此以外，也可以利用标准试件来进行率定，即专门制作尺寸达到一定精度的试件作为标准件，率定仪器对其加载，根据此标准试件加载前后的变化求出被率定仪表的刻度值。此方法简单易行，经常被采用。

为保证量测数据的精确度，必须十分重视仪器的率定工作。所有新生产或出厂的仪器都要经过率定。正常使用的仪器也必须定期率定，因为仪器使用过程中，零件磨损、检修等均会引起零件位置的变动或性状改变，从而导致仪器仪表示值的改变。除定期率定，仪器仪表用于一些重要试验项目前，也必须进行率定。

3.3.2 位移测试仪表

结构荷载作用下最直观的反应是结构位移，结构整体工作性能及局部损伤和破坏都能够在荷载-位移曲线上有所反映。位移测量对于结构试验至关重要。一般来说，结构位移包括构件挠度、侧移、支座偏移、转角等内容。测量位移的仪表有机械式百分表、千分表，电阻应变式位移传感器，线性差动电感式位移传感器，磁致伸缩式位移传感器。

1. 机械式百分表和千分表

机械式百分表和千分表均为接触式位移计，其构造见图 3-24。基本工作原理是：当测杆随着试件一起运动时，测杆上的齿条带动齿轮，使长、短指针同时按各自齿比关系转动，从而在表盘中表示出测杆相对于表壳的位移值。千分表内部增加了一对放大齿轮或杠杆，使得其灵敏度比百分表提高了 10 倍。

使用接触式位移计量测位移时，需要借助磁性表座进行位移计安装，磁性表座需要安装于固定在地面或台面的表架之上。固定磁性表座时，将底座开关转到“On”，将开关转到“Off”即可移动表座。安装时用磁性表座的悬臂杆端部夹头夹紧位移计侧杆根部的钢护套，夹紧力不宜过大，以免阻碍测杆自由滑动，影响试验数据；同时注意测杆应垂直于被测结构的表面。

2. 电阻应变式位移传感器

电阻应变式位移传感器的主要部件是一块弹性好、强度高的镀青铜制成的悬臂弹性簧片梁，簧片梁固定在仪器外壳上。在簧片梁固定端粘贴四片应变片，组成全桥或半桥线路，簧片梁的另一端固定有拉簧，拉簧与指针固结，见图 3-25。当测杆随结构位移时，

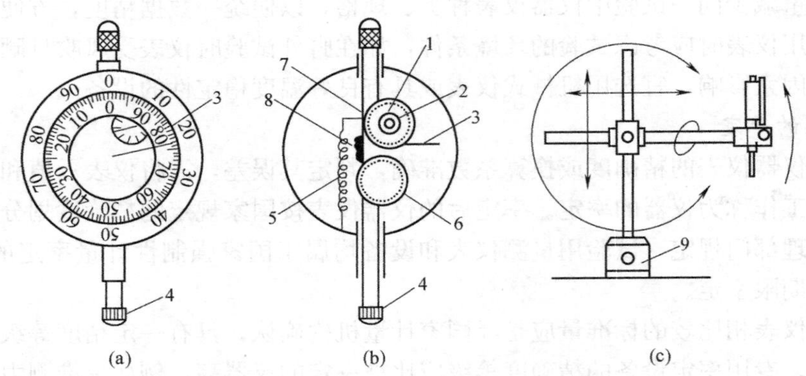

图 3-24 机械式百分表

(a) 外形；(b) 构造；(c) 磁性表座

1—短针；2—齿轮弹簧；3—长针；4—测杆；5—测杆弹簧；6、7、8—齿轮组；9—表座

牵引传力弹簧使簧片梁产生挠曲，即簧片梁固定端产生应变，通过电阻应变仪即可测得应变与试件位移间的关系。

机电复合式电子百分表，其构造原理和电阻应变式位移传感器相同，见图 3-26。

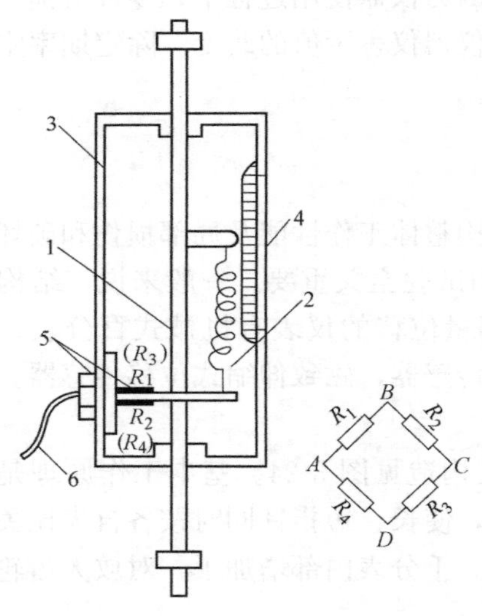

图 3-25 电阻应变式位移传感器

1—测杆；2—弹簧；3—外壳；4—刻度；5—电阻应变计；6—电缆

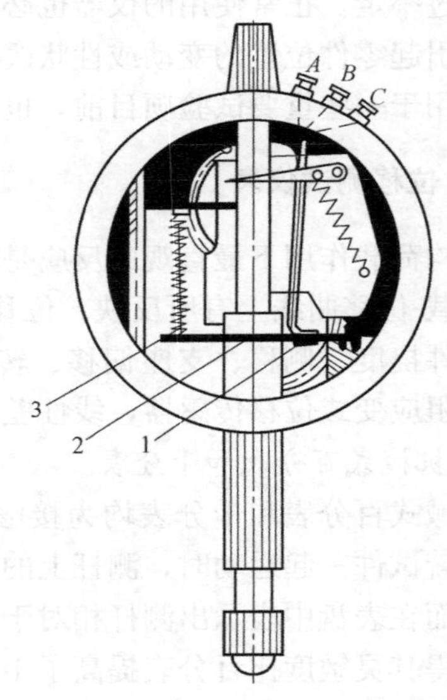

图 3-26 电子百分表

1—应变片；2—弹性悬臂梁；3—弹簧

这种位移传感器的量程可为 30～200mm，读数分辨率达 0.01mm。由材料力学知，位移传感器的位移 δ 为：

$$\delta=\varepsilon C \tag{3-1}$$

式中 ε——镀青铜梁上的应变，由应变仪测定；

C——与拉簧材料性能有关的刚度系数。

3. 线性差动电感式位移传感器

线性差动电感式位移传感器的构造如图 3-27 所示。其工作原理是通过高频振荡器产生一参考电磁场，当与被测物体相连的铁芯在两组感应线圈之间移动时，由于铁芯切割磁力线，改变电磁场强度，感应线圈的输出电压随即发生变化。通过标定，可确定感应电压的变化与位移量变化的关系。这种传感器通常由两部分组成，一部分是由感应线圈和铁芯组成的传感元件，另一部分是测量放大元件，这一部分称为变送器，它将感应电压放大并传送给显示记录装置。

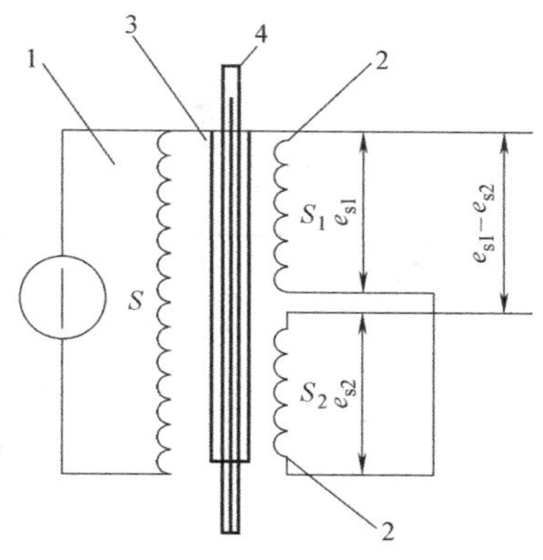

图 3-27　差动电感式位移传感器

1—初级线圈；2—次级线圈；3—圆形筒；4—铁芯

4. 磁致伸缩式位移传感器

磁致伸缩式位移传感器具有精度高、量程大、重复性好、寿命长、抗干扰等特点，常用于测量加载油缸的位移或位移量大且有较高精度要求的试验。

磁致伸缩式位移传感器的工作原理如图 3-28 所示，它由测杆、电子仓和套在测杆上的非接触式磁环组成。测杆由不导磁的不锈钢制成，杆内装有磁致伸缩丝。传感器工作时，由电子仓内的电子电路产生一个初始脉冲，该脉冲在磁致伸缩丝中传输时，同时产生了一个沿磁致伸缩丝方向前进的旋转磁场，当这个磁场与磁环中的永久磁铁相遇时，产生磁致伸缩效应，使磁致伸缩丝发生偏转。这一偏转被安装在电子仓内的电子电路所感应并转换成相应的电流脉冲，计算初始脉冲和偏转脉冲的时间差，即可得到被测物体的位移。

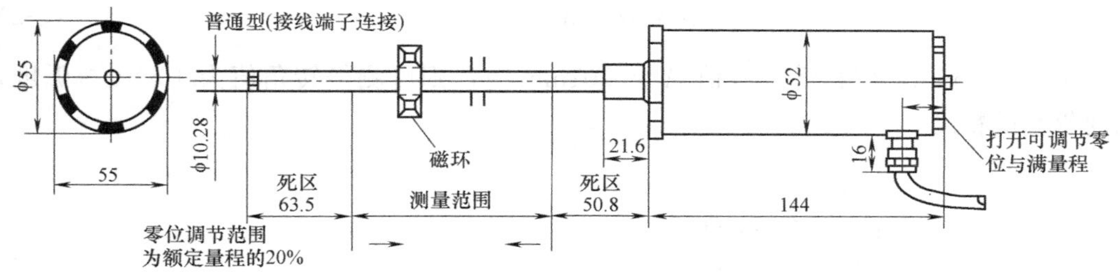

图 3-28　磁致伸缩式位移传感器工作原理

5. 其他位移测量方法

对于试验后期变形较大的情况或原位加载试验，可移除位移计等仪表，改用水准仪-标尺法或拉线-直尺法进行测量。

当选用水准仪进行位移测量时，不仅可进行多点测定，而且可安全方便地测量构件的大位移，即使结构进入破坏阶段仍能继续测量，如图 3-29（a）所示。现代的水准仪附带 0.1mm 精度光学副尺，有助于提高工程测量精度。

挠度测量还可以采用拉线-直尺方法，如图 3-29（b）所示，直尺也可用标准尺寸方格纸代替。

测量仪器的类型应根据试验目的和仪器的性能来选择，使其快速、准确得到合理可靠的测量值。选择位移测定仪器还应注意到使选用仪器的位移与被测位移的大小相适应。有时为了满足后期大变形测量的需要，允许在弹性阶段和塑性阶段分区段采用不同精度的量

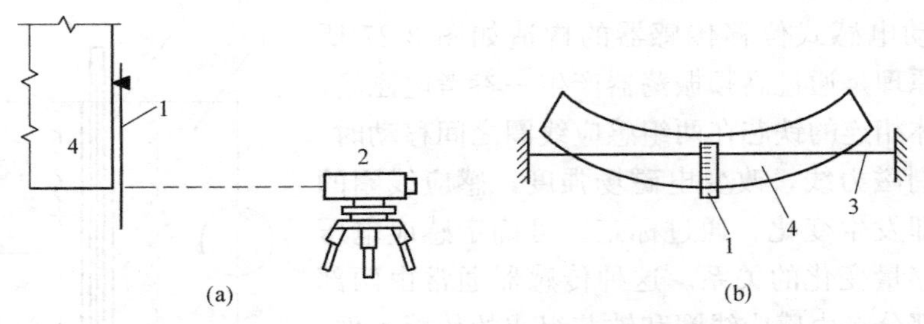

图 3-29 其他位移测量方法

(a) 水平仪法；(b) 拉紧钢丝法

1—刻度尺；2—水平仪；3—钢丝；4—试件

测仪器来测量。

3.3.3 转角测量仪表

结构试验中的节点区域、构件截面及支座截面都有可能发生转动。可以借助测角器直接进行测量，也可自行设计测量方案进行间接测量，再换算为转角。

1. 杠杆式测角器

测量原理见图 3-30，利用一个刚性杆和两个位移计就可以测出框架节点、结构截面或支座处的转角。将刚性杆固定在试件的欲测点上，结构变形带动刚性杆转动，用位移计测出 1、2 两点位移，即可按式（3-2）算出转角 α。

$$\alpha = \arctan \frac{\delta_2 - \delta_1}{L} \tag{3-2}$$

当 $L=1000$mm，位移计刻度值 $A=0.01$mm 时，则可测得转角值为 1×10^{-3} 弧度，具有足够高的精度。

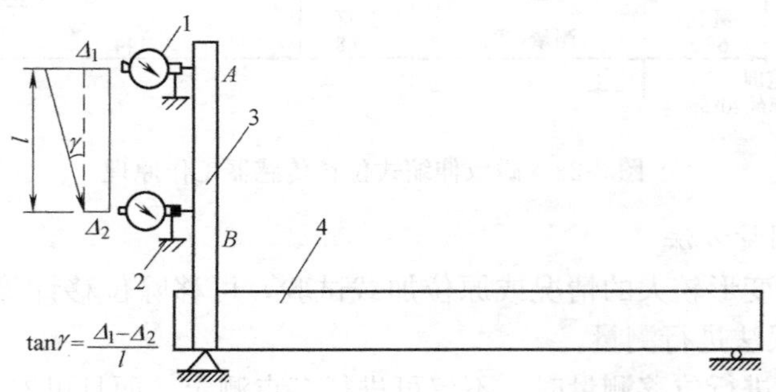

图 3-30 角位移间接测量

1—位移计；2—固定支座；3—刚性杆；4—试件

2. 水准式倾角仪

水准式倾角仪的构造见图 3-31。水准管安置在弹簧片上，一端连接于基座上，另一端被微调螺丝顶住。当仪器用夹具安装在测点上后，用微调螺丝使水准管的气泡居中，结构变形后气泡漂移，再扭动微调螺丝使气泡重新居中，刻度盘上前后两次的读数差即代表该测点的转角，即：

$$\alpha = \arctan \frac{h}{L} \tag{3-3}$$

式中 L——铰接基座与微调螺丝顶点之间的距离；

h——微调螺丝顶点前进或后退的位移。

仪器的最小读数可达 1″～2″，量程为 3°。其优点为尺寸小，精度高；缺点是受温度影响大，不宜在阳光下曝晒以防水准管爆裂。

3. 剪切变形

框架结构在水平荷载作用下，梁柱节点核心区梁柱节点或框架节点的剪切变形，可用百分表测定其对角线上的伸长或缩短量，并按经验公式求得剪切变形 γ。当采用如图 3-32（a）所示测量方法时，剪切变形按式（3-4）计算。

$$\gamma = \alpha_1 + \alpha_2 = \frac{\sqrt{a^2 + b^2}}{ab} \cdot \frac{\delta_1 + \delta_1' + \delta_2 + \delta_2'}{2} \tag{3-4}$$

采用如图 3-32（b）所示测量时，按式（3-5）计算：

$$\gamma = \frac{\delta_1 + \delta_2}{2L} \tag{3-5}$$

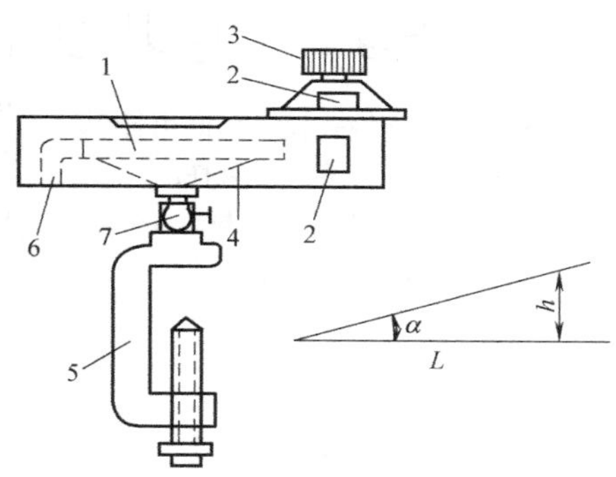

图 3-31 水准式倾角仪

1—水准管；2—刻度盘；3—微调螺丝；4—弹簧片；5—夹具；6—基座；7—活动铰

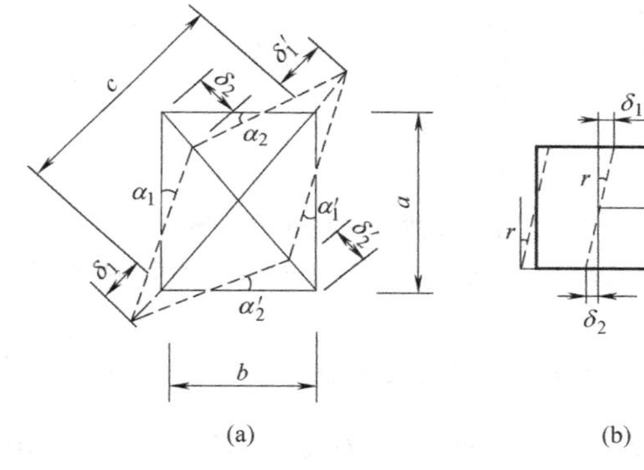

图 3-32 剪切变形测量

3.3.4 力的测量仪器

结构试验中一般都需要测量力的大小，主要是荷载和支座反力、预应力钢索拉力，还有土压力、油压、风压等。测量力的仪器也分机械式和电测式。由于电测式传感器体积小、适应性强以及便于数据采集，目前较多采用。

1. 机械式测力计

机械式测力计的基本原理是利用弹性元件弹性变形与所受外力存在一定的比例关系。制作时常用钢制弹簧、环箍或簧片，在受力后产生弹性变形，通过机械装置将变形放大后，用指针刻度盘或借助位移计指示力的大小。如图 3-33 所示为环箍式的测力计，多用于拉力和压力的测量。

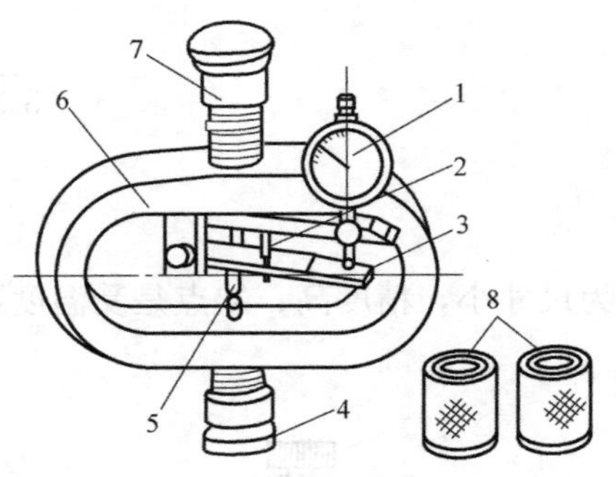

图 3-33　环箍式拉、压测力计

1—位移计；2—弹簧；3—杠杆；4—上下压力头；5—钢环；6—拉力接头；7—螺帽；8—弹性变形元件

2. 电测式荷载传感器

电测式荷载传感器又称电子测力计、荷载传感器。根据荷载性质又可分为拉伸型、压缩型和通用型。基本原理是利用安装在力传感器上的电阻应变片测量传感器弹性变形体的应变，再将弹性体的应变值转换为弹性体所受的力。图 3-34 为两种典型的电阻应变式力传感器，一种为空心柱式结构，在柱体上加工了内螺纹，传感器既可以用来测量压力，也可以利用内螺纹安装连接件测量拉力。传感器圆柱体内表面粘贴应变片，如图 3-34（b）、(c）所示，每一个桥臂上连接 2 个应变片，如图 3-34（d）所示，目的是消除受力偏心的影响。

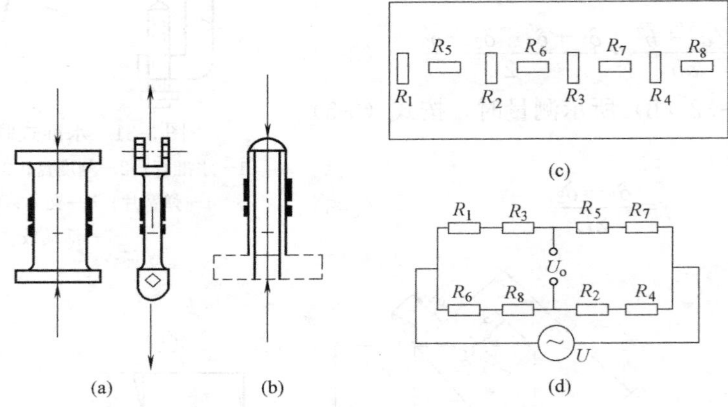

图 3-34　圆柱（筒）式力传感器

(a) 柱式；(b) 筒式；(c) 柱面展开图；(d) 电桥接线图

根据惠斯通电桥特性，可知 $U_{BD}=\dfrac{U}{4}K\varepsilon\cdot 2(1+\mu)$，其中桥臂放大系数为 2（$1+\mu$），则荷载 $P=E\varepsilon A=E\pi(D^2-d^2)\varepsilon/4=E\pi(D^2-d^2)\varepsilon_0/[8(1+\mu)]$，其中，$E$、$d$、$D$、$\mu$ 分别为弹性元件的弹性模量、空心圆柱的内、外径和泊松比；ε、ε_0 分别为传感器轴向应变值和电桥的实测应变示数。

荷重传感器的构造简单，可自行设计，制作时应注意选用力学性能稳定的材料作筒壁，选择稳定性好的应变片及胶粘剂。传感器投入使用后，应当定期标定以检查其荷载应变的线性性能和标定常数。

另一种为轮辐式结构，当传感器受力时，安装在“辐条”上的电阻应变片可以测量辐条的剪应变。这种传感器的高度较小，适合于支座反力的测量，见图 3-35。

振动弦式力传感器的测量原理与电阻应变式力传感器的测量原理基本相同。在传感器中安装一根张紧的钢弦，当传感器受力产生微小的变形时，钢弦张紧程度发生变化，使得其自振频率随之变化，测量钢弦的自振频率，就可以通过传感器的变形得到传感器所受到的力。

综上所述，机械式力传感器不需要放大仪器，通过百分表直接读数，使用简便，传感器的性能稳定，但不能实现自动记录，精度约为测量范围的1%～2%。电阻应变式力传感器要与电阻应变仪配套使用，测量精度可以达到0.1%～0.2%，测试数据可以自动记录，是实验室内最常用的荷载传感器。

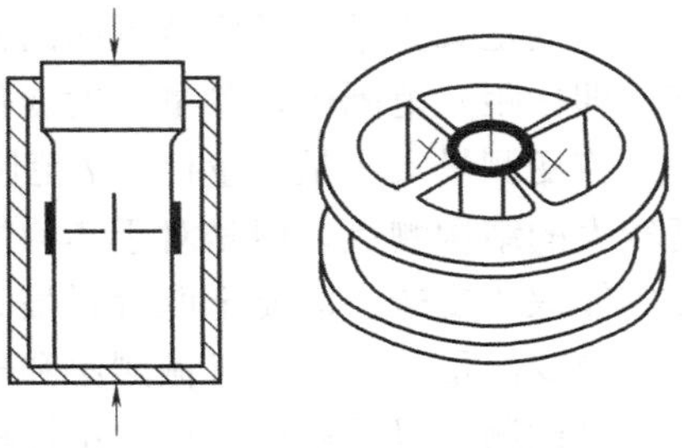

(a) (b)

图3-35 电阻应变式力传感器（轮辐式）

3.3.5 裂缝测量仪器

对于钢筋混凝土结构试验，裂缝观测十分重要，对认识结构破坏过程和发展规律具有表征意义。常用的观测方法有直接观察法、裂缝测宽仪法、声发射法等。

1. *直接观察法*

找裂缝最简便的方法是借助放大镜用肉眼观察。在试验开始之前用纯石灰水溶液均匀刷在试件表面凉置干燥。当试件承受荷载后，白色涂层在变形下开裂并脱落，此时混凝土表面的裂缝会清楚显示出来，钢结构表面则可以看出屈服线条。为详细考察结构试件裂缝发展过程，在白灰层干燥后画出50mm左右的方格栅，作为基本参考坐标系，便于分析和描绘裂缝在试验过程中的发展和走向。

2. *裂缝测宽仪法*

裂缝测宽仪的工作原理是将视频采集的数据存储在存储器中，通过对数据进行处理，计算裂缝宽度。裂缝测宽仪由主机、摄像头、连接线、充电器、连接杆等部件组成，见图3-36。使用时手持摄像头对准裂缝，应尽量保持摄像头稳定的紧贴裂缝所在的介质表面，旋转摄像头并同时观察主机屏幕，尽量使测量的裂缝垂直屏幕上下，显示屏将实时显示测量裂缝，根据屏幕中央的刻度尺，可以准确读取裂缝宽度。

图3-36 裂缝观测仪

3. *声发射法*

这种方法是将声发射传感器埋入试件内部或放置于混凝土试件表面，利用试件材料开裂时发出的声音来检测裂缝的出现。这种方法在断裂力学试验和机械工程中得到广泛应用。在断裂力学试验中还经常采用裂纹扩展片来检测试件的裂纹开展状况。

3.4 电阻应变测量技术

3.4.1 应变测量

应变测量是结构试验中的一项基本测试内容，是评定结构工作状态的重要指标。结构的内力、支座反力等参数都是先测出应变值，再利用$\sigma = E\varepsilon$或$F = EA\varepsilon$转换为应力或力值。其他很多仪器仪表也是借助应变测量来完成测试工作，因而应变测量在结构试验中具有极为重要的地位。

应变定义为单位长度范围内的伸长或缩短。应变测量基本原理，是指在预定的标准长度（即标距）范围内，测量长度变化量的平均值 Δl，再由 $\varepsilon=\Delta l/l$ 求得 ε。

应变测量实质是测量标距 l 范围内的变化量，标距 l 原则上应尽量小，尤其是应力梯度较大的结构测点；但是对于非匀质材料，如砖砌体、混凝土，应适当增大标距范围，如砖砌体取 4 皮砖、混凝土取骨料最大粒径的 3 倍，才能准确反映变化量的平均值 Δl。

应变测量一般可分机械测法和电测法两类。

机械测法以手持应变仪、单杠杆应变仪等机械式仪表为主，主要用于野外和现场作业条件下结构变形的测试；电测法以电阻应变仪测量为主，其通过测量粘贴在试件测点的感受元件-电阻应变计（简称应变片）的同步变形，输出电信号进行量测并转换为应变。

机械测法存在自身限制条件，如不能自动记录数据、多测点布置困难、测读速度较慢、温度补偿难以实现等，目前已很少使用。

电测法有多种，如利用电阻应变效应的电阻应变计、利用振动弦测量原理的振动弦式应变传感器、利用光干涉原理的光纤式应变传感器，本节重点介绍电阻应变计测量方法。

3.4.2 电阻应变计的工作原理

金属丝导体在外界作用下产生机械变形时，其电阻值将发生变化，这种现象称为“电阻应变效应”。利用这种效应，将导体制作成电阻应变片并粘贴于被测结构或材料的表面，被测材料在外界作用下产生的变形传递到电阻应变片，使覆盖层电阻应变片的电阻值发生变化。通过测量应变片电阻值的变化，就可得到被测材料的应变变化。

1. 电阻应变片构造

电阻应变计又称电阻应变片，简称为应变片。不同用途的电阻应变片的构造大致相同，都有敏感栅、基底、覆盖层和引出线。

图 3-37 给出丝绕式应变片的基本构造。它以直径约为 0.025mm 的合金电阻丝盘绕成格栅状的敏感栅为核心元件，基底和覆盖层主要起连接、绝缘和保护作用，引出线用于与外接导线相连。

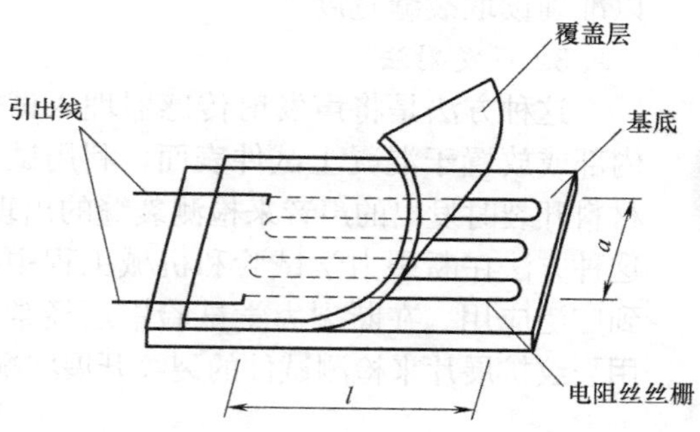

图 3-37 电阻应变计（应变片）构造示意图

（1）敏感栅：是应变片将应变变换成电阻变化量的敏感部分，它是用金属或半导体材料制成的单丝或栅状体。

敏感栅的形状与尺寸直接影响到应变片的性能。对如图 3-38 所示的敏感栅，其纵向中心线称为纵向轴线。敏感栅的尺寸

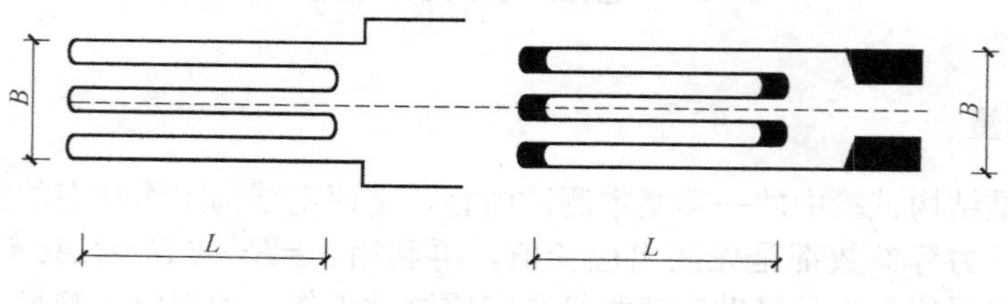

图 3-38 敏感栅尺寸

用栅长 L 和栅宽 B 来表示。对带有圆弧端的敏感栅，栅长为两端圆弧内侧之间的距离；对带直线形横栅的敏感栅，则为两端横栅内侧之间的距离。与纵轴垂直方向上的敏感栅外侧之间的距离称栅宽 B。栅长和栅宽代表应变片的标称尺寸，即规格。

（2）基底和盖层：它起定位和保护电阻丝的作用，并使电阻丝和被测试件之间绝缘。基底的尺寸通常代表应变片的外形尺寸。

（3）引出线：引出线通过测量导线接入应变测量桥。引出线一般都采用镀银、镀锡或镀合金的软铜线制成，在制造应变片时与电阻丝焊接在一起。

2. 电阻应变片的工作原理

电阻应变片的工作原理是电阻丝应变效应，即电阻丝的电阻值随其变形而发生改变。金属丝的电阻应变原理见图 3-39，由物理学知：

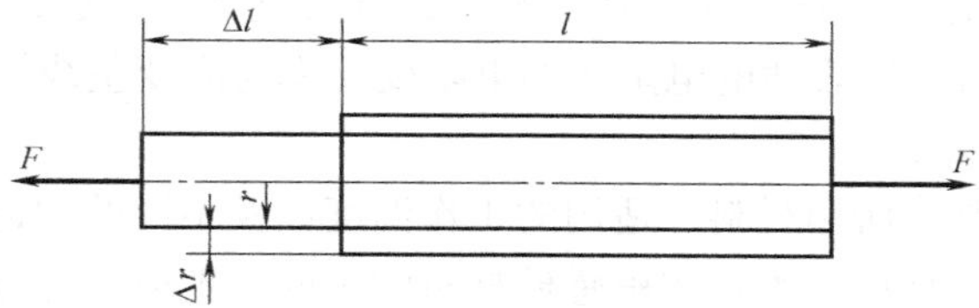

图 3-39 金属丝的电阻应变原理

$$R=\rho\frac{L}{A} \tag{3-6}$$

式中 R——电阻丝的电阻值（Ω）；

L——电阻丝的长度（m）；

ρ——电阻率（$\Omega\cdot mm^2/m$）；

A——电阻丝的截面积（mm^2）。

当电阻丝受机械变形而伸长或缩短时，相应的电阻变化为：

$$dR=\frac{\partial R}{\partial\rho}d\rho+\frac{\partial R}{\partial L}dL+\frac{\partial R}{\partial A}dA=\frac{L}{A}d\rho+\frac{\rho}{A}dL-\frac{\rho L}{A^2}dA \tag{3-7}$$

$$\frac{dR}{R}=\frac{d\rho}{\rho}+\frac{dL}{L}-\frac{dA}{A} \tag{3-8}$$

电阻丝的截面积 $A=\frac{\pi D^2}{4}$（D 为电阻丝的直径）。因电阻丝纵向伸长时横向缩短，则

$$\frac{dD}{D}=-\nu\frac{dL}{L}=-\nu\varepsilon \tag{3-9a}$$

式中 ν——电阻丝材料的泊松比。

$$\frac{dA}{A}=\frac{\frac{2\pi DdD}{4}}{\frac{\pi D^2}{4}}=2\frac{dD}{D} \tag{3-9b}$$

将式（3-9b）代入式（3-8）得：

$$dR/R=d\rho/\rho+\varepsilon+2\nu\varepsilon$$

即

$$\frac{\mathrm{d}R}{R}=\frac{\mathrm{d}\rho}{\rho\varepsilon}+(1+2\nu)\varepsilon \tag{3-10}$$

令 $K=\frac{\mathrm{d}\rho/\rho}{\varepsilon}+(1+2\nu)$，则有：

$$\frac{\mathrm{d}R}{R}=K\varepsilon \tag{3-11}$$

式中　K——单丝灵敏系数。

K 受两个因素的影响：第一项为（$1+2\nu$），它是由电阻丝几何尺寸的改变所引起，选定金属丝材料后，泊松比 ν 为常数；第二项是（$\mathrm{d}\rho/\rho$）/ε，它是由电阻丝发生单位应变引起的电阻率的改变，是应变的函数，但对大多数电阻丝而言，也是一个常量，故认为是 K 常数。因此式（3-11）所表达的电阻丝的电阻变化率与应变呈线性关系。

3. 电阻应变片的分类

电阻应变片经常是按所用材料、适用的工作温度以及不同的用途进行分类。

（1）按敏感栅所用材料分类：按敏感栅材料的不同，把应变片分为金属电阻应变片和半导体应变片两类。前者根据生产工艺不同又分为金属丝式应变片、箔式应变片和薄膜应变片。

金属丝式应变片是用直径 0.015～0.05mm 的金属丝作敏感栅的应变片，常称丝式应变片。目前用得最多的有丝绕式（U 形）和短接式（H 形）两种，如图 3-40（a）、（b）所示。

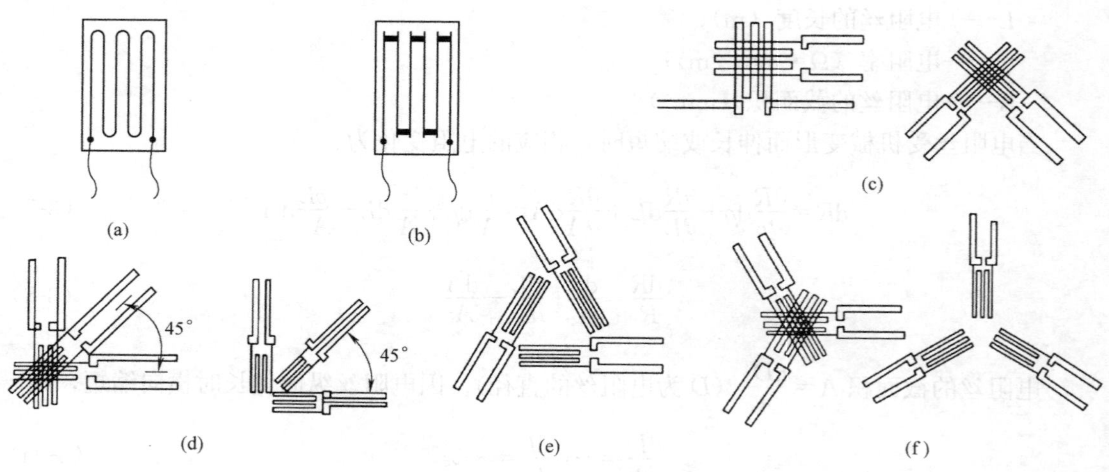

图 3-40　丝式应变片

(a) U 型；(b) H 型；(c) 二轴 90°；(d) 三轴 45°；(e) 三轴 60°；(f) 三轴 120°应变花

金属箔式应变片的敏感栅是用厚度 0.002～0.005mm 的金属薄膜通过光刻技术和腐蚀等工艺技术制成。由于箔式应变片敏感栅的横向部分可以做成比较宽的栅条，因而它的横向效应比丝式的小。箔栅的厚度很薄，能较好地反映构件表面的变形，也易于在弯曲表面上粘贴。箔式应变片的蠕变小，疲劳寿命长，在相同截面下其栅条和栅丝的散热性能好，允许通过的工作电流大，测量灵敏度也较高，但造价高，使用不多。

金属薄膜应变片是用真空蒸镀及沉积等工艺，将金属材料在绝缘基底上制成一定形状的薄膜而形成敏感栅。这种应变片耐高温性能好，工作温度可达到 800～1000℃。

(2) 按敏感栅结构的形状分类：敏感栅的结构形状有单轴和多轴之分。单轴应变片一般是指一片只有一个敏感栅，多用于测量单轴应变；多轴应变片是指一片有几个敏感栅组成，因而也称应变花，如图 3-40 (c)～(f) 所示。

当按应变片的工作温度分类时，常温应变片的工作温度从－30～＋60℃，中温应变片从＋60～＋350℃，高温应变片为＋350℃以上，低于－30℃的应变片称为低温应变片。

4. 电阻应变片的技术性能

应变片的主要技术性能由下列指标给出。

(1) 标距：指敏感栅在纵轴方向的有效长度 L。

(2) 规格：以使用面积 $L \times B$ 表示。

(3) 电阻值：与电阻应变片配套使用的电阻应变仪中的测量线路，其电阻均按 120Ω 作为标准进行设计，因而应变测量片的阻值大部分为 120Ω 左右，否则应加以调整或对测量结果予以修正。

(4) 灵敏系数：电阻应变片的灵敏系数，在产品出厂前经过抽样试验确定。使用时，必须把应变仪上的灵敏系数调节器调整至应变片的灵敏系数值，否则应对其结果作修正。

(5) 温度适用范围：主要取决于胶粘剂的性质，可溶性胶粘剂的工作温度约为－20～＋60℃；经化学作用而固化的胶粘剂，其工作温度约为－60～＋200℃。

由于应变片的应变代表的是标距范围内的平均应变，故当匀质材料或应变场的应变变化较大时，应采用小标距应变片。对非均匀性材料（如混凝土、铸铁等）应选用大标距应变片。在混凝土上使用应变片时，标距应大于混凝土粗骨料最大粒径的 3 倍。

3.4.3 电阻应变仪

由电阻应变片的工作原理可知，当电阻应变片的灵敏系数 $K=2.0$，被测量的机械应变为 $10^{-6} \sim 10^{-3}$ 时，电阻变化率 $\Delta R/R = 2\times10^{-6} \sim 2\times10^{-3}$。这是个非常微弱的电信号，用量电器难以检测到，必须借助放大器把微弱信号放大，才能带动量电器工作。

电阻应变仪是电阻测量系统中把放大和显示集成在一起的量测仪器，其功能是将电阻应变片输出的信号转换、放大、检波、显示和记录，并解决温度补偿问题。电阻应变仪主要由振荡器、测量电路、放大器、检波器和电源等组成。

1. 电桥基本原理

电阻应变仪采用的测量电路是惠斯通（Wheatstone bridge）电桥，把微小的电阻变化转化为电压或者电流变化，如图 3-41 所示。在四个臂上分别接入电阻 R_1、R_2、R_3、R_4，在 A、C 端接入电源，B、D 端为输出端。

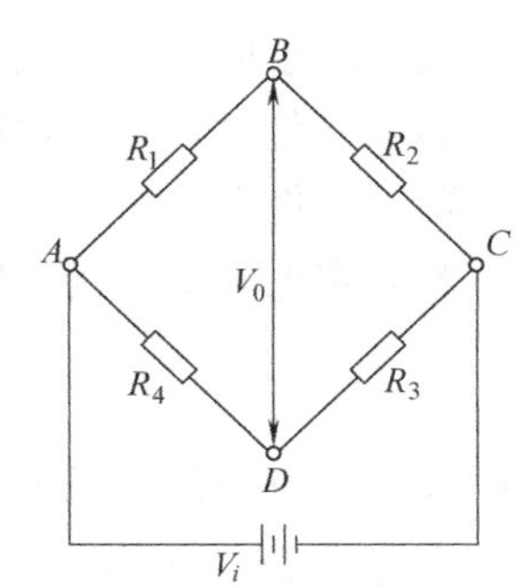

图 3-41 惠斯通电桥

根据基尔霍夫定律输出端 V_0 与输入端电压 V_i 的关系为：

$$V_0 = V_i \frac{R_1R_3 - R_2R_4}{(R_1+R_2)(R_3+R_4)} \tag{3-12}$$

当 $R_1=R_2=R_3=R_4$ 即四个桥臂电阻值相等时，称为等臂

电桥，此时电桥平衡，即输出电压 $\Delta U_{BD}=0$，则

$$R_1R_3-R_2R_4=0 \tag{3-13}$$

当电阻 R_1 变化 ΔR_1，其他电阻均保持不变时，对角线的输出电压为：

$$U_{BD}=U\frac{R_2R_4}{(R_1+R_2)(R_3+R_4)}\cdot\frac{\Delta R_1}{R_1} \tag{3-14}$$

当取 $R_1=R_2=R_3=R_4$（称等臂电桥）时，并将 $\frac{\Delta R}{R}=K\varepsilon$ 代入式（3-14）得：

$$U_{BD}=\frac{\Delta R_1R}{(2R)(2R)}U=\frac{U}{4}\cdot\frac{\Delta R_1}{R}=\frac{U}{4}K\varepsilon_1 \tag{3-15}$$

当电阻 R_1 和 R_2 分别改变 ΔR_1 和 ΔR_2 时，并取 $R_1=R_2=R_3=R_4$，其对角线输出为：

$$U_{BD}=\left(\frac{R_1+\Delta R_1}{R_1+\Delta R_1+R_2+\Delta R_2}+\frac{R_3}{R_3+R_4}\right)U=\frac{U}{4}\frac{\Delta R_1-\Delta R_2}{R}=\frac{U}{4}(\varepsilon_1-\varepsilon_2) \tag{3-16}$$

同理，改变任一臂上的电阻值均可得到类似的公式。若四个臂上的电阻同时都改变一个微量，则对角线的输出电压为：

$$U_{BD}=\frac{U}{4}\left(\frac{\Delta R_1-\Delta R_2+\Delta R_3-\Delta R_4}{R}\right)=\frac{U}{4}K(\varepsilon_1-\varepsilon_2+\varepsilon_3-\varepsilon_4) \tag{3-17}$$

综上所述，桥路的不平衡特性为：相邻桥臂异号，相减输出；相对桥臂同号，相加输出。这种利用桥路的不平衡输出进行测量的电桥称为不平衡电桥。这种测量方法称为偏位测定法。偏位测定法适用于动态应变测量。

由式（3-17）看出，不平衡电桥的输出中含有电源电压 U 项。当电源电压波动时，将影响量测结果的准确性；另外不平衡电桥采用的是偏位法测量，它要求输出对角线上的检测计既要有很高的灵敏度又要有很大的测量范围。

为满足这些测试要求，现代的电阻应变仪都改用平衡电桥，即采用零位法进行测量。用这种方法进行测量时，检流计仅用来判别电桥平衡与否，故可避免偏位法测定的缺点。由于检流计始终把指针调整至指零位置才开始读数，所以称为零位测定法。零位测定法用于静态电阻应变测量。

测量应变时，只接一个应变计（R_1），这种接法称为1/4电桥接法；接两个应变计（R_1、R_2 为应变计）时称为半桥接法；接四个应变计（R_1、R_2、R_3、R_4 均为应变计）时称为全桥接法。

2. 温度补偿技术

实验室温度总是在变化当中，这种变化同样会作用到结构试件上，通过应变片传导至应变仪，所示应变即为温度应变。

温度变化时，一方面应变片电阻丝本身长度会变化，引起电阻变化；另一方面，应变片粘贴于试件上，试件本身在温度作用下伸缩，带动应变片电阻变化。

若假定电阻增量为 ΔR_t，根据电桥输出特性得：

$$U_{BD}=\frac{U}{4}\cdot\frac{\Delta R_t}{R}=\frac{U}{4}K\varepsilon_t \tag{3-18}$$

式中，ε_t 为应变仪所示温度应变。当应变片的电阻丝为镍铬合金时，温度变动1℃，温度应变可达 $70\mu\varepsilon$，相当于钢材（$E=2.1\times10^5$）产生 14.7 N/mm² 的应力，这个影响不能忽视，必须加以消除。消除温度效应的方法称为温度补偿。

温度补偿有桥路补偿、工作片互补和应变片自补偿三种方法。

(1) 桥路补偿法

桥路补偿法又称为补偿片法。如图 3-42 所示，电阻应变片 R_1 称为工作片，粘贴在受力试件上测量应变，既有荷载作用又有温度作用，故 ΔR_1 由两部分组成，即 $\Delta R_1=\Delta R_\varepsilon+\Delta R_t$；补偿片 R_2 粘贴在不承受荷载的相同材质试件上，二者处于同一温度场内，但不受外力，它只有 ΔR_t 的变化。故由式 (3-17) 得：

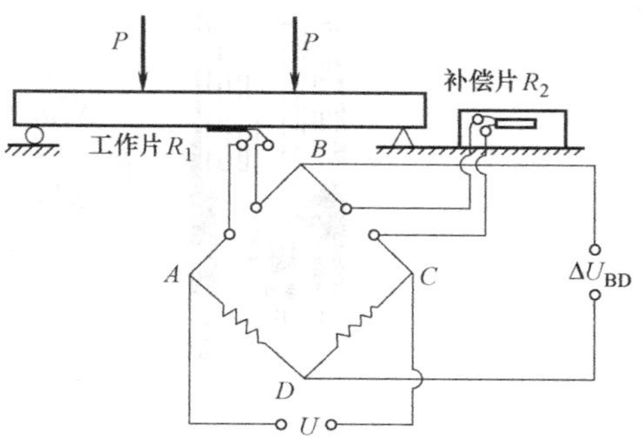

图 3-42　温度补偿法桥路接线图

$$U_{BD}=\frac{U}{4}\cdot\frac{\Delta R_1+\Delta R_t-\Delta R_t}{R}=\frac{U}{4}\cdot\frac{\Delta R_1}{R}=\frac{U}{4}K\varepsilon_1 \tag{3-19}$$

由此可见，测量结果仅为试件受力后产生的应变值，温度产生的电阻增量（或视应变）自动消除。

上述桥路补偿中若将补偿片 R_2 也视为工作应变片，则称为自补偿半桥测量方式，同理还可组成自补偿全桥应变测量方式。桥路补偿法的优点是简单方便，在常温下补偿效果好。缺点是环境温度变化较大时，不容易做到使工作片和补偿片处在完全一致的温度条件，影响补偿效果。

(2) 工作片互补法

如果桥路里两个或全部四个应变片均粘贴在对象试件上，且测点存在着受力应变值相同，但符号相反，又处在相同温度环境下时，则可以将这些应变片按照符号不同，分别接在相应的邻臂上，这样在等臂条件下，不需要另外的温度补偿片，称为自补偿半桥或自补偿全桥应变测量方式，如图 3-43 所示。

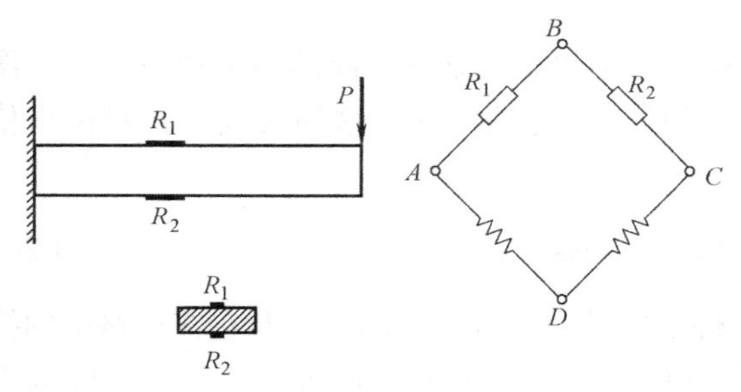

图 3-43　温度补偿法桥路接线图

(3) 应变片自补偿法

应变片自补偿法采用一种特殊的应变片，由两个单元组成。当温度变化时，电阻温度效应产生的附加应变在应变片内相互抵消而为零。这种特殊的应变片称为温度自补偿应变片。图 3-44 为双金属敏感栅自补偿应变片，这种应变片利用两种电阻丝材料的电阻温度系数不同的特性，将二者串联绕制成应变片敏感栅，当温度变化时，一段敏感栅的电阻增加，而另一段敏感栅的电阻减小，这样就可使应变片的总电阻不随温度变化而变化，从而实现温度自补偿。这种方法可以消除电阻温度效应产生的附加应变，但不会消除温度变形导致的应变。国外已有应用于测定混凝土内部应力的大标距自补偿片。

3.4.4　电阻应变测量技术

1. 应变测量的组桥方法

根据应变片在惠斯通电桥所占桥臂的数量，可以将接桥方法分为 1/4 桥、半桥和全

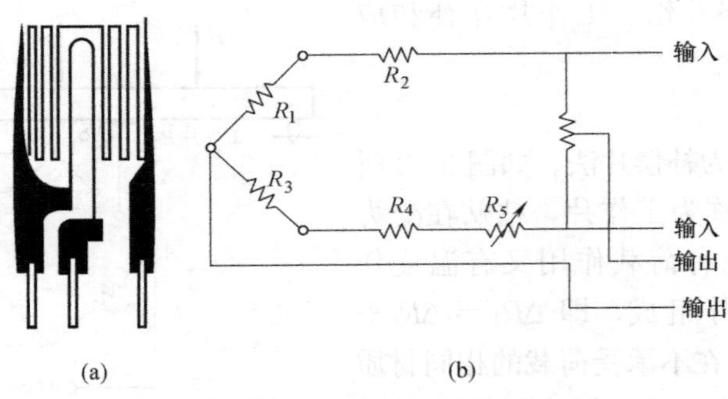

图 3-44 应变片自补偿法

(a) 温度自补偿片；(b) 电路图

桥，见图 3-45。

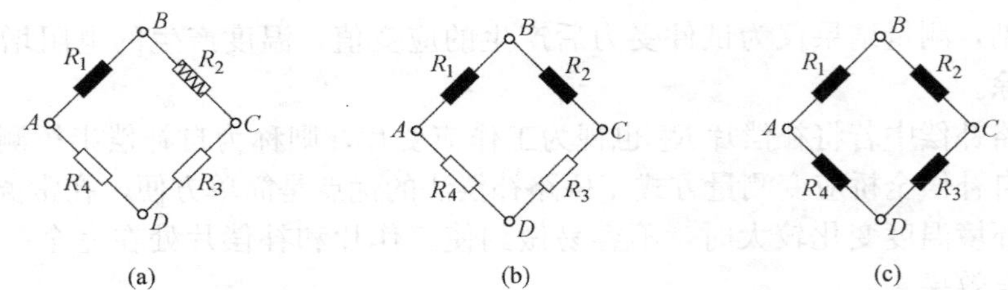

图 3-45 常用电桥电路

(a) 1/4 桥电路；(b) 半桥电路；(c) 全桥电路

(1) 1/4 桥电路

1/4 桥电路常用于测量应力场里的单个应变，例如简支梁下边缘的最大拉应变，如图 3-46 (a) 所示，这时温度补偿必须用一个补偿应变片才能完成。这种接线方式对输出信号没有放大作用。

$$U_{BD}=\frac{U}{4}K\varepsilon_1=\frac{U}{4}K\varepsilon \tag{3-20}$$

桥路输出灵敏度取决于应变片在受力构件上的贴片位置和方向，以及它在桥路中的接线方式。可根据各种具体情况进行桥路设计（见表 3-1），从而可得桥路输出的不同放大系数。放大系数以 A 表示，称为桥臂系数。因此在外荷载作用下的实际应变，应该是实测应变 ε_0 与桥臂系数之比，即 $\varepsilon=\varepsilon_0/A$。

(2) 半桥电路

半桥电路由两个工作片和两个固定电阻组成，工作片接在 AB 和 BC 臂上，另外半个桥上的固定电阻设在应变仪内部。例如悬臂梁固定端的弯曲应变，如图 3-46 (b) 所示。可以用 R_1 和 R_2 来测定，利用输出公式可得：

$$U_{BD}=\frac{U}{4}K[\varepsilon_1-(-\varepsilon_1)]=\frac{U}{4}K\varepsilon\times 2 \tag{3-21}$$

即电桥输出灵敏度提高了 2 倍，温度补偿也由这两个工作片自动完成。

(3) 全桥电路

全桥电路就是在测量桥的四个臂上全部接入工作应变片，如图 3-46 (c) 所示。其中相邻臂上的工作片兼作温度补偿用。桥路输出为：

$$U_{BD}=\frac{U}{4}K(\varepsilon_1-\varepsilon_2+\varepsilon_3-\varepsilon_4)=\frac{U}{4}K\varepsilon\times 4 \tag{3-22}$$

即电桥输出灵敏度提高了 4 倍，温度补偿由这四个工作片自动完成。

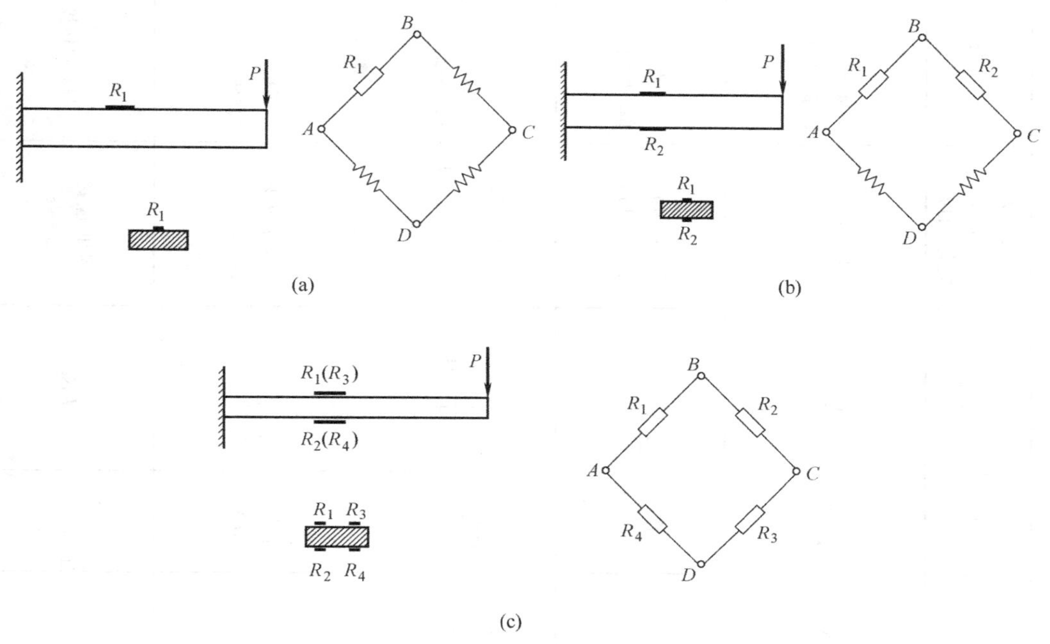

图 3-46 常用电桥应用

(a) 1/4 桥应用；(b) 半桥应用；(c) 全桥应用

如图 3-47 所示的圆柱体荷重传感器，在筒壁的纵向和横向分别贴有电阻应变片，根据横向应变片的泊松效应和对角线输出的特性，经推导可知，图 3-47 所示两种贴片和连接方式的输出均为

$$U_{BD}=\frac{U}{4}K\cdot 2(1+\nu)\varepsilon \tag{3-23}$$

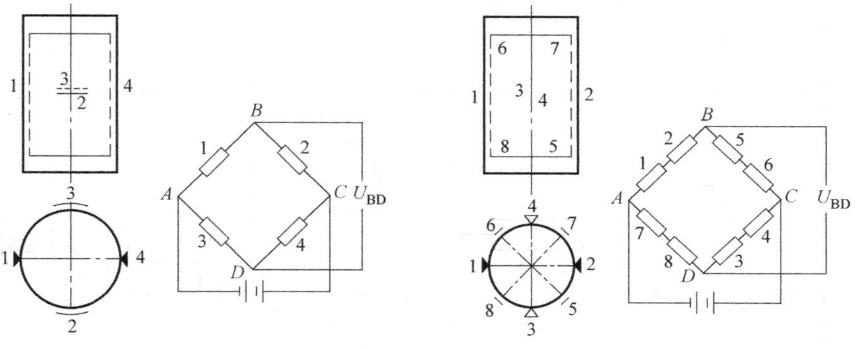

图 3-47 荷重传感器全桥接线（1～8 为应变片）

由此可见，圆柱体荷重传感器桥路输信号放大 $2(1+\nu)$ 倍，温度补偿自动完成，并消除了偏心对读数的影响。

试验中常用的应变计布置与桥梁连接方法见表 3-1。

应变计布置与桥路连接方法 **表 3-1**

序号	受力状态及贴片方法		工作片数	桥路方式	桥路接线图	温度补偿	桥压输出 U_{BD}	应变仪读数 ε_r 与实际应变 ε 的关系	特　点
1	轴向拉压	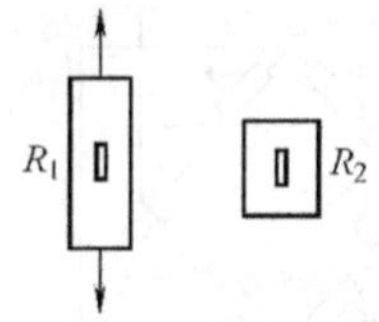 R_1 R_2	1	半桥	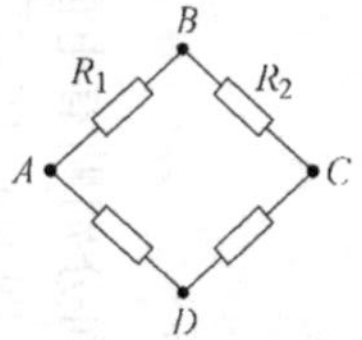 A B C D R_1 R_2	另设补偿片	$\frac{1}{4}EK\varepsilon$	拉压应变 $\varepsilon_r=\varepsilon$	灵敏度不提高，不能消除偏心影响
2	轴向拉压	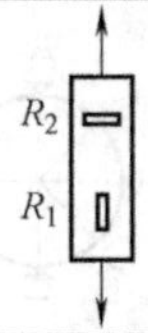 R_2 R_1	2	半桥	同序号 1	工作片互补	$\frac{1}{4}EK(1+\upsilon)\varepsilon$	拉压应变 $\varepsilon_r=(1+\upsilon)\varepsilon$	灵敏度提高，不能消除偏心影响
3	轴向拉压	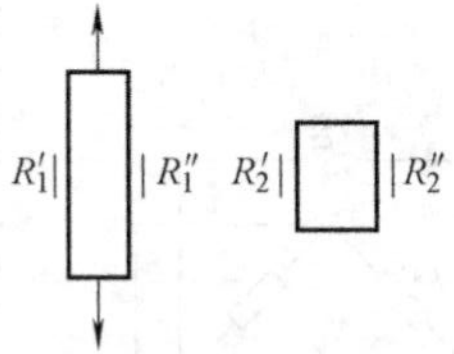 R_1' R_1'' R_2' R_2''	2	半桥	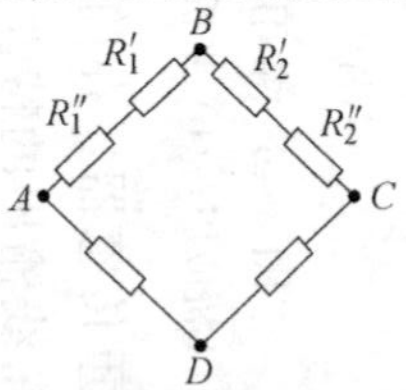 A B C D R_1' R_1'' R_2' R_2''	另设补偿片	$\frac{1}{4}EK\varepsilon$	拉压应变 $\varepsilon_r=\left(\frac{\varepsilon_1'+\varepsilon_1''}{2}\right)=\varepsilon$	灵敏度不提高，能消除偏心影响
4	轴向拉压	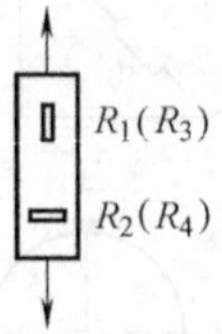 $R_1(R_3)$ $R_2(R_4)$	4	全桥	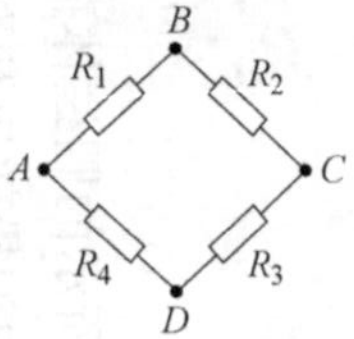 A B C D R_1 R_2 R_3 R_4	工作片互补	$\frac{1}{2}EK(1+\upsilon)\varepsilon$	拉压应变 $\varepsilon_r=2(1+\upsilon)\varepsilon$	灵敏度提高，能消除偏心影响
5	环形径向力	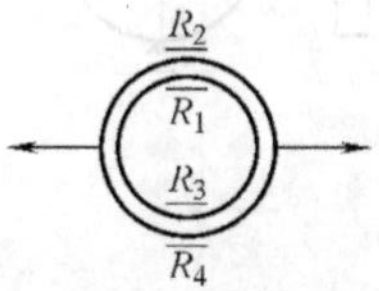 R_2 R_1 R_3 R_4	4	全桥	同序号 4	工作片互补	$EK\varepsilon$	弯曲应变 $\varepsilon_r=4\varepsilon$	提高灵敏度

续表

序号	受力状态及贴片方法		工作片数	桥路方式	桥路接线图	温度补偿	桥压输出 U_{BD}	应变仪读数 ε_r 与实际应变 ε 的关系	特　　点
6	拉压弯曲	R_2 R_1	2	半桥	同序号 1	工作片互补	$\frac{1}{2}EK\varepsilon$	弯曲应变 $\varepsilon_r=2\varepsilon$	提高灵敏度，能消除轴力影响
7	拉压弯曲	R_3 R_1 R_2 R_4	2	全桥	同序号 4	另设补偿片	$\frac{1}{2}EK\varepsilon$	拉压应变 $\varepsilon_r=2\varepsilon$	灵敏度提高，能消除弯曲影响
8	弯扭	45° T M M R_1 R_2 T 互垂直45° 贴	2	半桥	同序号 1	工作片补偿	$\frac{1}{2}EK\varepsilon$	扭转应变 $\varepsilon_r=2\varepsilon$	灵敏度提高，能消除弯曲影响
9	弯曲与扭转	T R_2 M M R_1 T 同向45° 贴	2	半桥	同序号 1	工作片互补	$\frac{1}{2}EK\varepsilon$	弯曲应变 $\varepsilon_r=2\varepsilon$	灵敏度提高，能消除扭转影响

2. 电阻应变片的粘贴与检测技术

电阻应变片是应变测试技术中的感受元件，需要粘贴于被测试件上，将结构应变及时、准确地反馈给应变仪，粘贴技术水平和完成质量至关重要。

为保证粘贴质量，要求选片合适、表面处理到位、胶粘剂合格、粘贴位置准确，粘接牢靠；粘贴后应变电阻不变，与试件的绝缘电阻不小 200MΩ，粘贴具体方法步骤和技术要求见表 3-2 和表 3-3。

电阻应变片粘贴技术 **表 3-2**

序号	步骤	内容	操作方法	要　求
1	应变片检查	外观检查	借助放大镜肉眼观测	有无气泡、霉斑、锈点等缺陷，以及栅丝是否平直、整齐、均匀
		阻值检查	万用表检查	有无短路或断路，同一测区阻值相差不大于 0.5%
2	测点处理	测点检查	测点表面状况	应平整、无缺陷、无裂缝
		打磨	角磨机或 80 号/120 号砂纸	清除表面覆盖层至母材，80 号砂布打平磨光，再用 120 号砂布打成与测量方向成 45°交叉斜纹
		清洗	丙酮、棉花	吹去浮尘后用棉球蘸丙酮沿一个方向擦拭干净
		打底	环氧树脂：聚酰胺＝100：(90～110)	混凝土表面涂环氧树脂，胶层厚度 0.05～0.1mm，硬化后用 0 号砂布磨平
		画线定位	铅笔在测点画出十字定位线	纵向与应变方向一致
3	应变粘贴	上胶	用镊子夹应变片引线，在背面涂胶	胶层薄且布满背面，测点十字定位线与应变片定位标志线对准
		挤压	在应变片上盖一玻璃纸，用手指沿一个方向按压，挤出多余胶水	按压时注意应变片不可滑动
		加压	502 速干胶，手指轻压 30s，胶液完全固化	按压时注意应变片不可滑动
4	固化处理	自然固化	室温 15℃以上，可自然干燥挥发	防止触动
		人工固化	气温低、湿度大时，红外灯或电吹热风人工加温加速固化	可用红外线灯或热吹风机将粘片区加热至 40～50℃。温度过高可能引起脱壳，损伤应变片
5	粘贴质量检查	外观检查	借助放大镜肉眼检查	应变片应无气泡、翘边，粘贴牢固，位置准确
		阻值检查	万用表	无断裂和短路，电阻值无变化
		绝缘检查	兆欧表(摇表)	一般应在 50MΩ 以上，恶劣环境或长期测试应在 500MΩ 以上
6	导线连接	引出线绝缘	应变片引出线贴胶布	防止引出线与试件形成短路
		接线端子	用 502 胶将端子固定在引线下方	端子粘贴在应变片引线前端试件表面
		导线焊接	用电烙把引线焊于端子焊锡道上	焊点圆滑、饱满，无虚焊，注意引线过长或焊锡太多导致短路
7	防潮防护	防潮	防潮剂一般选用环氧树脂胶，或按表 3-3 选用	覆盖整个应变片及引线和端子等金属裸露部分
		防护	砂布沾环氧树脂胶包裹	防止外力损坏

注：在完成步骤 5 后，如有必要重贴时，一定要除去原有胶层，重新擦洗、画线、涂胶重贴。

常用电阻应变片防潮剂 **表 3-3**

序	种类	配方和牌号	使用方法	固化条件	使用范围
1	凡士林	纯凡士林	加热去除水分、冷却后涂刷	室温	室内、短期<55℃
2	凡士林 黄蜡	凡士林 40%～80% 黄蜡 20%～60%	加热去除水分，调匀，冷却后涂刷	室温	室内、短期<65℃
3	黄蜡 松香	黄蜡 60%～70% 松香 30%～40%	加热熔化，脱水调匀，降温至 50℃左右使用	室温	<70℃
4	环氧树脂类	914 环氧胶粘剂 A 和 B 组分	按重量 A：B＝6：1，按体积 A：B＝5：1，混合调匀使用	20℃，5h 或 25℃，3h	室内外各种试验及防水包扎，－60～＋60℃
		E44 环氧树脂 100，甲苯酚 10～20，间苯二胺 8～14	树脂加热到 50℃，依次加入甲苯酚、间苯二胺，搅匀	室温，10h	室内外各种试验及防水包扎，－15～＋80℃

3.5 试验准备工作

试验开始前应做好充分的准备工作，一般包括深入调查研究、编制试验大纲、试件准备、材料性能测试、试验设备与场地、试件安装、仪表安装、关键特征值估算等。准备工作繁杂琐碎，其工作质量将直接影响试验进度和试验结果，因此每一环节工作都应认真、扎实地完成。

3.5.1 资料收集与大纲编制

1. 资料收集

首先要充分掌握信息，通过调查研究，收集资料，了解本项试验的任务和要求，明确试验目的。从而确定试验的性质和规模，试件的形式、数量和种类，正确地进行试验设计。

生产性试验，调查研究主要是面向有关设计、施工和使用单位或人员进行。收集资料：设计方面包括设计图纸、计算书和设计所依据的原始资料，如地基土壤资料、气象资料和生产工艺资料等；施工方面包括施工日志、材料性能试验报告、施工记录和隐蔽工程验收记录等；使用方面主要是使用过程、环境、超载情况或事故经过等。

科研性试验，调查研究主要是面向有关科研单位和情报部门以及必要的设计和施工单位进行。收集与本试验有关的历史，如前人有无做过类似的试验，采用的方法及其结果等；现有理论、假设和设计、施工技术水平及材料、技术状况等；将来发展的要求，如生产、生活和科学技术发展的趋势与要求等。

2. 大纲编制

试验大纲是在调查研究成果的基础上，为保证试验有条不紊地进行并取得预期效果而制定的纲领性文件。整个试验大纲务必明确工作步骤及衔接顺序，防止盲目追求试件数量和影响因素，过分追求量测内容和精度，导致试验无法进行、试验失败甚至引发安全事故。

3.5.2 试件准备

试验的对象并不一定就是研究任务中的具体化结构或构件。根据试验的目的要求，它可能经过简化，可能是模型，也可能是节点或局部杆件，但无论如何均应根据试验目的和有关理论，按大纲规定进行设计与制作。

在设计制作时应考虑到试件安装和加载量测的需要，在试件上作必要的构造处理，如钢筋混凝土试件支承点预埋钢垫板，局部截面加强加设分布筋等；平面结构侧向稳定支撑点的配件安装，倾斜面加载处增设凸肩以及吊环等，都不要疏漏。

试件制作工艺，必须严格按照相应的施工规范进行，并做详细记录。按要求留足材料力学性能试验试件，并及时编号。

试件在试验之前，应按设计图纸仔细检查、测量各部分实际尺寸、构造情况、施工质量、存在缺陷（如混凝土的蜂窝麻面、裂缝、钢结构的焊缝缺陷、锈蚀等）、结构变形和安装质量，钢筋混凝土试件还应检查钢筋位置、保护层的厚度和钢筋的锈蚀情况等。这些情况都将对试验结果有重要影响，应做详细记录。

检查试件之后，进行表面处理，例如去除或修补一些有碍试验观测的缺陷，钢筋混凝土表面的刷白、分区划格，目的是便于观测裂缝、准确地定位裂缝及对应荷载；记录裂缝的发生和发展过程以及描述试件的破坏形态。观测裂缝的区格尺寸一般取 5～20cm，必要时可缩小或局部缩小。

3.5.3 材料力学性能测定

材料的物理力学性能指标，对结构性能有直接的影响，是结构计算的重要依据。试验中的荷载分级，试验结构的承载能力和工作状况的判断与估计，试验后数据处理与分析等都需要在正式试验之前，对结构材料的实际物理力学性能进行测定。物理力学性质通常有强度、变形性能、弹性模量、泊松比、应力-应变关系等。

测定的方法有直接测定法和间接测定法两种。直接测定法就是将制作试件时留下的小试件，按有关标准方法在材料试验机上测定。这里仅就混凝土的应力-应变全曲线的测定方法做简单介绍。

混凝土是一种弹塑性材料，应力-应变关系比较复杂，标准棱柱抗压的应力应变全过程曲线（图 3-48）对混凝土结构的某些方面研究，如长期强度、延性和疲劳强度试验等都具有十分重要的意义。

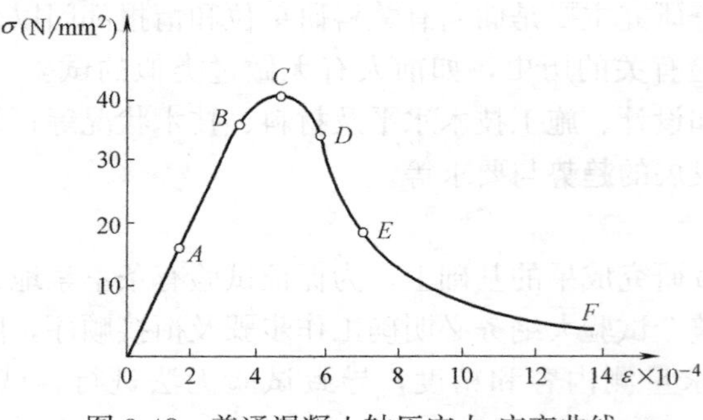

图 3-48 普通混凝土轴压应力-应变曲线

测定全曲线的必要条件是：试验机具有足够的刚度，使试验机加载时所释放的弹性应变与试件的峰点 C 的应变之和不大于试件破坏时的总应变值。否则，试验机释放的弹性应变能产生的动力效应，会把试件击碎，曲线只能测至 C 点，在普通验机上测定就是这样。目前，最有效的方法是采用电液伺服试验机，以等应变控制方法加载。

间接测定法，通常采用非破损试验法，即用专门仪器对结构或构件进行试验，确定与材性有关的物理量，推算出材料性质参数，而不破坏结构、构件。

3.5.4 场地准备与试件安装

1. 场地准备

试验场地，在试件进场之前也应加以清理和安排，包括水、电、交通和清除杂物，集中安排好试验使用的物品。必要时，应做场地平面设计，架设或准备好试验中的防风、防雨和防晒设施，避免对荷载和量测造成影响。现场试验的支承点下的地板承载力应经局部验算和处理，下沉量不宜太大，保证结构作用力的正确传递和试验工作顺利进行。

2. 试件安装就位

按照试验大纲的规定和试件设计要求，在各项准备工作就绪后即可将试件安装就位。保证试件在试验全过程都能按规定模拟条件工作，避免因安装错误而产生附加应力或出现安全事故，是安装就位的核心问题。

简支结构的两支点应在同一水平面上，高差不宜超过试件跨度的 1/50；支座、支墩和台座之间应密合稳固，因此常采用砂浆坐缝处理。

超静定结构，包括四边支承和四角支承板的各支座应保持均匀接触，最好采用可调支座。若带支座反力测力计，应调节至该支座所承受的试件重为止，也可采用砂浆坐浆或湿砂调节。

扭转试件安装应注意扭转中心与支座转动中心的一致，可用钢垫板等加垫调节。

嵌固支承，应上紧夹具，不得有任何松动或滑移。

卧位试验，试件应平放在水平滚轴或平车上，以减轻试验时试件水平位移的摩擦阻力，同时也防止试件侧向下挠，见图 3-49。

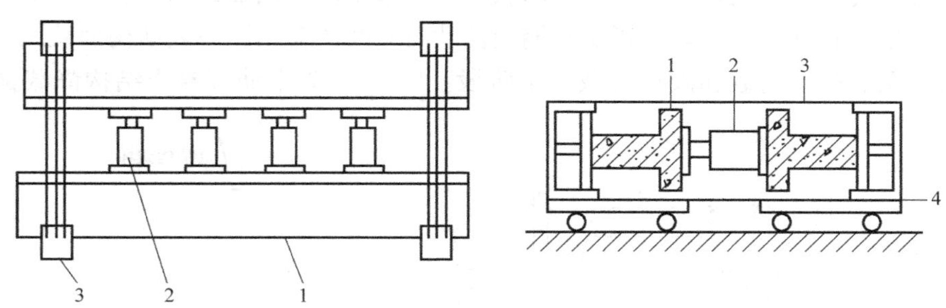

图 3-49 吊车梁卧位试验示意图

1—试件；2—千斤顶；3—箍架；4—滚动平台

试件吊装时，平面结构应防止平面外弯曲、扭曲等变形发生，细长杆件的吊点应适当加密，避免弯曲过大；钢筋混凝土结构在吊装就位过程中，应保证不出裂缝，尤其是抗裂试验结构，必要时应附加夹具，提高试件刚度。

3.5.5 特征值估算与量测仪表安装

1. 试件特征值估算

根据材性试验数据和设计计算图式，计算出各个荷载阶段的荷载值和各特征部位的内力、变形值等，供试验时控制与比较。

确保试件在加载设备的有效荷载范围内完成试验，防止试件承载力过高，超过设备加载能力而不能加载到破坏阶段，造成试验失败。

这是避免试验盲目性的一项重要工作，对试验与分析都具有重要意义。

2. 测量仪表安装

试验所用的加载设备和量测仪表，试验之前应进行检查、修整和必要的率定，且保证达到试验的精度要求。率定必须有报告，以供资料整理或使用过程中修正。

加载设备的安装，应根据加载设备的特点按照大纲设计的要求进行。有的在试件就位之前就安装到位，如作动器、竖向千斤顶等，有的与试件就位同时进行，如支承机构；量测设备大多数是在试件就位后安装。要求设备安装固定牢靠，保证荷载模拟正确和试验安全。

仪表安装位置按观测设计确定。安装后应及时把仪表号、测点号、位置和连接仪器上的通道号一并记入记录表中。调试过程中如有变更，记录也应及时做相应改动，以防混淆，影响后期试验数据处理和分析。接触式仪表还应有保护措施，例如加带悬挂或扎丝，以防振动掉落损坏。

3.6 加载与测量方案

3.6.1 加载方案

制定试验的加载方案是一项复杂的工作，涉及研究目的、试件类型、空间位置、加载图式及加载制度；应在满足试验目的前提下做到试验技术合理、经济和安全。加载图式与结构类型和研究目的有关，在下一节专门叙述，本节主要讨论加载制度。

加载制度又称加载程序，是指试验期间荷载与时间的关系。一般结构静载试验的加载程序分为预载、标准荷载和破坏荷载三个阶段。图 3-50 为钢筋混凝土结构静载试验的加

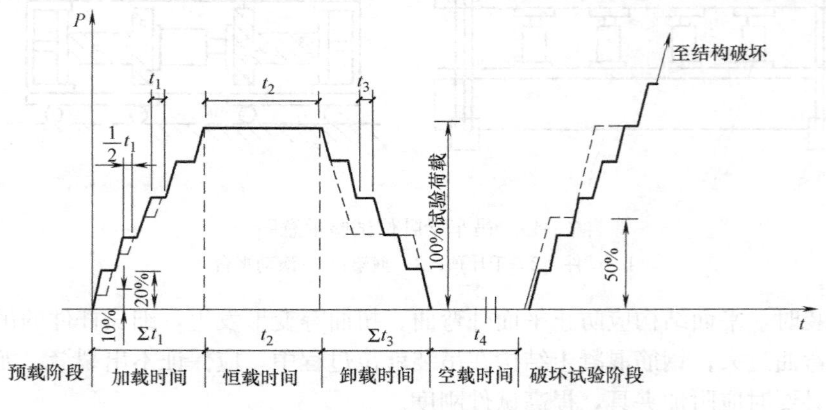

图 3-50 单调静载试验的加载程序

载程序。

1. 预加载

在正式试验前对结构预加试验荷载，其目的是：

(1) 使试验结构的各支点进入正常工作状态。在试件制造、安装等过程中节点和结合部位难免有缝隙，预加载可使其闭合。对装配式钢筋混凝土结构，需经过若干次预加载，才能使荷载变形关系趋于稳定。

(2) 检查加荷设备工作是否正常，加荷装置是否安全可靠。

(3) 检查测试仪表是否都已进入正常工作状态。认真检查仪表的安装质量、读数和量程是否满足试验要求；自动记录系统运转是否正常等。

(4) 使试验工作人员熟悉自己的任务，掌握调表、读数等操作方法，保证采集的数据正确无误。

对于开裂较早的普通钢筋混凝土结构，预加载的荷载量，不宜超过开裂荷载值的70%（含自重），以保证在正式试验时能得到首次开裂的开裂荷载值。预加载一般分三级加载，2～3级卸完。

2. 正式加载

(1) 荷载分级

荷载分级的目的，一方面是为控制加荷速度，另一方面是为便于观察结构变形情况，为读取各种试验数据提供所必需的时间。

分级方法应考虑到能得到比较准确的承载力试验荷载值、开裂荷载值和正常使用状态的试验荷载值及其相应的变形。例如在达到正常使用极限状态以前，以正常使用短期试验荷载值为准，每级加载量一般不宜超过20%（含自重）；接近正常使用极限状态时，每级加载量减小至10%；对于钢筋混凝土或预应力混凝土构件，达到90%开裂试验荷载以后，每级加载量不宜大于5%的使用状态短期试验荷载值；开裂后可以恢复正常加载程序。对于检验性试验，加载接近承载力检验荷载时，每级荷载不宜大于5%的承载力检验荷载值。对于研究性试验，加载到90%的承载力试验荷载计算值以后，每级加载量不宜大于5%。

试验荷载一般按20%左右为一级，即按五级左右进行加载。

(2) 级间歇时间

级间歇时间包括：开始加载至加载完毕的时间 t_0 和荷载停留时间 t_1，总时间 t_0+t_1 即为级间歇时间。

级间停留时间 t_1，主要取决于结构变形是否已得到充分发展，尤其是混凝土结构，由于材料的塑性性能和裂缝开展，需要一定时间才能完成内力重分布，否则将得到偏小的变形值，并导致偏高的极限荷载值，影响试验的准确性。根据以往经验和有关规定，混凝土结构的级间停留时间不得少于10～15min，钢结构取10min，砌体和木结构也可参照执行。

(3) 满载时间

结构的变形和裂缝是结构刚度的重要指标。在进行钢筋海凝土结构的变形和裂缝宽度试验时，在正常使用极限状态短期试验荷载作用下的持续时间不应少于30min，钢结构也不宜少于30min，拱或砌体为30min的6倍；对于预应力混凝土构件，满载30min后加至开裂，然后在开裂荷载下再持续 30min（检验性构件不受此限制）。

对于采用新材料、新工艺、新结构形式的结构构件，或跨度较大（大于 12m）的屋架、桁架等结构构件，为了确保使用期间的安全，要求在正常使用极限状态短期试验荷载作用下的持续时间不宜少于 12h，在这段时间内变形继续增长而无稳定趋势时，还应延长持续时间直至变形发展稳定为止。如果试验荷载达到开裂荷载计算值时，试验结构已经出现裂缝，则开裂试验荷载不必持续作用。

（4）空载时间

持荷结构卸载后到下一次重新开始加载的间歇时间称空载时间。空载对于研究性试验是完全有必要的。

完全卸载后，宜经过一定空载时间，再测定结构的残余变形、残余裂缝、最大裂缝宽度等，以考察结构的恢复性能。对于一般构件取 1h，对新型结构和跨度较大的试件取 12h，也可根据需要确定。

3. 卸载

若构件只进行刚度、抗裂或裂缝宽度检验，或间断加载试验，或预载完成后，均需要进行卸载工作。卸载一般可按荷载级距进行，也可放大 1～2 倍进行。

3.6.2 测量方案

制定观测方案需要预估结构在试验荷载作用下的受力性能和可能发生的破坏形状。观测方案的内容主要包括：确定观察和测量的项目、选定观测区域、布置测点及按照量测精度要求选择仪表和设备等。

（1）观测项目

结构在外荷载作用下的变形可分为两类：一类反映的是结构整体工作状况，如梁的最大挠度及其整体变形；拱式结构和框架结构的最大水平位移、竖向位移；杆、塔结构的整体水平位移及基础转动等。另一类反映的是结构局部工作状况，如局部的纤维应变、裂缝以及局部挤压变形等。

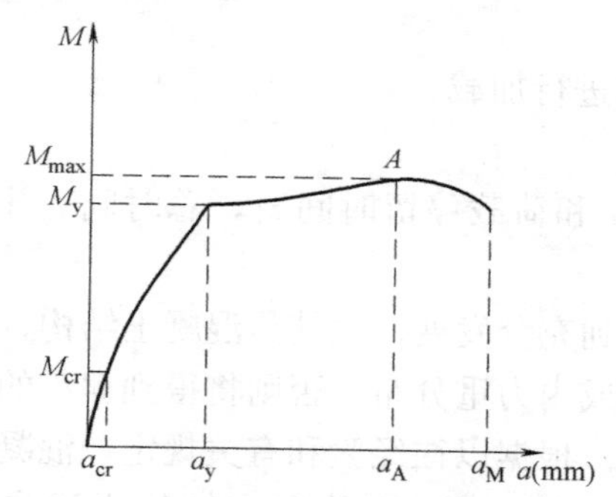

图 3-51　钢筋混凝土梁的弯矩-挠度曲线

结构整体变形是观察的重要项目之一。结构的异常变形或局部破坏会在整体变形中得到反映，不仅可以反映结构的刚度变化，而且还可以反映结构弹性和非弹性性质，如图 3-51 所示的内力和挠度曲线，曲线有明显的开裂点、屈服点、极限点和破坏点，把整个受力过程分为弹性、弹塑性和塑性三个阶段。

钢筋混凝土结构何时出现裂缝，可直接说明其抗裂性能；控制截面上的应变大小和方向反映了结构的应力状态，是结构极限承载力计算的主要依据。当结构处于弹塑性阶段时，其应变、曲率、转角或位移的量测结果，都是判定结构延性的主要依据。

（2）测区选择与测点布置

测点的选择必须具有代表性。由所选测点的数据能够得到结构的受力状态。通常，选择结构受力最大的部位布置局部变形测点。简单构件往往只有一个受力最大的部位，如简支梁的跨中部位和悬臂梁的支座部位。超静定结构、多个杆件组成的静定结构、多跨结构有多个控制截面，如有桁架结构的支座部位、上下弦杆、直腹杆和斜腹杆等。

测点的数量和范围应根据具体情况确定。一般而言，在满足试验目的的前提下，测点宜少不宜多，以便突出测试重点。但是另一方面，结构静载试验多为破坏性试验，大型结构试验的试件制作、加载设备的安装、试验的组织等方面花费大量的人力物力，我们当然又希望在试验中多布置一些测点，尽可能多的获取试验数据。

为了保证测试数据的可靠性，应布置一定数量的校核性测点，防止偶然因素导致测点数据失效。如条件容许，宜在已知参数的部位布置校核性测点，以便校核测点数据和测试系统的工作状态。

（3）仪表选择与测度原则

1）试验中选用的仪器仪表必须能够满足观测所需的精度与量程要求。测量数据的精度可以与结构设计和分析的数据保持在同一水准，不必盲目追求高精度的测试手段。因为精密的测量仪器对使用条件和环境一般有更高的要求，增加了测试的复杂程度。测试仪器应有足够的量程，尽量避免因仪器仪表量程不足而在试验过程中重新安装调整。

2）现场或室外试验时，由于仪器所处条件和环境复杂，影响因素较多，电测方法的适应性不如机测方法。但测点较多时，电测方法的处理能力更强。在现场试验或实验室内进行结构试验时，可优先考虑采用先进的测试仪器，现代测试仪器具有自动采集、存贮测试数据的功能，可加快试验进程，减少测试过程中的人为错误。

3）为了消除试验观测误差，可以选择控制测点或校核测点，采用两种不同的测试方法进行对比测试。

仪表测度应按一定时间间隔同步进行，以准确反映结构在某一受力状态下的工作情况；每次记录数据时，应同时记录周围气象条件；对重要数据，应一边记录一边整理，算出每级荷载下的级差，并与理论预估值进行比较，如有异常及时查找原因，调整试验方案。

3.7 一般结构静载试验

结构静载试验的试验对象一般为构件层次的构件，如梁、柱、墙、节点、屋架、楼盖等。一般为足尺或大比例试验，本节对常见的静载试验进行介绍。

3.7.1 梁板受弯静载试验

1. 钢筋混凝土受弯构件正截面破坏试验课程视频

2. 钢筋混凝土受弯构件斜截面破坏试验课程视频

1. 试件的安装和加载方法

单向板和梁是受弯构件中的典型构件，同时也是建筑中的基本承重构件。预制板和梁等受弯构件一般都是简支的，在试验安装时都采用正位试验，一端采用铰支座，另一端采用滚动支座。要求支座符合规定的边界条件，并在试验过程中保持牢固和稳定。为了保证构件与支承面的紧密接触，在支墩与钢板、钢板与构件之间应用砂浆找平。由于板的宽度较大，要避免支承面产生翘曲。板一般承受均布荷载，试验加载时应将荷载均匀施加。

梁所受的荷载较大，当施加集中荷载时，通常用液压加载器通过分配梁施加集中力或用液压加载系统控制多台加载器直接加载。当荷载要求不大时，也可以用杠杆重力加载。构件试验的荷载图式应符合设计规定和结构实际受载情况。当试验荷载的布置图式不能完全与设计的规定或实际情况相符时或者为了试验加载的方便及受加载条件限制时，可用等效的原则进行换算，即使试验构件的内力图形与设计或实际的内力图形相等或接近，并使两者最大受力截面的内力值相等，在此条件下求得试验等效荷载。

在受弯构件试验中经常用若干集中荷载代替均布荷载，如图 3-52 所示，采用在跨度四分点加两个集中荷载的方式来代替均布荷载，并取试验梁的跨中弯矩等于设计弯矩时的荷载，作为梁的试验荷载，这时支座截面的最大剪力也可以达到均布荷载梁的剪力设计数值。如能采用四个等距集中荷载来进行加载试验时，将可得到更为满意的结果，如图3-53（d）所示。

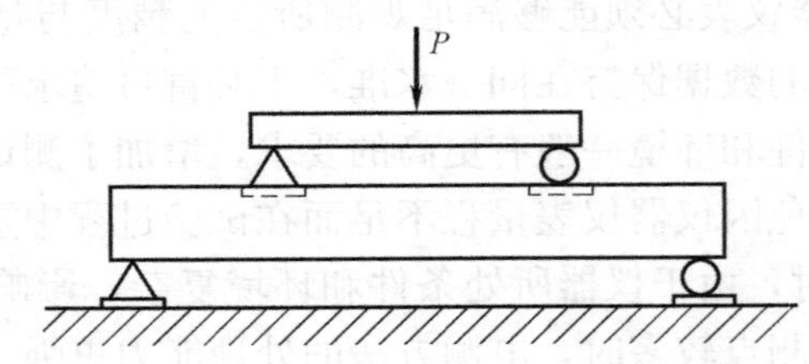

图 3-52　简支梁静载试验

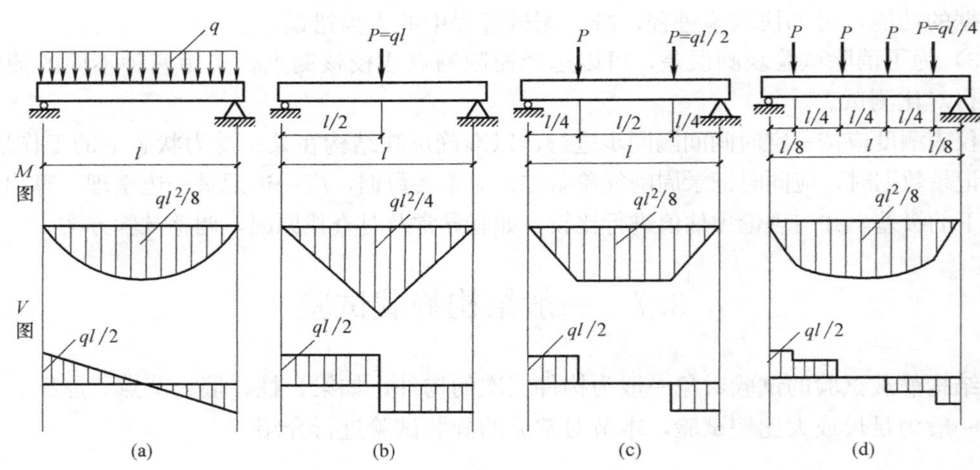

图 3-53　简支梁/板静载试验等效荷载示意图

当采用上述等效荷载试验时能较好地满足 M 与 V 值的等效，但试件的变形，即刚度不一定满足等效条件，此时应考虑进行修正。按同样原则也可求得变形相等的等效荷载。

2. 试验项目和测点布置

钢筋混凝土梁板构件的生产鉴定性试验一般只测定构件的强度、抗裂度和各级荷载作用下的挠度及裂缝开展情况。生产性试验一般不测量应力。

对于科学研究性试验，除了强度、挠度、抗裂度和裂缝观测外，还要量测构件某些部位的应力，以分析构件中该部位的应力大小和分布规律。

（1）挠度的测量

梁的挠度值是量测数据中最能反映其总的工作性能的一项指标，因为梁任何部位的异常变形或局部破坏（开裂）都可以通过挠度或在挠度曲线反映出来。对于梁式结构关键是测定跨中最大挠度值及梁的弹性挠度曲线。

为了得到梁的实际挠度值，试验时必须考虑支座沉陷的影响。对于如图 3-54 所示的梁，在试验时由于荷载的作用，其两端支座常常会有沉陷，使梁产生刚性位移，因此，如果跨中的挠度是相对地面进行测定，则同时还必须测定梁两端支承面相对同一地面的沉陷值，所以最少要布置三个测点。

由于支座承受的巨大作用力，将或多或少地引起周围地基的局部沉陷，因此安装仪器的架子必须离开支座墩子一定距离。但在永久性的钢筋混凝土台座上进行试验时，上述地基沉陷可以不予考虑。此时通过两端部的测点可以直接测出梁端相对于支座的压缩变形，从而可以较正确地测得梁跨中的最大挠度 f_{max}。对于跨度较大的梁，为了保证量测结果的可靠性，并求得梁在变形后的弹性挠度曲线，则相应地要增加至 5～7 个测点，并沿梁的跨度对称布置，如图 3-54（b）的所示。对于宽度较大的梁，必要时应考虑在截面的两侧布置测点，所需仪器的数量也就需要增加 1 倍，此时各截面的挠度取两侧仪器读数的平均值。

对于测定梁水平面的水平挠曲可按上述同样原则进行布点。

对于宽度较大的单向板，一般均需在板宽的两侧布点。当有纵肋时，挠度测点可按测量梁的挠度的原则布置于肋下。对于肋形板的局部挠曲，则可相对于板肋来进行测定。

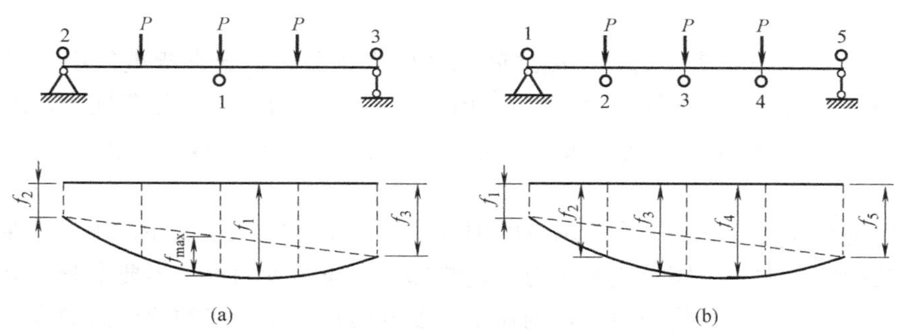

图 3-54　钢筋混凝土简支梁静载试验

（2）应变测量

梁属于受弯构件，要量测由于弯曲产生的应变，一般在梁承受正负弯矩最大的截面或弯矩有突变的截面上布置测点。对于变截面的梁，则应在抗弯控制截面上布置测点，有时也需在截面突然变化的位置上布置测点。

如果只要求测量弯矩引起的最大应力，则只需在该截面上、下边缘纤维处粘贴应变片，如图 3-55（a）所示。为了减少误差，上下纤维上的仪表应设在梁截面的对称轴上，或是在对称轴的两侧各设一个仪表，以求得它的平均应变量。

对于钢筋混凝土梁，由于材料的非弹性性质，梁截面上的应力分布往往是不规则的。为了求得截面上应力分布的规律和确定中和轴的位置，一般沿截面高度至少需要布置五个测点，如果梁的截面高度较大时，还应沿截面高度增加测点数量。测点越多，则中和轴位置更准确，在截面上应力分布的规律也越清楚。应变测点沿截面高度的布置可以是等距离的，也可以是外密里疏，以便较准确地测得截面上较大的应变，如图 3-55（b）所示。对于布置在靠近中和轴位置处的仪表，由于应变读数值较小，因此相对误差可能很大，以致不起任何作用。但是，在受拉区混凝土开裂以后，我们经常可以通过该测点读数值的变化来观测中和轴位置的移动情况。

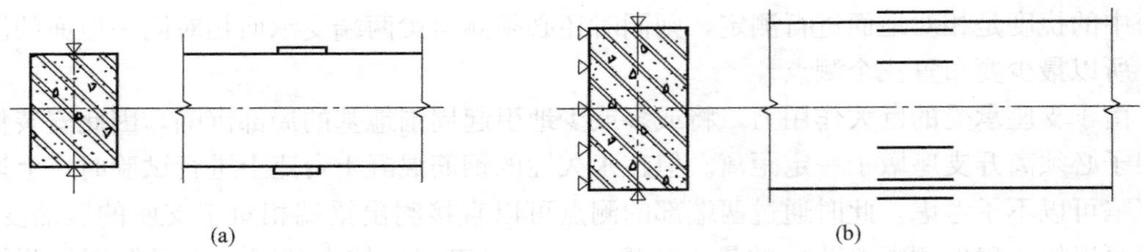

图 3-55 梁截面应变分布测量

（a）测量截面最大应变；（b）测量中和轴的位置与应变分布

1）弯曲应力测量

在梁的纯弯曲区域内，梁的截面上仅有正应力产生，故在该处截面上可仅布置单轴应变片，如图 3-56 所示梁中央截面 1-1 的应变布置。

钢筋混凝土受拉区的混凝土开裂以后，由于该处截面上混凝土部分退出工作，此时布置在混凝土受拉区的应变片将失去量测作用。为进一步考察截面的受拉性能，在受拉区的钢筋上也应布置测点以便量测钢筋的应变。由此可获得梁截面上内力重分布的规律。

2）平面应力测量

图 3-56 中，简支梁集中力到支座之间的区域为弯剪区，既有弯矩作用，又有剪力作用，为平面应力状态。为求该截面 2-2 上的最大主应力及剪应力的分布规律，需要布置应变花，测定三个方向的应变，求得最大主应力的数值及作用方向，测点应设在剪应力较大的部位。

对于薄壁截面的简支梁除支座附近的中和轴处产生剪应力较大外，还可能在腹板与翼缘的交接处产生较大的剪应力或主应力，这些部位也应布置测点。当要求测量梁沿长度方向的剪应力或主应力的变化规律时，则在梁长度方向宜分布较多的剪应力测点。有时为测定沿截面高度方向剪应力变化，则需沿截面高度方向设置测点。

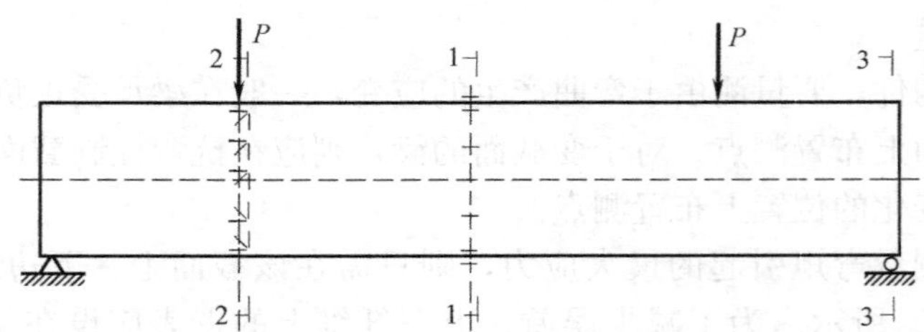

图 3-56 钢筋混凝土梁应变测量布置图

注：截面 1-1 为纯弯段测点；截面 2-2 为剪弯段应变测点；截面 3-3 为零应力区校核测点。

3）箍筋和弯起筋的应力测量

对于钢筋混凝土梁来说，为研究梁的抗剪强度，除了混凝土表面需要布置测点外，通常在梁的弯起钢筋和箍筋上布置应变测点，如图 3-57 所示。一般采用预埋或试件表面开槽的方法解决在钢筋上设点的问题。

4）翼缘与孔边应力测量

对于翼缘较宽较薄的 T 形梁，其翼缘部分一般不能全部参加工作，即受力不均匀，这时应该沿翼缘宽度布置测点，测定翼缘上应力分布情况，如图 3-58 所示。

当梁腹板开孔时，孔边出现应力集中现象，影响结构安全，需要评估孔边应力强度。以图 3-59 为例，可在孔周边连续布置应变片，通过各测点的应变迹线求得孔边应力分布情况。一般将圆孔分为 4 个象限，每个象限四等分，即测点角度间隔为 22.5°，孔边主应力方向明确，只需要布置单轴应变片进行测量。

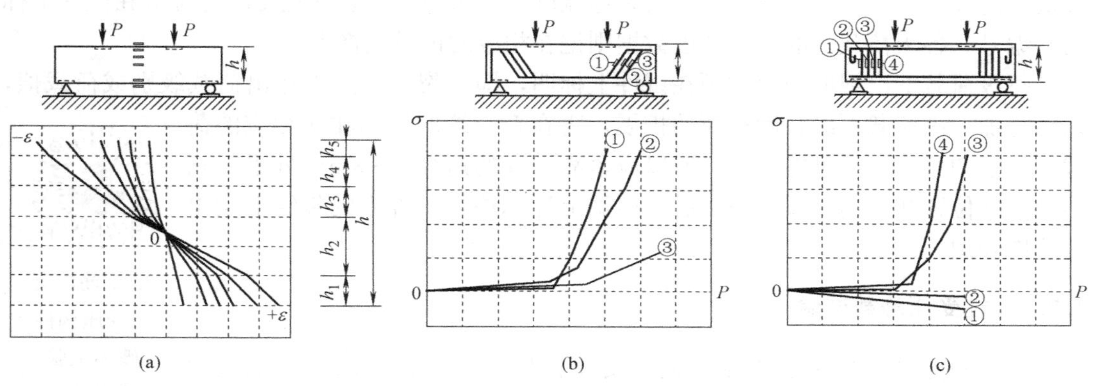

图 3-57　钢筋混凝土简支梁应变测量

（a）混凝土表面应变测量；（b）弯起钢筋应变测量；（c）箍筋应变测量

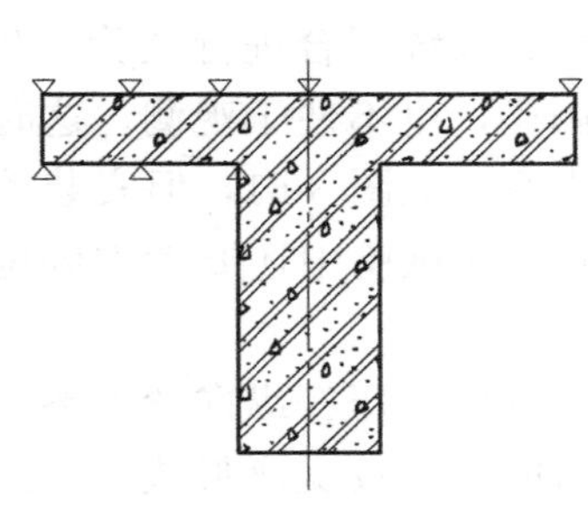

图 3-58　T 形梁翼缘的应变测点布置

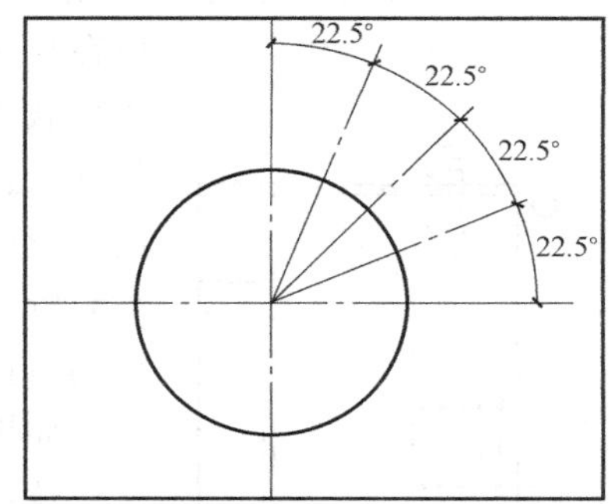

图 3-59　梁腹板圆孔周边的应变测点布置

5）校核测点

为了校核试验量测的正确性，便于在整理试验结果时进行误差修正，经常在梁的端部凸角上的零应力处布置少量测点，如图 3-56 截面 3-3 所示，以检验整个量测过程和量测结果是否正确。

（3）裂缝测量

裂缝测量主要包括测定开裂荷载、位置，描述裂缝的发展和分布以及测量裂缝的宽度和深度。在钢筋混凝土梁试验时，经常需要测定其抗裂性能，因此要在估计裂缝可能出现的截面或区域内，沿裂缝的垂直方向连续地或交替地布置测点，以便准确地控制开裂，测定梁的抗裂性能。对于混凝土构件，主要是控制弯矩最大的受拉区及剪力较大且靠近支座部位斜截面的开裂。

一般垂直裂缝产生在弯矩最大的受拉区段，在这一区段要连续设置测点。由于标距的不连续性，为防止裂缝正好出现在标距的间隙内，可将应变片交错布置。当裂缝未出现前，仪器的读数是逐渐变化的。如果构件在某级荷载作用下初始开裂，则跨越裂缝测点的仪器读数将会有较大的跃变，此时相邻测点仪器读数可能变小，有时甚至会出现负值。

每一构件中测定裂缝宽度的裂缝数目一般不少于 3 条，包括第一条出现的裂缝以及开裂最大的裂缝，取其中最大值为最大裂缝宽度，凡选用测量裂缝宽度的部位应在试件上标明并编号，各级荷载下的裂缝宽度数据则记在相应的记录表格上。

每级荷载下出现的裂缝均须在试件上标明，即在裂缝的尾端注出荷载级别或荷载值，以后每加一级荷载裂缝长度有新的扩展，需在新裂缝的尾端注明相应的荷载。由于卸载后裂缝可能闭合，所以应紧靠裂缝的边缘 1～3mm 处平行画出裂缝的位置和走向。试验完毕后，根据上述标注在试件上的裂缝上绘出裂缝展开图。

3. 钢筋混凝土受压构件破坏试验课程视频

3.7.2 柱受压静载试验

受压构件（包括轴心受压和偏心受压构件）是结构中的基本承重构件，主要承受竖向压力，柱子是最常见的受压构件。在实际工程中钢筋混凝土柱大多数是偏心受压构件。

1. *试件安装和加载方法*

对于柱子和压杆试验可以采用正位或卧位试验的安装和加载方案，见图 3-60。试件可在长柱试验机上进行试验，也可以利用试验台座上的大型荷载支承设备和液压加载系统配合进行试验。对于高大的柱子正位试验时安装困难，也不便于观测，这时可以改用比较安全的卧位试验方案，见图 3-61，但安装就位和加载装置往往比较复杂，同时在试验中还要考虑卧位状态下结构自重所产生的影响。

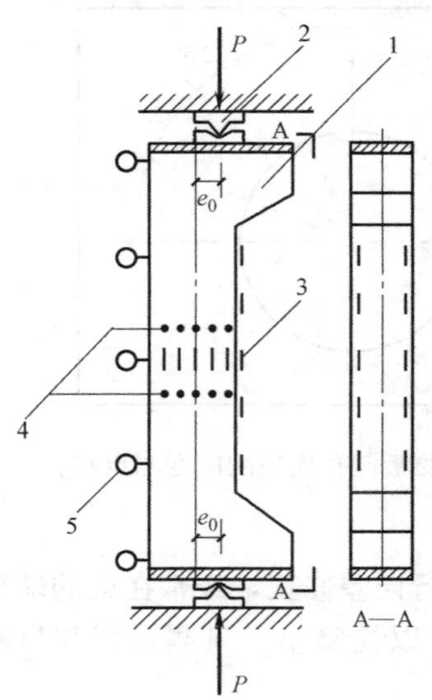

图 3-60 偏心受压柱正位试验
1—试件；2—铰支座；3—应变片；4—应变仪测点；5—位移计

如果试验数据要求测量柱或压杆纵向弯曲系数时，构件两端均应采用比较灵活的可动铰支座形式。一般可采用构造简单、效果较好的刀口支座。对于试验在两个方向有可能产生屈曲时，应采用双刀口铰支座。

中心受压柱安装时一般先将构件进行几何对中，即将构件轴线对准作用力的中心线。构件在几何对中后再进行物理对中，即加载达到的试验荷载时，测量构件中央截面两侧或四个面的应变，并调整作用力的轴线，使其达到各点应变均匀为止。在构件物理对中后即可进行加载试验。对于偏压试件，也应在物理对中后，沿加力中线量出偏心距离，再把

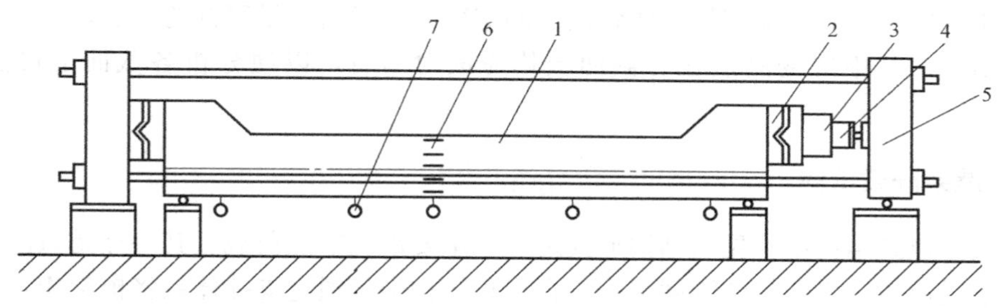

图 3-61　偏心受压柱的卧位试验

1—试件；2—铰支座；3—加载器；4—传感器；5—荷载支撑架；6—应变计；7—挠度计

加载点移至偏心距的位置上，进行试验。钢筋混凝土结构由于材质的不均匀性，物理对中一般难以满足要求，实际试验中仅需保证几何对中即可。

对于要求模拟实际工程中柱子的计算图式及受载情况时，则试件安装和试验加载的装置将更为复杂，如图 3-62 所示为具有双层桥式吊车重型厂房斜腹杆双肢柱的 1/3 模拟试验柱的卧位试验装置。柱的顶端为自由端，柱底端用两组垂直螺杆与静力试验台座固定，以模拟实际柱底固结的边界条件。上、下层桥式吊车的轮压 P_1、P_2 作用于牛腿，通过大型液压加载器（1000～2000kN 的油压千斤顶）和水平荷载支承架进行加载。在柱端用液压作动器及竖向荷载支承架对柱子施加侧向力。在正式试验前先施加一定数量的侧向力，用以平衡和抵消试件卧位后的装置和加载设备重量产生的影响。

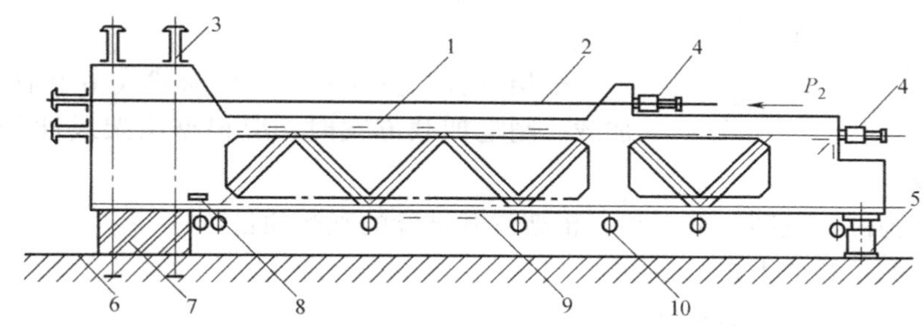

图 3-62　双肢柱卧位加载

1—试件；2—水平荷载支承架；3—竖向支承架；4—水平加载器；5—垂直加载器；6—试验台座；7—垫块；8—倾角仪；9—电阻应变计；10—挠度计

2. 试验项目和测点布置

受压构件的试验，一般需要观测其破坏荷载、各级荷载下的侧向挠度值及变形曲线、控制截面或关键区域的应力变化规律以及裂缝开展情况。偏心受压短柱试验时的测点布置见图 3-60。

试件的挠度是由布置在受拉边的百分表或挠度计进行量测，与受弯构件相似，除了量测中点最大的挠度值外，可用侧向五点布置法量测挠度曲线。对于正位试验的长柱，它的侧向变位可用经纬仪观测。

受压区边缘布置应变测点，可以单排布点于试件侧面的对称轴线上或在受压区截面的边缘两排对称布点。为验证构件平截面变形的性质，沿压杆截面高度布置 5 个应变测点。受拉区钢筋应变同样可以用应变片进行量测。

对于双肢柱试验，除测量肢体各截面的应变外，尚需测量腹杆的应变，以确定各杆件的受力情况。其中应变测点在各截面上均应成对布置，以便分析各截面上可能产生的弯矩。

3.7.3 屋架静载试验

桁架是建筑结构中常见的结构形式之一，主要承受节点荷载。其特点是只能在其自身平面内承受荷载，平面外的刚度很小。在工程结构中，通过支撑体系将桁架相互连接形成空间结构。

桁架试验一般采用正位加载方案。在对单榀桁架进行试验时，应设置可靠的侧向支撑，防止桁架结构平面外失稳，但同时又不能限制桁架的平面内变形。在施工现场进行桁架的非破坏性试验时，可采用两榀桁架同时做正位试验的方法，在两榀桁架之间设置支撑，使之成为稳定体系，然后用堆放屋面板等重物的方法加载。

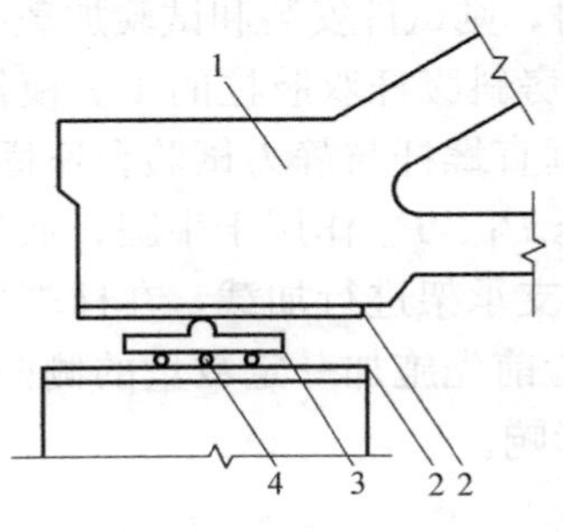

图 3-63 桁架滚动支座构造形式
1—桁架端部节点；2—钢垫板；
3—半圆形支承板；4—圆钢

桁架试验时，支座布置与梁的试验基本相同，但桁架端节点支承轴线的位置对桁架节点局部应力分布的影响较大，安装时应保证支座反力中心线对准桁架端节点各杆件轴线的交汇点。此外，桁架的跨度大，受力变形后端节点滚动支座的水平位移量较大，因此支承台座应当留有充分余地。图 3-63 给出滚动支座的一种常用构造方式。

桁架静载试验可采用重物加载或多个液压油缸同步加载。制定加载方案时，应根据桁架线性分析的结果，确定荷载分级。

以钢桁架为例，见图 3-64，说明桁架静载试验的观测项目：

（1）桁架的承载能力；

（2）桁架上下弦的竖向挠度；

（3）主要构件控制截面应力（应变）；

（4）端节点和其他关键节点的应变分布；

（5）非节点荷载产生的次应力等。

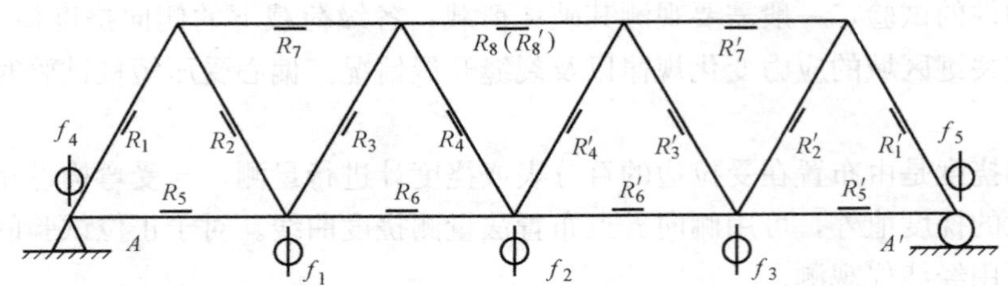

f—测量桁架上下弦节点挠度及端节点水平位移的百分表或挠度计；

R—测量桁架杆件应力的应变片

图 3-64 桁架试验挠度测点布置图

3.8 测量数据整理

量测数据包括准备阶段和正式试验阶段采集到的全部数据。其中一部分是对试验起控制作用的数据，如最大挠度控制点、最大侧向位移控制点、控制截面上的钢筋应变屈服点及混凝土极限拉、压应变等。这类起控制作用的参数应在试验过程中及时整理，以便指导整个试验进行。其他大量测试数据的整理分析工作，一般在试验后进行。

对实测数据进行整理，一般均应算出各级荷载作用下仪表读数的递增值和累计值，必要时还应进行换算和修正，然后用曲线或图表表达。

在原始记录数据整理过程中，应特别注意读数及读数差值的反常情况，如仪表指示值与理论计算值相差很大，甚至有正负号颠倒的情况，这时应对出现这些现象的规律性进行分析，并判断其原因所在。一般可能的原因有两方面：一方面由于试验结构本身发生裂缝、节点松动、支座沉降或局部应力达到屈服而引起数据突变；另一方面也可能是由于测试仪表工作不正常所造成。凡不属于差错或主观造成的仪表读数突变都不能轻易舍弃，待以后分析时再作判断处理。

常用数据分析有挠度、截面内力、主应力、荷载-变形曲线绘制等。

3.8.1 挠度

1. 简支构件的挠度

构件的挠度是指构件本身的绝对挠度。由于试验时受到支座沉降、构件自重和加荷设备、加荷图式及预应力反拱的影响，需要修正才能得到构件受荷后的真实挠度，修正后的挠度计算公式为：

$$a_s^0=(a_q^0+a_g^c)\Psi \tag{3-24}$$

式中 a_q^0——消除支座沉降后的跨中挠度实测值；

a_g^c——构件自重和加载设备重产生的跨中挠度值；

$$a_g^c=\frac{M_g}{M_b}a_b^0 \quad 或 \quad a_g^c=\frac{F_g}{F_b}a_b^0 \tag{3-25}$$

M_g——构件自重和加载设备自重产生的跨中弯矩值；

M_b、a_b^0——分别为从外加试验荷载开始至构件出现裂缝前一级荷载的加载值产生的跨中弯矩值和跨中挠度实测值；

Ψ——用等效集中荷载代替均布荷载时的加荷图式修正系数，按表 3-4 采用。

加载图式修正系数 **表 3-4**

名　称	加　载　图　式	修正系数
均布荷载	q（均布荷载作用于跨度 l 的简支梁）	1.00

续表

名　称	加 载 图 式	修正系数
两集中力，四等分点，等效荷载	P, P; l/4, l/2, l/4	0.91
两集中力，三等分点，等效荷载	P, P; l/3, l/3, l/3	0.98
四集中力，八分点，等效荷载	P, P, P, P; l/8, l/4, l/4, l/4, l/8	0.99
八集中力，十六分点，等效荷载	P, P, P, P, P, P, P, P; l/16, l/8, l/8, l/8, l/8, l/8, l/8, l/8, l/16	1.00

由于仪表初读数是在试件和试验装置安装后读取，加载后量测的挠度值中未包括自重引起的挠度，因此在构件挠度值中应加上构件自重和设备自重产生的挠度 a_g^c，a_g^c的值可近似认为构件在开裂前是处在弹性工作阶段，弯矩-挠度为线性关系。

若等效集中荷载的加荷图式不符合表 3-4 所列图式时，则应根据内力图形用图乘法或积分法求出挠度，并与均布荷载下的挠度比较，从而求出加荷图式修正系数 Ψ。

预应力钢筋混凝土结构，由于对混凝土产生了预压作用使结构产生反拱，构件越长反拱值越大。因此实测挠度中应扣除预应力反拱值 a_p，即式（3-24）可写为：

$$a_{s,p}^0=(a_q^0+a_g^c-a_p)\Psi \tag{3-26}$$

式中，a_p为预应力反拱值，对研究性试验取实测值 a_p^0，对检验性试验取计算 a_p^c，不考虑超张拉对反拱的加大作用。

上述修正方法的基本假设是认为构件的刚度 EI 为常量。对于钢筋混凝土构件，裂缝出现后各截面的刚度为变量，仍按上述图式修正将有一定误差。

2. 悬臂构件的挠度

悬臂构件的挠度见图 3-65，计算悬臂构件自由端在荷载作用下的短期挠度实测值，

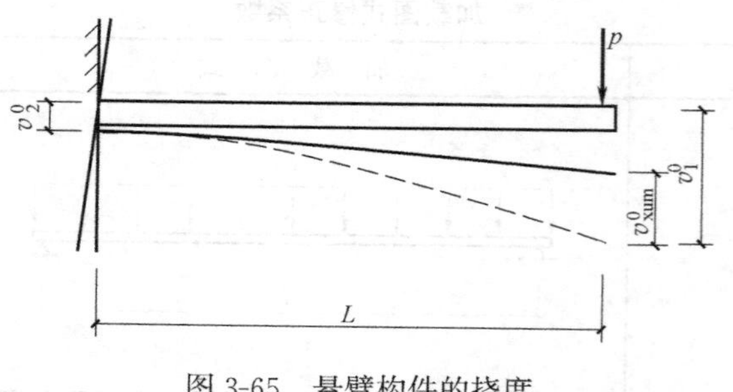

图 3-65　悬臂构件的挠度

应考虑固定端的支座转角、支座沉降、构件自重和加载设备重量的影响。在试验荷载作用下，经修正后的悬臂构件自由端短期挠度实测值可表达为：

$$a_{s,ca}^{0}=(a_{q,ca}^{0}+a_{g,ca}^{c})\Psi_{ca} \quad (3\text{-}27a)$$

$$a_{q,ca}^{0}=v_{0}^{1}-v_{0}^{2}-L\cdot\tan\alpha \quad (3\text{-}27b)$$

$$a_{g,ca}^{c}=\frac{M_{g,ca}}{M_{b,ca}}a_{b,ca}^{0} \quad (3\text{-}27c)$$

式中 $a_{q,ca}^{0}$——消除支座沉降后，悬臂构件自由端短期挠度实测值；

v_{0}^{1}、v_{0}^{2}——分别为悬臂端和固定端在 y 方向（竖向）位移；

$a_{g,ca}^{c}$、$M_{g,ca}$——分别为悬臂构件自重和设备重量产生的挠度值和固端弯矩；

$a_{b,ca}^{0}$、$M_{b,ca}$——分别为从外加试验荷载开始至悬臂构件出现裂缝前一级荷载为止的自由端挠度实测值和固端弯矩；

α——悬臂构件固定端的截面转角；

L——悬臂构件的外伸长度；

Ψ_{ca}——加荷图式修正系数，当在自由端用一个集中力作等效荷载时 $\Psi_{ca}=0.75$，否则应按图乘法找出修正系数。

3.8.2 截面内力

通过试验，得到各种不同截面上的应变，根据这些实测应变值可以分析构件所受内力的种类和大小。

1. 轴向受力构件

$$N=\sigma A=\bar{\varepsilon}EA \quad (3\text{-}28)$$

式中 N——轴向力；

E、A——分别为受力构件材料的弹性模量和截面面积；

$\bar{\varepsilon}$——截面上的实测应变平均值，$\bar{\varepsilon}=\frac{1}{n}\sum\varepsilon_i$。

由上式可知，受轴向拉伸或压缩的构件内力，不论截面形状如何，只要将所测得的轴向应变的平均值代入上式即可求得。由于绝对的轴向力几乎不存在，因而常用两个以上应变计安装在形心轴的对称位置上，取其平均值作为轴向应变。

2. 压弯或拉弯构件

压弯或拉弯构件的内力有轴向力 N 和平面内的弯矩 M_x（假如只有平面内的弯曲）。应变计数量不得少于欲求内力的种类数，因而必须安装两个以上应变计。当截面为矩形时应变测点如图 3-66 所示。压弯或拉弯构件的内力计算公式为：

$$\sigma_1=\frac{N}{A}-\frac{M_x y_1}{I_x} \quad (3\text{-}29)$$

$$\sigma_2=\frac{N}{A}+\frac{M_x y_2}{I_x} \quad (3\text{-}30)$$

当 $y_1+y_2=h$，$\sigma_1=E\varepsilon_1$，$\sigma_2=E\varepsilon_2$时，代入式（3-29）和式（3-30）得：

$$M_x=\frac{1}{h}EI_x(\varepsilon_2-\varepsilon_1) \quad (3\text{-}31)$$

$$N=\frac{1}{h}EA(\varepsilon_1 y_2+\varepsilon_2 y_1) \tag{3-32}$$

式中 A、I_x——分别为构件的截面面积和惯性矩；

ε_1、ε_2——分别为截面上、下边缘的实测应变（此处压应变为正、拉应变为负）；

y_1、y_2——分别为截面上、下边缘测点至截面中和轴的距离。

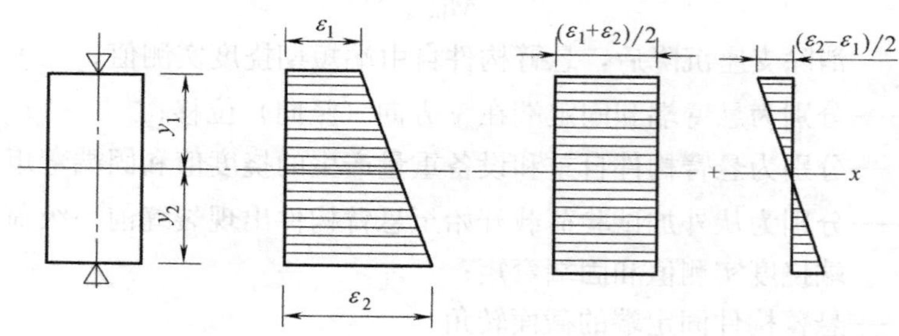

图 3-66　压弯构件的测点与截面应力

3. 双向弯曲构件

构件受轴向力 N、双向弯矩 M_x 和 M_y 作用时，在双槽钢组成的工字形截面上的测点布置如图 3-67 所示。同时测得四个应变值 ε_1、ε_2、ε_3、ε_4。再用外插法可求出截面四个角的外边缘处的纤维应变 ε_a、ε_b、ε_c、ε_d，利用下列方程组中的三个方程，即可求解 N、M_x 和 M_y 的内力值。

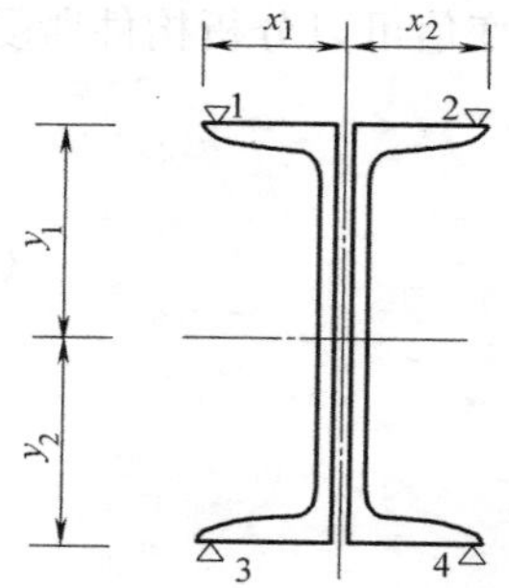

图 3-67　双向弯曲构件测点布置

$$\left.\begin{aligned}
\varepsilon_a E&=\frac{N}{A}+\frac{M_x}{I_x}y_1+\frac{M_y}{I_y}x_1\\
\varepsilon_b E&=\frac{N}{A}+\frac{M_x}{I_x}y_1+\frac{M_y}{I_y}x_2\\
\varepsilon_c E&=\frac{N}{A}+\frac{M_x}{I_x}y_2+\frac{M_y}{I_y}x_1\\
\varepsilon_d E&=\frac{N}{A}+\frac{M_x}{I_x}y_2+\frac{M_y}{I_y}x_2
\end{aligned}\right\} \tag{3-33}$$

若构件除受轴向力和弯矩 M_x 及 M_y 作用外，还有扭转力矩 B 时，则上列各项中再加一项 $\sigma_\omega=B\cdot\frac{\omega}{I_\omega}$。关于型钢的各边缘点的扇性惯性矩 I_ω，主扇性面积 ω 可查阅有关型钢表。

解式（3-33）即可求出 N、M_x、M_y 和扭转力矩 B。由此可以发现，利用数解法求内力，当内力多于 2 个时就比较麻烦，手工计算工作量较大。因而在结构试验中，当中和轴位置不在截面高度的 1/2 处的各种非对称截面，或应变测点多于 3 个以上时常采用图解法来分析内力，图解法的方法见下列例题。

【例 3-1】 已知 T 形截面形心 $y_1=200\text{mm}$，高度 $h=700\text{mm}$，实测上、下边缘的应变分别为 $\varepsilon_1=100\mu\varepsilon$，$\varepsilon_2=360\mu\varepsilon$，试用图解法分析截面上存在的内力及其在各测点产生的应变值。

【解】 解题时先按一定比例画出截面几何形状，如图 3-68 所示，并画出实测应变图。通过水平中和轴与应变图的交点 e 作一条垂直线，得到轴向应变 ε_N 和弯曲应变 ε_{M_x}，其计算如下：

$$\varepsilon_0=\left(\frac{\varepsilon_2-\varepsilon_1}{h}y_1\right)=\left(\frac{360-100}{700}\right)\times 200=74.28\mu\varepsilon$$

$$\varepsilon_N=\varepsilon_1+\varepsilon_0=100+74.28=174.28\mu\varepsilon$$

$$\varepsilon_{M_{x_1}}=\varepsilon_1-\varepsilon_N=100-174.28=-74.28\mu\varepsilon$$

$$\varepsilon_{M_{x_2}}=\varepsilon_2-\varepsilon_N=360-174.28=185.72\mu\varepsilon$$

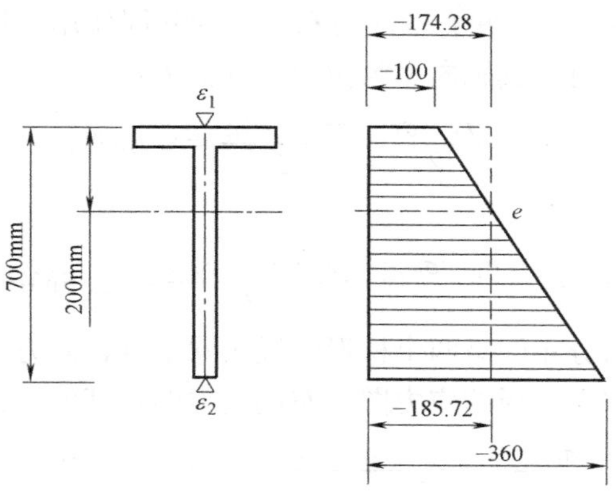

图 3-68　T 形截面应变分析

【例 3-2】 一对称的箱形截面，截面上布置 4 个测点，测得应变后换算成应力，画出应力图并延长至边缘，得边缘应力为：$\sigma_a=-44\text{N/mm}^2$，$\sigma_b=-22\text{N/mm}^2$，$\sigma_c=+24\text{MPa}$，$\sigma_d=+54\text{MPa}$，如图 3-69 所示。试用图解法分析截面上的应力及其在各测点

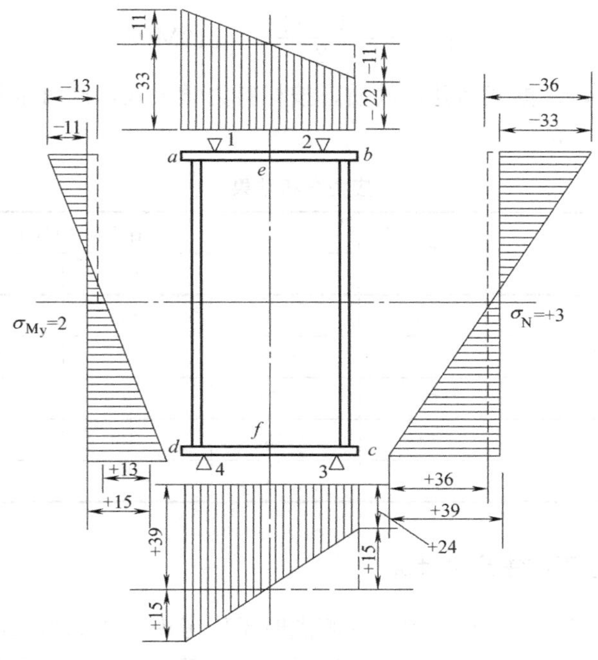

图 3-69　对称截面应变分析

上的应力大小。

【解】 求出上、下盖板中点处的应力，即

$$\sigma_e=\frac{\sigma_a+\sigma_b}{2}=\frac{-24+(-22)}{2}=-33\text{MPa}$$

$$\sigma_f=\frac{\sigma_c+\sigma_d}{2}=\frac{+24+54}{2}=39\text{MPa}$$

由于σ_e、σ_f的符号不同，可知有轴向力和弯矩的共同作用。根据σ_e、σ_f进一步绘制应力图（右侧）进行分解，可知其轴向力为拉力，其值为：

$$\sigma_N=\frac{\sigma_e+\sigma_f}{2}=\frac{-33+39}{2}=+3\text{MPa}$$

由M_x产生的应力等于：

$$\sigma_{M_x}=\pm\frac{\sigma_f-\sigma_e}{2}=\pm\frac{39-(-33)}{2}=\pm36\text{MPa}$$

因为上、下盖板应力分布图呈两个梯形，说明除了有轴向力N和M_x外，还有其他内力作用，这时可通过沿水平盖板的应力图得左侧应力图，其值为：

$$\frac{\sigma_a-\sigma_b}{2}=\pm\frac{-44-(-22)}{2}=\pm11\text{MPa}$$

$$\frac{\sigma_d-\sigma_c}{2}=\pm\frac{54-24}{2}=\pm15\text{MPa}$$

由于截面上、下相应测点余下的应力绝对值及其符号均不同，说明它们是由弯矩M_y和扭矩M_T所联合作用，其值为：

$$\sigma_{M_y}=\pm\frac{-15+11}{2}=\pm2\text{MPa}$$

$$\sigma_{M_T}=\pm\frac{-15-11}{2}=\pm13\text{MPa}$$

求得四种应力后，根据截面几何性质，按材料力学公式，即可求得各项内力值。实测应力分析结果列于表 3-5。

应力分析结果 **表 3-5**

应力组成	符号	各点应力（N/mm²）			
		σ_a	σ_b	σ_c	σ_d
轴向力产生的应力	σ_N	+3	+3	+3	+3
垂直弯矩产生的应力	σ_{M_x}	−36	−36	+36	+36
水平弯矩产生的应力	σ_{M_y}	+2	−2	−2	+2
扭矩产生的应力	σ_{M_T}	−13	+13	−13	+13
各点实测应力	Σ	−44	−22	+24	+54

3.8.3 平面应力状态下的主应力计算

测试平面应力状态时，应在布置应变测点时予以考虑。比如当主应力方向已知时，只需量测两个方向的应变；当主应力方向未知时，一般都需要量测三个方向的应变，以确定主应变和主应力及其方向。根据弹性理论得知其计算公式为：

$$\left.\begin{aligned}\sigma_x&=\frac{E}{1-\nu^2}(\varepsilon_x+\nu\varepsilon_y)\\ \tau_{xy}&=\gamma_{xy}G\end{aligned}\right\}\tag{3-34}$$

式中 E、ν——分别为材料弹性模量和泊松比；

ε_x、ε_y——分别为 x 方向和 y 方向上的单位应变；

G——剪切模量，$G=\frac{E}{2(1+\nu)}$。

因而已知主应力方向（假定为 x，y 方向）时，可以测得 ε_1（x 方向）和 ε_2（y 方向），利用上述公式就可以确定主应力 σ_1、σ_2的和剪应力 τ 值：

$$\left.\begin{aligned}\sigma_1&=\frac{E}{1-\nu^2}(\varepsilon_1+\nu\varepsilon_2)\\ \sigma_2&=\frac{E}{1-\nu^2}(\varepsilon_2+\nu\varepsilon_1)\\ \tau_{max}&=\frac{E}{2(1+\nu)}(\varepsilon_1-\varepsilon_2)=\frac{\sigma_1-\sigma_2}{2}\end{aligned}\right\}\tag{3-35}$$

反之，若主应力方向未知，则必须量测三个任意方向的应变。假定第一应变片与 x 轴的夹角为 θ_1，第二片应变片与 x 轴的夹角为 θ_2，第三应变片与 x 轴的夹角为 θ_3（如图 3-70 所示），则在各 θ 方向上量测的应变值分别为 ε_{θ_1}、ε_{θ_2}、ε_{θ_3}，这些应变与法向应变 ε_x、ε_y和剪应变 γ_{xy}之间的关系为：

$$\varepsilon_{\theta_i}=\varepsilon_x\cos^2\theta_i+\varepsilon_y\sin^2\theta_i+\gamma_{xy}\sin\theta_i\cdot\cos\theta_i$$

$$\text{或}\quad \varepsilon_{\theta_i}=\frac{\varepsilon_x+\varepsilon_y}{2}+\frac{\varepsilon_x-\varepsilon_y}{2}2\cos2\theta_i+\frac{\gamma_{xy}}{2}\sin2\theta_i\tag{3-36}$$

式中 θ_i——应变片与 x 轴的夹角，$i=1$，2，3。

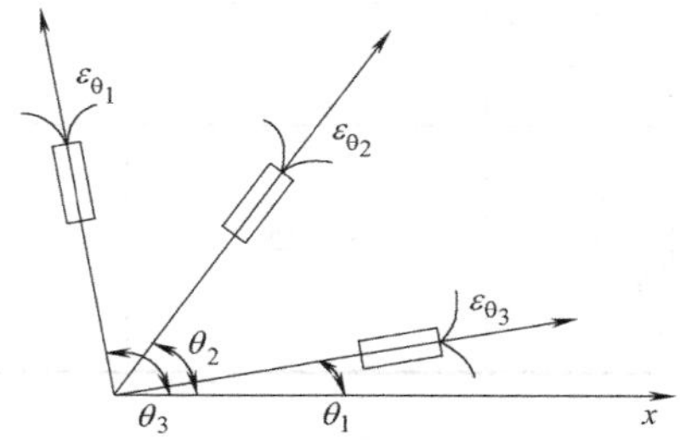

图 3-70 应变参考轴

因而式（3-36）是由 θ_1、θ_2、θ_3组成的方程组。解方程组即可求得 ε_x、ε_y和 γ_{xy}值。再将其代入下列公式，即可求得主应变及其方向为：

$$\left.\begin{aligned}\begin{matrix}\varepsilon_1\\ \varepsilon_2\end{matrix}&=\frac{\varepsilon_x+\varepsilon_y}{2}\pm\sqrt{\left(\frac{\varepsilon_x-\varepsilon_y}{2}\right)^2+\left(\frac{\gamma_{xy}}{2}\right)^2}\\ \tan2\theta_p&=\frac{\gamma_{xy}}{\varepsilon_x-\varepsilon_y}\\ \gamma_{max}&=2\sqrt{\left(\frac{\varepsilon_x-\varepsilon_y}{2}\right)^2+\left(\frac{\gamma_{xy}}{2}\right)^2}\end{aligned}\right\}\tag{3-37}$$

在结构试验中，对具有特殊角度的应变花作如下简化：

令

$$\frac{\varepsilon_x+\varepsilon_y}{2}=A;\frac{\varepsilon_x-\varepsilon_y}{2}=B;\frac{\gamma_{xy}}{2}=C$$

代入式（3-36）、式（3-37）得主应力的计算式为：

$$\left.\begin{aligned}\begin{matrix}\varepsilon_1\\\varepsilon_2\end{matrix}&=\left(\frac{E}{1-\nu}\right)A\pm\left(\frac{E}{1+\nu}\right)\sqrt{B^2+C^2}\\\tan2\theta_p&=\frac{C}{B}\\\gamma_{max}&=\left(\frac{E}{1+\nu}\right)\sqrt{B^2+C^2}\end{aligned}\right\}\tag{3-38}$$

式中：A、B 和 C 等参数随应变花的形式不同而异，列于表 3-6 中。为便于计算，实际使用时对于应变花中的一片，使其方向与选定的参考轴重合，且将其余两片与此片呈特殊夹角。当应变花的夹角为非特殊角时，必须将实际角度代入式（3-38）后，求解 ε_x、ε_y 和 γ_{xy}，应变花数量较多时可编制程序借助计算机来完成，也可以用图解法进行分析。

应变花参数 **表 3-6**

应变花名称	应变花形式	A	B	C
45°直角花边	3, 2, 1, 45°	$\frac{\varepsilon_0+\varepsilon_{90}}{2}$	$\frac{\varepsilon_0-\varepsilon_{90}}{2}$	$\frac{2\varepsilon_{45}-\varepsilon_0-\varepsilon_{90}}{2}$
60°等边三角形花边	2, 3, 1, 60°, 60°	$\frac{\varepsilon_0+\varepsilon_{60}+\varepsilon_{120}}{3}$	$\varepsilon_0-\frac{\varepsilon_0+\varepsilon_{60}+\varepsilon_{120}}{3}$	$\frac{\varepsilon_{60}-\varepsilon_{120}}{\sqrt{3}}$
伞形应变花	2, 4, 1, 3	$\frac{\varepsilon_0+\varepsilon_{90}}{2}$	$\frac{\varepsilon_0-\varepsilon_{90}}{2}$	$\frac{\varepsilon_{60}-\varepsilon_{120}}{\sqrt{3}}$

3.8.4 试验曲线与图表绘制

将在各级荷载作用下取得的读数，按一定坐标系绘制成曲线。这样既能充分表达其内在规律，也有助于进一步用统计方法找出数学表达式。

适当选择坐标系将有助于确切地表达试验结果。直角坐标系只能表示两个变量间的关系。有时会遇到因变量不止两个的情况，这时可采用“无量纲变量”作为坐标来表达。例如为了验证钢筋混凝土矩形单筋受弯构件正截面的极限弯矩：

$$M_u=A_sf_y\left(h_0-\frac{A_sf_y}{2b\alpha_1f_c}\right)$$

需要进行大量的试验研究，而每一个试件的含钢率 $\rho=A_s/f_ybh_0$、混凝土强度等级 f_c、截面形状和尺寸 bh_0 都有差别，若以每一试件的实测极限弯矩 M_u^0 和计算极限弯矩 M_u^c 逐个比较，就无法反应一般规律。但若将纵坐标改为无量纲变量，以 $M_u/f_c bh_0^2$ 表示，横坐标分别以 $\rho f_y/f_c$ 和 σ_s/f_y 表示（如图 3-71 所示），则即使截面相差较大的梁，也能反映其共同的变化规律。

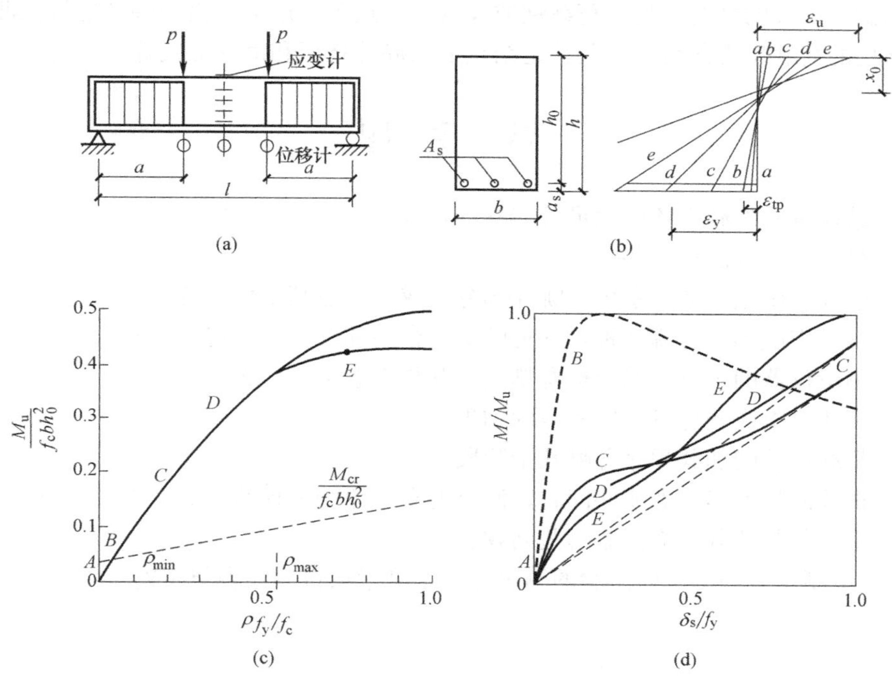

图 3-71　不同配筋率梁的性能变化

（a）试件与荷载；（b）跨中截面应变分布；（c）极限弯矩；（d）钢筋荷载-应变关系曲线

选择试验曲线时，尽可能用比较简单的曲线形式，并应使曲线通过较多的试验点，或使曲线两边的点数相差不多。一般靠近坐标系中间的数据点可靠性高一些，两端的数据可靠性稍差些，下面对常用试验曲线的特征作简要说明。

1. 荷载-变形曲线

荷载-变形曲线包括结构构件的整体变形曲线，控制节点或截面上的荷载-转角曲线，铰支座和滑动支座的荷载-侧移曲线以及荷载-挠度曲线等。

变形稳定的快慢程度与结构材料及结构形式等有关，如果变形不能稳定，说明结构可能发生破坏，比如钢结构的局部构件达到塑性或开裂，或是钢筋混凝土结构的钢筋发生滑动、拉断等，具体应根据实际情况分析。

2. 荷载-应变曲线

荷载-应变曲线是以荷载为纵轴、应变为横轴的曲线图，应变一般选在控制截面或者某一关键点，由荷载-应变曲线可知荷载作用下试件内部应力的变化规律。

另一种荷载-应变曲线的形式是选取某一截面上若干个点，将每个点在各级荷载下的应变绘出，再将每级荷载下各点应变连接，即截面应变分布曲线，可得荷载作用下试件截面中和轴移动情况和应变分布规律。图 3-71（b）是钢筋混凝土梁跨中截面不同荷载等级的应变分布曲线，图 3-71（d）是钢筋荷载-应变关系曲线。

3. 构件裂缝及破坏特征图

试验过程中，应在构件上画出裂缝开展过程，并标注出现裂缝时的荷载等级及裂缝的走向和宽度。试验结束后，用方格纸按比例描绘裂缝和破坏特征，必要时应照相记录。

根据试验研究的结构类型、荷载性质及变形特点等，还可绘出一些其他特征曲线，如超静定结构的荷载反力曲线、某些特定结点上的局部挤压和滑移曲线等。

思 考 题

3-1 结构试验加载设备应满足哪些基本要求？

3-2 静载施加方法有哪些？

3-3 电液伺服液压加载系统由哪几部分组成？试述其工作原理。

3-4 常见支座形式有哪几种，常见的试验台座和反力装置有哪些？

3-5 测量仪器的主要技术指标有哪些，其物理意义是什么？

3-6 简述电阻应变计灵敏度系数的物理意义。

3-7 静载试验的加载程序分哪几个阶段？

3-8 试验测量方案考虑哪些问题，测点的布置原则是什么？

3-9 采用等效荷载时应注意哪些问题？

3-10 试制定偏心受压柱试验的测量方案（测量项目、仪表与布置）。

第 4 章　结构动载试验

内容提要：本章对结构动载试验主要仪器仪表的分类、工作原理、性能指标及使用要求进行了介绍；对结构振动测试、动力反应试验及疲劳试验的概念、原理与方法进行了描述。

能力要求：了解结构动载试验的主要仪器仪表，掌握结构振动测试、动力反应试验及疲劳试验的原理与方法。

4.1 概　　述

工程结构除承受静力荷载外，还可能会受到风荷载、地震作用、动力机械设备等随时间而变化的动力作用。与静力荷载作用不同，动力作用会引起结构振动，从而影响建筑物的正常使用，或者使结构发生疲劳破坏。例如，工业厂房中吊车的往复运动可能会使结构发生疲劳破坏；地震作用可能会引起建筑物产生过大的振动而发生破坏。结构动力试验则是研究结构在动力荷载作用下动力反应的一种重要手段，也是结构试验的重要组成部分。与静载试验相比，结构动力试验具有一些特殊的规律性。首先，引起结构振动的动荷载随时间而改变；其次，结构在动荷载作用下的反应与结构本身动力特性相关。另外，动力荷载产生的动力效应有时远大于相应的静力效应，而有时还可能小于相应的静力效应。结构动力试验主要通过动力加载设备直接对结构构件施加动力荷载，了解结构的动力特性，研究结构在一定动荷载下的动力反应，评估结构在动荷载作用下的承载力及疲劳寿命特性等。

结构动力试验主要包括以下几项基本内容：

（1）结构动力特性测试。结构的动力特性包括结构的自振频率、阻尼、振型等参数。这些参数决定于结构的形式、刚度、质量分布、材料特性及构造连接等因素，而与外载无关。结构的动力特性是进行结构抗震计算、解决工程共振问题及诊断结构累积损伤的基本依据。因而结构动力参数的测试是结构动力试验最基本内容。

（2）结构动力反应测试。测定实际结构在实际工作时的振动水平（振幅、频率）及性状，例如动力机器作用下厂房结构的振动；在移动荷载作用下桥梁的振动等。量测得到的这些资料，可以用来研究结构的工作是否正常、安全，存在何种问题，薄弱环节在何处。据此对原设计及施工方案进行评价，为保证正常使用提出建议。

（3）结构构件的疲劳试验。此种试验是为了确定结构件及其材料在多次重复荷载作用下的疲劳强度，推算结构的疲劳寿命，一般是在专门的疲劳试验机上进行的。

（4）结构抗震试验。结构抗震试验研究结构物在模拟地震作用下的强度、变形情况、非线性性能以及结构的实际破坏状态。试验不仅研究结构或构件的恢复力模型，用于地震反应计算，而且还从能量耗散的角度进行滞回特性的研究，探求结构的抗震性能。由于结构抗震试验的荷载必定以动态形式出现，荷载的速度、加速度及频率将对结构产生动力响应。另一方面，应变速率的大小会直接影响结构的材料强度。因此，结构抗震试验在难度及复杂性方面都比结构静力试验要大得多。本教材将在第 5 章专门介绍结构抗震试验的相关内容。

本章主要介绍结构动力试验的仪器、动力荷载的特性试验、结构的动力特性试验、结构动力反应试验以及结构疲劳试验的基本原理及方法。

4.2 结构动载试验的仪器仪表

结构动载试验中振动参数主要通过机械式振动测量仪、光学测量系统和电测法等测得。其中，电测法是将位移、速度、加速度等振动参数转换成电量，用电子仪器进行放大、显示或记录。由于电测法灵敏度较高，且便于遥控，目前在实际工程中较为常用。振动测量系统主要包括感受、放大和显示记录三部分，即由测振传感器、测振放大器和显示记录设备组成。

(1) 测振传感器。

测振传感器常称为拾振器，可将机械振动信号转变为电信号。按量测参数可分为位移式、速度式和加速度式；按构造原理可分为磁电式、压电式、电感式和应变式；按工作原理可分为：压电式、磁电式、电动式、电容式、电感式、电涡流式、电阻式和光电式等；从使用角度可分为绝对式（惯性式）和相对式、接触式和非接触式等。其中，压电式和应变式加速度计是基于质量块对被测物的相对振动来测量被测物的绝对振动，因此又称为惯性式拾振器，应用较为广泛。

(2) 测振放大器。

拾振器输出的信号比较微弱，需对信号放大才能显示、记录，因此需使用测振放大器（又称信号放大器）将拾振器传来的电量信号放大并将其输入显示及记录仪器中。

(3) 显示与记录设备

显示仪器是将放大器传来的振动信号转变为可直接观测的信号。常用的显示装置包括图形显示与数字显示两大类，常用的图形显示装置为各种示波器。记录仪器是将被测信号以图形、数字、磁信号等形式记录下来。常用的记录装置包括笔式记录仪、电平记录仪、磁盘记录仪及动态数据采集仪等。

4.2.1 惯性式拾振器的力学原理

惯性式振动传感器可看作一个典型的单自由度质量弹簧阻尼体系，主要由惯性质量块 m、弹簧 k 和阻尼器 c 构成。使用时将仪器外壳框架固定在振动体上，与振动体一起振动。工作原理如图 4-1 所示。

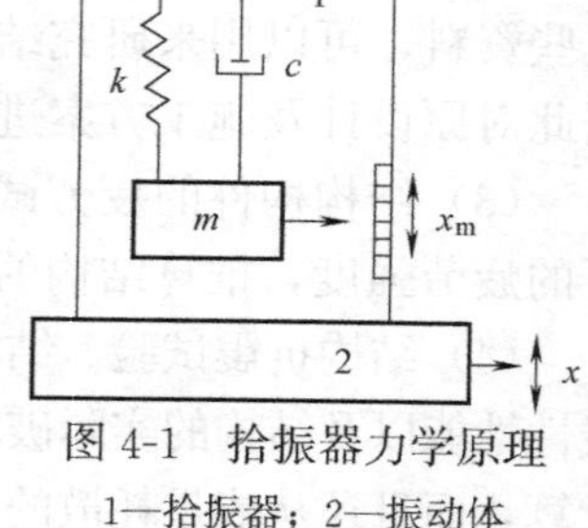

图 4-1 拾振器力学原理

1—拾振器；2—振动体

使惯性质量块 m 只能沿 x 方向运动，假设被测振动物体按式 (4-1) 规律振动：

$$x=X_0\sin\omega t \tag{4-1}$$

则质量块 m 的振动微分方程为：

$$m(\ddot{x}+\ddot{x}_m)+c\dot{x}_m+kx_m=0 \tag{4-2}$$

式中 x——振动体相对于固定参考坐标的位移；

x_m——质量块相对于其外壳的位移；

X_0——被测振动的振幅；

ω——被测振动的圆频率。

式（4-2）也可写为：

$$\ddot{x}_m + 2n\dot{x}_m + \omega_n^2 x_m = X_0\omega^2 \sin\omega t \quad (4\text{-}3)$$

这是单自由度有阻尼体系强迫振动方程，其中 $\omega_n^2 = k/m$、$2n = c/m$，其通解为：

$$x_m = Be^{-nt}\cos(\sqrt{\omega^2 - n^2}\,t + \alpha) + X_{m0}\sin(\omega t - \varphi) \quad (4\text{-}4)$$

上式第一项为自由振动解，因阻尼的影响而衰减很快，也称为瞬态解，第二项 $X_{m0}\sin(\omega t - \varphi)$ 为强迫振动特解，是由于外界作用力而使结构产生的振动分量，当自由振动解消失后，便进入稳定振动状态，因此又称为稳态解。其中，

$$X_{m0} = \frac{X_0\left(\frac{\omega}{\omega_n}\right)^2}{\sqrt{\left[1-\left(\frac{\omega}{\omega_n}\right)^2\right]^2 + \left(2\zeta\frac{\omega}{\omega_n}\right)^2}} \quad (4\text{-}5)$$

$$\varphi = \arctan\frac{2\zeta\frac{\omega}{\omega_n}}{1-\left(\frac{\omega}{\omega_n}\right)^2} \quad (4\text{-}6)$$

式中　ζ——阻尼比，$\zeta = n/\omega_n$；

ω_n——质量弹簧系统的固有频率。

可以看出质量块相对于仪器外壳的运动规律与振动体的运动规律一致，频率都是 ω，但振幅与相位不同，其相位相差一个相位角 φ。

质量块 m 的相对振幅 X_{m0} 与振动体的振幅 X_0 之比 $\frac{X_{m0}}{X_0} = \frac{\left(\frac{\omega}{\omega_n}\right)^2}{\sqrt{\left[1-\left(\frac{\omega}{\omega_n}\right)^2\right]^2 + \left(2\zeta\frac{\omega}{\omega_n}\right)^2}}$，

以 $\frac{\omega}{\omega_n}$ 为横坐标，$\frac{X_{m0}}{X_0}$ 和 φ 为纵坐标，并采用不同阻尼可作出如图 4-2 和图 4-3 所示曲线，分别称为拾振器的幅频特性曲线和相频特性曲线。

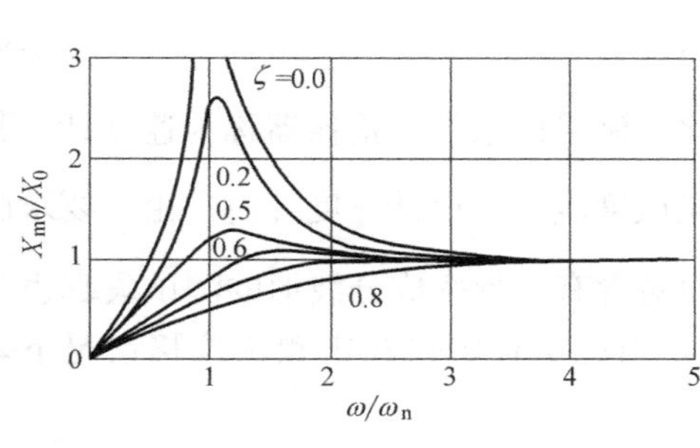

图 4-2　幅频特性曲线

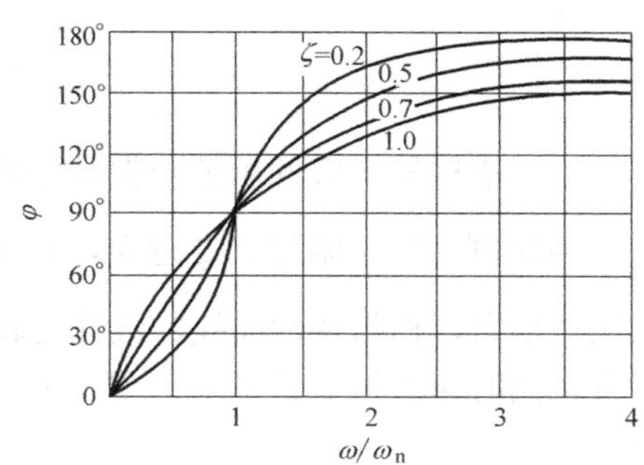

图 4-3　相频特性曲线

由图 4-2 和图 4-3 可看出，为使 X_{m0}/X_0 和 φ 角在试验期间保持常数，必须限制 ω/ω_n。当取不同频率比 ω/ω_n 和阻尼比 ζ 时，拾振器将输出不同的振动参数。

1）当 $\omega/\omega_n \gg 1$，$\zeta<1$ 时，可得：

$$\frac{\left(\frac{\omega}{\omega_n}\right)^2}{\sqrt{\left[1-\left(\frac{\omega}{\omega_n}\right)^2\right]+\left[2\xi\frac{\omega}{\omega_n}\right]^2}} \to 1 \tag{4-7}$$

$$\varphi \to 180°$$

此时质量块的相对振幅和振动体的振幅趋于相等而相位相反。这是测振仪器工作的理想状态，满足此条件的测振仪称为位移计。

实际使用中，当测定位移的精度要求较高时，频率比可取其上限，即 $\omega/\omega_n>10$；对于精度要求一般时，可取 $\omega/\omega_n=5\sim10$，此时仍可近似认为 $X_{m0}/X_0 \to 1$，但存在一定误差；幅频特性曲线平直部分的频率下限，与阻尼比有关，对无阻尼或小阻尼的频率下限可取 $\omega/\omega_n=4\sim5$；当 $\zeta=0.6\sim0.7$ 时，频率比下限可放宽至 2.5 左右，此时幅频特性曲线有最宽的平直段，表明有较宽的频率使用范围。同时，阻尼不宜过小，因为阻尼过小将导致长时间内自由振动难以衰减、消失，易被叠加到被测信号中去，造成测量误差。这在测量冲击与瞬态信号时，尤为突出。

在被测物体有阻尼的情况下，相位差 φ 将随被测物体振动频率的改变而改变（图 4-3）。若振动体的运动不是简单的正弦波，而是两个频率 ω_1 和 ω_2 的叠加，则由于仪器对相位差的反应不同，测出的叠加波形将与实际振动波形不再相似。因此应注意波形畸变的限制。

此外，需要注意的是，一般厂房、民用建筑的第一自振频率约为 2～3Hz，高层建筑约为 1～2Hz，高耸结构物如塔架、电视塔等柔性结构的第一自振频率更低。这就要求拾振器具有较低的自振频率，而为降低 ω_n，就必须增大惯性质量。因此，位移拾振器一般体积较大也比较重，使用时对被测系统有一定影响，对于一些质量较小的振动体就不太适用。

2）当 $\omega/\omega_n \approx 1$，$\zeta \gg 1$ 时，可得：

$$\frac{\left(\frac{\omega}{\omega_n}\right)^2}{\sqrt{\left[1-\left(\frac{\omega}{\omega_n}\right)^2\right]^2+\left(2\zeta\frac{\omega}{\omega_n}\right)^2}} \to \frac{\omega}{2\zeta\omega_n}$$

因此

$$X_{m0} \approx \frac{1}{2\zeta\omega_n}X_0 \tag{4-8}$$

此时，拾振器反应的示值与振动体速度成正比，满足此条件的拾振器称为速度计。其中 $\frac{1}{2\zeta\omega_n}$ 为比例系数，阻尼比 ζ 越大，拾振器输出灵敏度越低。设计速度计时，由于要求的阻尼比 ζ 很大，相频特性曲线的线性度较差，因而对含有多频率成分波形的测试失真也就较严重。同时速度拾振器的有用频率范围比较窄，因此工程中仅在中频小位移情况下才使用。

3）当 $\omega/\omega_n \ll 1$，$\zeta<1$ 时，可得：

$$\frac{1}{\sqrt{\left[1-\left(\frac{\omega}{\omega_n}\right)^2\right]^2+\left(2\xi\frac{\omega}{\omega_n}\right)^2}} \to 1$$

$$\tan\varphi \approx 0$$

$$X_{m0} \approx \frac{\omega^2}{\omega_n^2} X_0$$

由于

$$x = X_0 \sin\omega t$$

$$\ddot{x} = -X_0 \omega^2 \sin\omega t$$

且测振仪器运动微分方程的强迫特解为：

$$x_m = X_{m0} \sin(\omega t - \varphi)$$

代入 X_{m0} 可得：

$$x_m \approx \frac{\omega^2}{\omega_n^2} X_0 \sin(\omega t - \varphi)$$

再代入 $\ddot{X}$ 得：

$$X_m \approx -\frac{1}{\omega_n^2} \ddot{X} \tag{4-9}$$

此时拾振器反应的位移与振动体加速度成正比，比例系数为 $1/\omega_n^2$。这种拾振器用来测量加速度，称加速度计。加速度幅频特性曲线如图 4-4 所示。由于加速度计用于频率比 $\omega/\omega_n \ll 1$ 的范围内，故相频特性曲线也可用图 4-3 表示。由图 4-3 可看出，其相位超前于被测频率，在 0°～90°之间。由于该种拾振器在阻尼比 $\zeta=0$ 时无相位差，因此测量复合振动时不会发生波形失真。但由于拾振器总是有阻尼的，当加速度计的阻尼比 $\zeta=0.6$～0.7 时，由于相频曲线接近于直线，所以相频与频率比成正比，波形不会出现畸变。若阻尼比不符合要求，将出现与频率比成非线性的相位差。

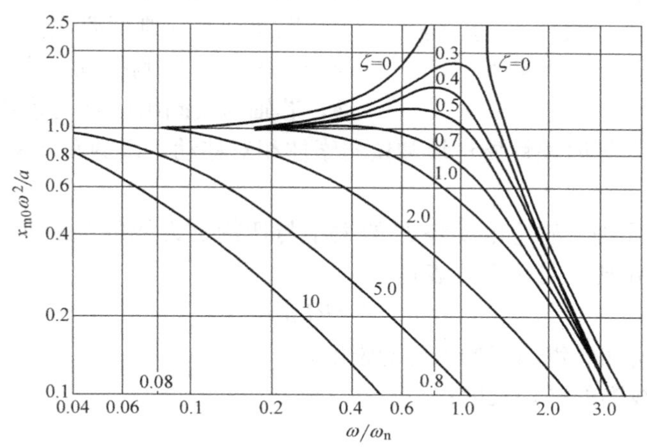

图 4-4　加速度计幅频特性曲线

综上所述，使用惯性式拾振器时，须特别注意振动体的工作频率与拾振器自振频率间的关系。当 $\omega/\omega_n \gg 1$ 时，拾振器可很好地量测振动体的振动位移；当 $\omega/\omega_n \ll 1$ 时，拾振器可准确地反映振动体的加速度特性，而对加速度进行两次积分就可得到位移。

4.2.2　测振传感器

拾振器需将位移、速度及加速度等振动参量转换为电量，以便采用量电器量测，可利用磁电感应原理、压电晶体材料的压电效应原理、机电耦合伺服原理以及电容、电阻应变、光电原理等方式。

磁电式拾振器又称感应式速度传感器，能够线性地感应振动速度，主要适用于实际结构物的振动量测；压电晶体式拾振器，体积较小，重量轻，自振频率高，主要适用于模型结构试验；电阻应变式传感器低频性能好，放大器采用动态应变仪；机电耦合伺服式加速度拾振器，由于引进了反馈的电气驱动力，改变了原有质量弹簧系统的自振频率，因而扩展了工作频率范围，同时还提高了灵敏度与量测精度，在强振观测中，已有替代原来各类加速度拾振器的趋势；差动电容式传感器抗干扰力强，低频性能好，与压电晶体式传感器相比，同样具有体积小、重量轻的优点，但其灵敏度比压电晶体式高，后续仪器简单，因此是一种很有发展前途的拾振器。

目前，国内应用最多的为惯性式测振传感器，即磁电式速度传感器与压电式加速度传感器。

1. 磁电式速度传感器

磁电式速度传感器基于电磁感应原理制成，输出电压与所测振动速度成正比，对输出信号进行积分或微分，或在仪器输出端添加一个微积分线路则可测量振动位移或加速度。该传感器具有灵敏度高、性能稳定、输出阻抗低、频率响应范围宽的特点。通过对质量弹簧系统进行参数设计，可使传感器既能测量微弱振动，也能测量较强的振动，是多年来工程振动测量最常用的测振传感器。

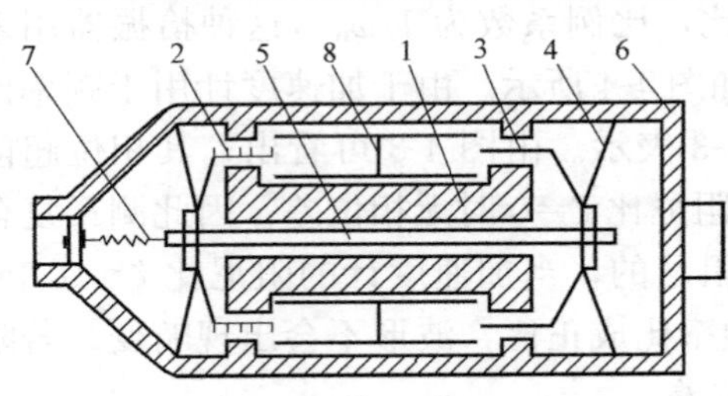

图 4-5　磁电式速度传感器

1—磁钢；2—线圈；3—阻尼环；4—弹簧片；5—芯轴；6—外壳；7—输出线；8—铝架

图 4-5 为一典型磁电式速度传感器。磁钢与壳体固定于所测振动体上，与振动体一起振动，芯轴与线圈组成可动系统（质量块），并由簧片和壳体连接，测振时惯性质量块和仪器索体相对移动，线圈和磁钢也相对移动从而产生感应电动势。

根据电磁感应原理，感应电动势 E 的大小与切割磁力线的线圈匝数和通过此线圈中磁通量的变化率成正比，可用下式表达：

$$E=BLnv \tag{4-10}$$

式中　B——线圈所在磁钢间隙的磁感应强度；

L——每匝线圈的平均长度；

n——线圈匝数；

v——线圈相对于磁钢的运动速度，即所测振动物体的振动速度。

由上式可看出，对于确定的仪器系统 BLn 均为常量。因此，感应电动势 E（即测振传感器的输出电压）与所测振动的速度成正比。对于此类测振传感器，惯性质量块的位移反映所测振动的位移，而传感器输出的电压与振动速度成正比，因此也称为惯性式速度传感器。磁电式测振传感器的主要技术指标如下：

(1) 固有频率 f_0，传感器的频率响应取决于传感器质量弹簧系统的固有频率，固有频率是传感器的一个重要参数。

(2) 频率响应，对于阻尼值固定的传感器，频率响应曲线只有一条，有些传感器可以由试验者选择和调整阻尼，阻尼不同的传感器的频率响应曲线也不同。

（3）灵敏度 k，即振动方向感受到一个单位振动速度时，传感器的输出电压。

$$k=E/v$$

k 的单位通常是"$\mathrm{mV/(cm \cdot s^{-1})}$"。

（4）阻尼系数，磁电式测振传感器质量弹簧系统的阻尼比，其数值与频率响应有很大关系，通常磁电式测振传感器的阻尼比设计为 0.5～0.7。

2. 压电式加速度传感器

压电式加速度传感器是基于压电晶体材料的压电效应制成，具有动态范围大、频率范围宽、体积小质量轻等特点，被广泛用于测量振动加速度，尤其适合于宽带随机振动与瞬态冲击等情况。

压电晶体受外力而产生的电荷 Q 可由下式表示：

$$Q=G\sigma A \tag{4-11}$$

式中 G——晶体的压电常数；

σ——晶体的压强；

A——晶体的工作面积。

压电晶体材料的 x、y、z 轴分别为电轴线、机械轴线和光轴线。若在垂直 x 轴方向切取晶片，同时在电轴线 x 轴方向施加拉力或压力时，就会产生拉伸或压缩变形，同时内部出现极化现象，在两个相对表面产生数值相等，符号相反的电荷，形成电场。去掉外力后，电场消失，介质又重新恢复为不带电状态，这种将机械能转化为电能的现象，称为"正压电效应"。所受作用力越大，则机械变形越大，所产生的电荷 Q 就越大。其中，产生电荷 Q 的极性取决于变形形式（压缩或拉伸）。若晶体是在电场作用而非外力作用下产生变形，则称为"逆压电效应"。

具有压电效应的晶体材料称为压电晶体。目前，压电晶体材料多采用石英晶体和压电陶瓷材料。石英晶体具有高稳定性、高机械强度、使用温度范围宽的特点，但其灵敏度较低。采用良好的陶瓷配制工艺，可得到具有较高压电灵敏度与较宽工作温度的压电陶瓷材料，且易于制成所需形状。

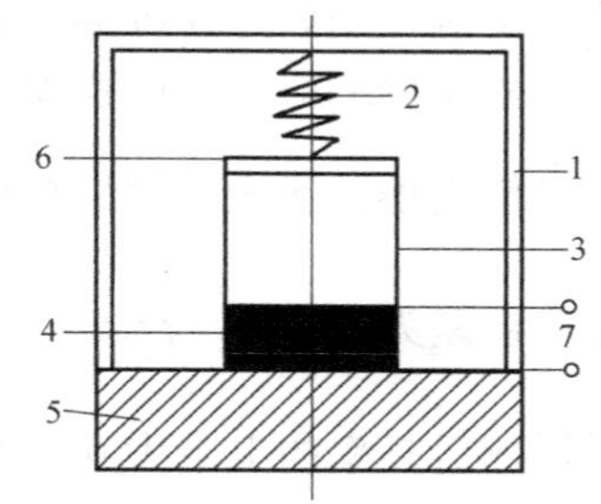

图 4-6　压电加速度传感器原理

1—外壳；2—弹簧；3—质量块；4—压电晶体片；5—基座；6—绝缘垫；7—输出端

压电式加速度传感器的原理如图 4-6 所示，压电晶体片上是质量块 m，用硬弹簧将其夹紧在基座上。质量弹簧系统的弹簧刚度由硬弹簧刚度 K_1 和晶体刚度 K_2 组成，$K=K_1+K_2$。在压电式加速度传感器内，质量块质量 m 与阻尼系数均较小，而刚度 K 很大，因而固有频率 $\omega=\sqrt{\dfrac{K}{m}}$ 很高，根据用途可达若干千赫，甚至高达 100～200kHz。

由上述分析可知，当被测物体的频率 $\omega \ll \omega_n$ 时，质量块相对于仪器外壳的位移就反映所测振动的加速度值，即 $x_m=-\dfrac{d^2x}{\omega_n^2 dt^2}$。晶体的刚度为 K_2，作用在晶体上的动压力为：

$$\sigma A = K_{2}x_{m} \approx -\frac{K_2}{\omega_n^2}\frac{d^2x}{dt^2}$$

晶体上产生的电荷量为：

$$Q = -\frac{GK_2}{\omega_n^2}\frac{d^2x}{dt^2} \tag{4-12}$$

电压为：

$$U = -\frac{GK_2}{C\omega_n^2}\frac{d^2x}{dt^2} \tag{4-13}$$

式中　C——传感器的电容量，包括传感器本身的电容 C_a、电缆电容 C_c 和前置放大器的输入电容 C_i，即 $C=C_a+C_c+C_i$；

$\frac{GK_2}{\omega_n^2}=S_q$——压电式加速传感器的电荷灵敏度，即传感器感受单位加速度时所产生的电荷量；

$\frac{GK_2}{C\omega_n^2}=S_u$——压电式加速度传感器的电压灵敏度，即传感器感受单位加速度时产生的电压量。

可以看出，压电晶体两表面所产生的电荷量（或电压）与所测振动加速度成正比，因此可通过测量压电晶体的电荷量来测振动加速度值。

压电式加速度传感器的主要技术指标如下：

（1）灵敏度。传感器的灵敏度主要取决于压电晶体材料的特性与质量块的质量大小。传感器几何尺寸越大，灵敏度越高，但使用频率越窄，而减小传感器体积，灵敏度也随之减小，但使用频率范围增大。

（2）安装谐振频率。安装谐振频率 $f_{安}$ 是指将传感器用螺栓牢固安装在一个有限质量 m（国际公认的标准是体积为 1 立方英寸，质量为 180g）的物体上的谐振频率。传感器的安装谐振频率与传感器的频率响应有密切关系。实际测量时安装谐振频率还要受具体安装方法的影响，例如螺栓种类、表面粗糙度等。

（3）频率响应。压电式加速度传感器的频率响应曲线在低频段是平坦直线，随频率增高，灵敏度误差增大。测量频率的上限 $f_{上}$ 取决于安装谐振频率 $f_{安}$，当 $f_{上}$ 为 $\frac{f_{安}}{5}$ 时，其灵敏度误差为 4.2%，若 $f_{上}=\frac{f_{安}}{3}$，则其误差超过 12%。根据对测试精度的要求，通常取传感器测量频率的上限为其安装谐振频率的 $\frac{1}{5}\sim\frac{1}{10}$。因压电式加速度传感器本身具有很高的安装谐振频率，因此该种传感器的工作频率上限较其他形式的测振传感器高，也就是工作频率范围宽。至于工作频率的下限，实际测量时取决于电缆与前置放大器的性能。

（4）幅值范围（动态范围）。传感器灵敏度保持在一定误差（5%～10%）时的输入加速度幅值量级范围称为幅值范围，也就是传感器保持线性的最大可测范围。

（5）横向灵敏度比。传感器承受垂直于主轴方向振动时的灵敏感度与沿主轴方向灵敏度之比称为横向灵敏度比，在理想情况下应等于零，即当与主轴垂直方向振动时不应有信号输出，但因压电晶体材料的不均匀和不规则性，零信号指标难以实现。横向灵敏度比应尽可能小，质量较好的传感器应小于 5%。

4.2.3 测振放大器

测振放大器又称为信号放大器。因测振传感器输出信号较微弱，需对信号加以放大才能显示与记录。磁电式速度传感器的信号需通过电压放大器，压电式加速度传感器可采用电压放大器和电荷放大器。放大器的输入阻抗要远大于传感器的输出阻抗，这样就可把信号尽可能多地输入到放大器输入端。放大器应有足够的电压放大倍数，同时信噪比要比较大。为同时能够适应于微弱振动测量和较大的振动测量，通常放大器需设多级衰减器。放大器的频率响应应能满足测试的要求，即有好的低频响应和高频响应。

电压放大器具有结构简单，价格低廉，可靠性好等优点。但输入阻抗较低，作为压电式速度传感器的下一级仪表时，导线电容变化将非常敏感地影响仪器灵敏度。因此须在压电式加速度传感器和电压放大器间加一阻抗变换器，同时传感器和阻抗变换器间的导线要有所限制，标定和实际量测时要用同一根导线。当压电加速度传感器使用电压放大器时可测振动频率的下限较电荷放大器高。

电荷放大器是压电式加速度传感器的专用前置放大器，由于压电加速度传感器的输出阻抗非常高，其输出电荷信号很小，因此须采用输入阻抗极高的一种放大器与之匹配，否则传感器产生的电荷就要经过放大器的输入电阻释放掉。采用电荷放大器能将高内阻的电荷源转换为低内阻的电压源，且输出电压正比于输入电荷。因此电荷放大器同样起着阻抗变换作用。其优点是对传输电缆电容不敏感，传输距离可达数百米，低频响应好，但成本较高。

4.2.4 显示与记录设备

显示设备将放大器传来的振动信号转变为可直接观测的信号。常用的显示装置分为图形和数字显示两大类。常用的图形显示装置为各种示波器，主要有光线示波器、电子示波器、数字示波器等。记录设备是将被测信号以图形、数字、磁信号等形式记录下来。常用的记录装置有笔式记录仪、电平记录仪及动态数据采集仪等。

1. 光线示波器

光线示波器应用电磁作用原理，以感光方式来显示和记录各种参数图形，由光学系统、传动系统、磁系统、时标基准系统、电气系统和振动子系统（简称振子）等组成（图4-7）。其功能是将电信号转换为光信号并记录在感光纸或胶片上，利用惯性很小的振动子作测量参数的转换元件，具有较好的频率响应，可记录从 0～500Hz 的动态变化，便于同时多点记录。具有可记录频率较高的输入信号、灵敏度高、记录幅度宽、测点数量多、操作方便等特点。

光线示波器的振子系统实质是一个磁电式电流计（图 4-7a），核心部分属于“弹簧质量体系”。质量元件为线圈和镜片，弹簧为张线，其运动为扭摆运动。当信号（电流）通过线圈时，通电线圈在磁场作用下将使整个活动部分绕张线轴转动，直至被活动部分的弹性反力矩平衡。此时，反射镜片也转动一定角度，经光学系统反射和放大后，转换为光点在记录纸上的移动距离，从而反映出振动波形。光学系统的功能是将光源发出的光聚焦为极小的光点，经振子上的反射镜反射至记录纸上，同时进行光杠杆放大；传动系统是使记录纸带按不同速度匀速运行的装置；时标系统给出不同频率的时间信号作为时间基准。

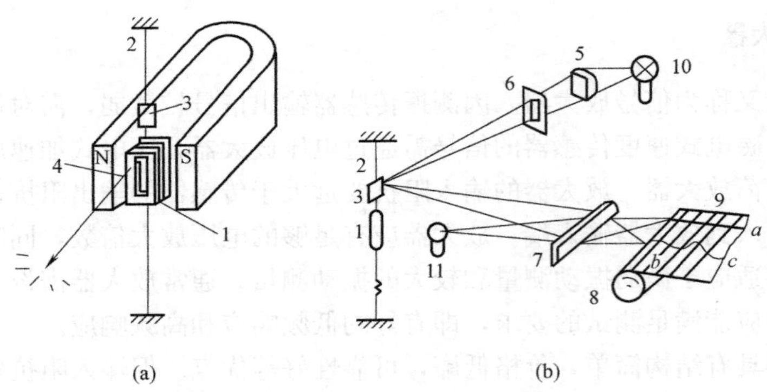

图 4-7　光线示波器的工作原理

1—线圈；2—张线；3—反光镜；4—软铁柱；5、7—棱镜；6—光栅；
8—传动装置；9—纸带；10、11—光源

为分辨记录信号的量值，光线示波器的光学系统有三条独立的光路，即振动子光路、时间指标光路和分格栅光路。

当信号电源 I 流经线圈时，载流线圈在磁块内产生一个力偶矩 M 使线圈转一个角度 θ。

$$M=nBIA\cos\theta \tag{4-14}$$

式中　n——线圈圈数；

B——磁感应强度；

I——信号电流；

A——线圈面积；

θ——线圈偏转角。

当线圈偏转时，张丝产生反扭矩 M' 为：

$$M'=G\theta \tag{4-15}$$

式中　G——张丝的扭转刚度，对于确定的线圈子是一常数。

当振动子活动部分处于平衡状态时

$$nBIA\cos\theta=G\theta \tag{4-16}$$

通常振动子镜片偏转角 θ 很小，可认为 $\cos\theta\approx1$，因此

$$\theta=\frac{nBA}{G}I=KI \tag{4-17}$$

式中，$K=\frac{nBA}{G}$，对确定的振动子和磁场是一常数。即线圈子的偏转角 θ 与信号电流 I 成正比，实测时，由于测量 θ 角不方便，一般用光点在记录纸上的移动距离来表示振动子的电流灵敏度。

为适应不同的使用要求，同一台光线示波器中配备有不同型号的振动子，使用时应根据其技术参数选用。选用振动子时，要注意使待测信号的最高工作频率在振动子的工作频率范围之内，而其工作频率不应超过固有频率的一半。同时还要注意灵敏度的选择，使光点在记录纸上有合适的偏移量，以便对信号进行测量。

2. *X—Y* 函数记录仪

X—Y 函数记录仪简称函数记录仪，它将试验数据用记录笔以 *X—Y* 平面坐标系中的曲

线形式记录在纸上，得到两个试验变量的关系曲线或某个试验变量与时间的关系曲线。自动平衡式 $X—Y$ 记录仪的结构原理如图 4-8 所示，图中 E_x 为输入电压；E_s 为基准电压；E_s' 是经滑线变阻器 R_s 后分压得到的比较电压，将 E_s 和 E_s' 之差 e 输入到放大器放大后驱动伺服电机，电机带动滑线变阻器 R_s 上的滑动触点 c 移动，使 E_s' 增大，当 $E_s-E_s'=0$ 时，电机停止工作。若将记录笔固定于滑块 c 上，则可在记录纸上绘出曲线，记录的参量与 E_s 成正比。

$X—Y$ 记录仪采用桥式行车传动机构，如图 4-9 所示。记录笔装在滑架上，可沿 y 轴方向移动，记录笔装在支架上，可沿 x 轴方向移动。输入信号 x 和 y 分别输给两个独立的自动平衡器，分别驱动运动元件绘出 x-y 关系曲线。进行 x-y 记录时，记录纸不动，只有 y 轴方向的移动；进行 $y=f(t)$ 函数记录时，备有走纸机构，记录纸按一定速度运动，由同步电机和减速齿轮等传动纸筒转动。此时常用辅助笔作时间坐标。

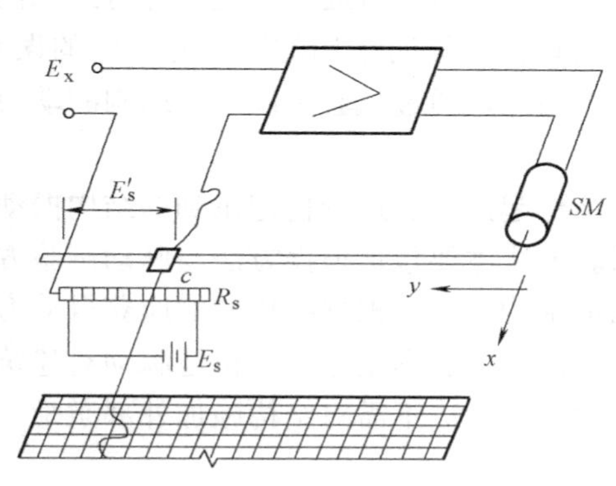

图 4-8　$X—Y$ 函数记录仪工作原理

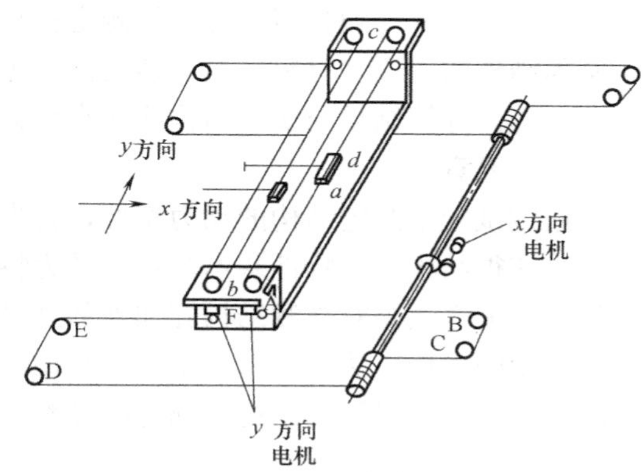

图 4-9　$X—Y$ 记录仪传动机构示意图

记录器的输入部分由分压器和低通滤波器组成，平衡电路的变阻器由铂铱合金线圈制成，基准电压由高精度的稳压电源或水银电池提供，放大器一般采用调制型直流放大。因 $X—Y$ 函数记录仪采用零位法测量，准确性和灵敏度高，误差为 0.2%～0.5%满量程，记录笔振幅大，可达 200～300mm，线数为 1～3 线，但响应时间长，约为 0.25～1s，只适用于低频参量的记录。

3. 动态数据采集仪

进入 20 世纪 90 年代，随着电子计算机的普及，过去的记录仪如光线示波器、$X—Y$ 函数记录仪、磁带记录仪等都已逐步被由计算机控制的动态数据采集仪取代。采集的动态数据可直接由计算机通过专业软件进行处理，并在终端显示器上显示测试波形。此外，还可编制动态数据分析软件对动态数据进行动态分析与计算，并在时域或频域上任意转换，得出有关参数。振动波形及数据可由打印机输出，大大提高了工作效率。

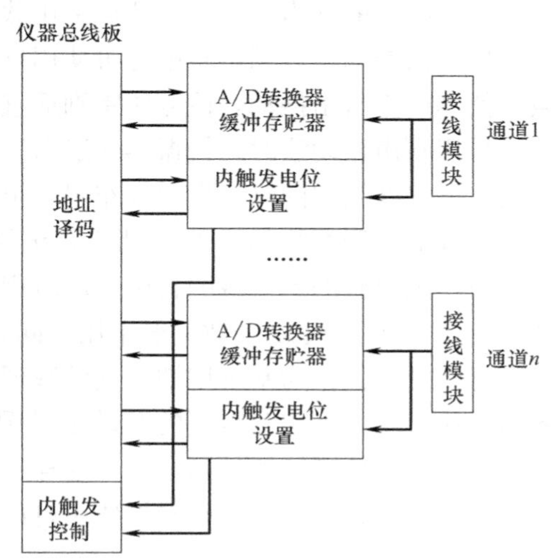

图 4-10　动态数据采集仪结构原理

如图 4-10 所示，动态数据采集仪由接线模块、A/D 转换器、缓冲存贮器及其他辅助件构成。接线模块的作用是与各种电式传感器输出端相接，并将电式传感器输给的电信号（如电压信号）扫描采集。A/D转换器则将扫描得到的模拟信号转换为数字信号。通常在数据采集仪中设置内触发功能，通过人为设置一个触发电位，即可捕捉任何瞬变信号，触发电位由内触发控制器控制。缓冲存贮器用来存放指令和暂存采样数据，最后将采样得到的数字信号传给计算机。采集传输全过程由计算机设置的指令控制。

4.3 结构振动测试

结构动力特性是指结构固有的振动参数，包括自振频率、振型、阻尼等参数，仅取决于结构的组成形式、刚度与质量分布、材料性质、构造及连接方式等。

结构的阻尼一般只能通过试验测定；自振周期与振型虽然可通过理论计算得到，但由于实际结构的组成、材料性质和连接方式等因素与理论计算时采用的数值有一定的误差，因此，理论计算结果与实际结构往往有较大出入。因此，通过试验手段研究结构的动力特性具有重要意义。

通过试验来测定结构的动力特性，首先应使结构起振，通过分析记录到的结构振动形态，来获得结构动力特性基本参数。动力特性试验方法主要包括迫振方法与脉动试验方法两类。迫振方法是对被测结构施加外部激励，强迫结构起振，根据结构的响应获得动力特性。常用的迫振方法有自由振动法与共振法。脉动试验方法则是记录分析地脉动对建筑物引起的振动过程以得到结构的动力特性参数，该种试验方法不需对结构施加外部激励。

4.3.1 自由振动法

自由振动法是使结构产生自由振动，基于仪器记录的自由振动曲线求出结构的自振频率与阻尼系数。使结构产生自由振动的办法较多，可采用突加荷载法或突卸荷载法。例如，对有吊车的工业厂房，可利用小车突然刹车制动引起厂房横向自由振动；对体积较大的结构，可对结构预加初位移，试验时突然释放预加位移，从而使结构产生自由振动；在测定桥梁结构的动力特性时，还可采用载重汽车越过障碍物的办法产生一个冲击荷载，从而产生自由振动。现场试验中还可使用反冲激振器（发射反冲小火箭）对结构产生脉冲荷载，使其产生自由振动，该方法特别适宜于烟囱、桥梁、高层房屋等高大建筑物。

采用自由振动法时，拾振器一般布置在结构振幅较大处，同时要避开某些杆件的局部振动。最好在结构的纵、横向多布置几个测点，以便观察结构的整体振动情况。自由振动时程曲线的量测系统如图4-11所示，记录曲线见图4-12。

由实测得到的有衰减的自由振动时程曲线可直接测量得到结构的基本频率。为消除荷载影响，最初的1、2个波一般不用。同时，为提高准确度，可取若干个波的总时间除以波数得到平均值作为基本周期，其倒数即为基本频率。结构的阻尼特性用对数衰减率或临界阻尼比表示，因实测得到的振动记录图一般无零线，因此在测量阻尼时应如图4-12所示，采取从峰值到峰值的测量法，这样比较方便且准确度高。

由结构动力学可知，有阻尼体系自由振动运动方程的解为：

$$x(t)=Ae^{-\zeta\omega t}\sin(\omega' t+\varphi) \tag{4-18}$$

式中　$x(t)$——振动位移；

$Ae^{-\zeta\omega t}$——振幅，令第 n 个幅值为 $\alpha_n = Ae^{-\zeta\omega t}$；

ζ——阻尼比，$\zeta = \frac{c}{2m\omega}$，$c$ 为阻尼系数；

ω'——阻尼体系的自振圆频率 $\omega' = \omega\sqrt{1-\zeta^2}$，$\omega = \sqrt{k/m}$。

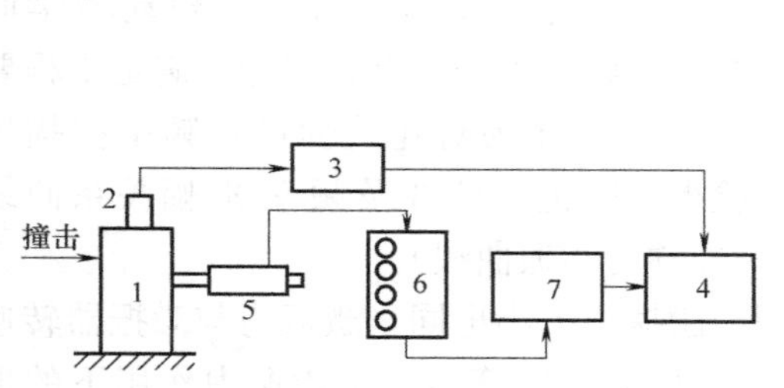

图 4-11　自由振动衰减量测系统

1—结构物；2—拾振器；3—放大器；
4—光线示波器；5—应变位移传感器；
6—应变仪桥盒；7—动态电阻应变仪

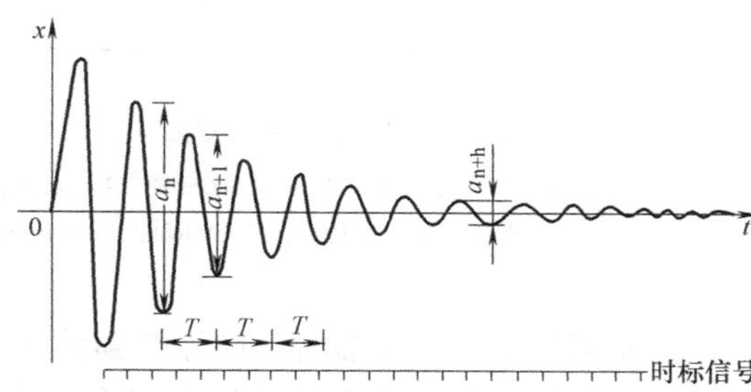

图 4-12　自由振动时程曲线

图 4-12 中相邻两个峰值的时间差即为一个周期 T，若某一时刻 t_n 对应的振幅值记为 α_n；经过一个周期 T 后，在 t_{n+1}（$t_{n+1} = t_n + T$，$T = 2\pi/\omega$）时刻的振幅值记为 α_{n+1}，则相邻两振幅比为：

$$\frac{a_n}{a_{n+1}} = \frac{Ae^{-\zeta\omega t_n}}{Ae^{-\zeta\omega(t_n+T)}} = e^{\zeta\omega T} \tag{4-19}$$

两边取自然对数，则：

$$\ln\frac{a_n}{a_{n+1}} = \zeta\omega T = \nu \tag{4-20}$$

式中　ν——振幅的对数衰减率。

因此，

$$\nu = \zeta\omega\frac{2\pi}{\omega} = 2\pi\zeta \tag{4-21}$$

据此即求得阻尼比：

$$\zeta = \frac{\nu}{2\pi} = \frac{1}{2\pi}\ln\frac{a_n}{a_{n+1}} \tag{4-22}$$

4.3.2　共振法

当结构受到与其自振周期一致的周期荷载作用时，结构响应将增大，特殊地，若结构的阻尼为零，结构响应将随时间而变为无穷大，这就是共振现象。共振法即是利用这一原理，在结构上安装一频率可调的激振器，对结构施加简谐动荷载，连续改变激振器的频率，对结构进行频率扫描，当激振器振动频率接近或等于结构固有频率时，产生共振现象，此时振幅最大，对应的频率即为结构的固有频率。其工作原理如图 4-13 所示。

采用共振法进行动载试验时，工程结构均为具有连续分布质量的系统，严格说来，其

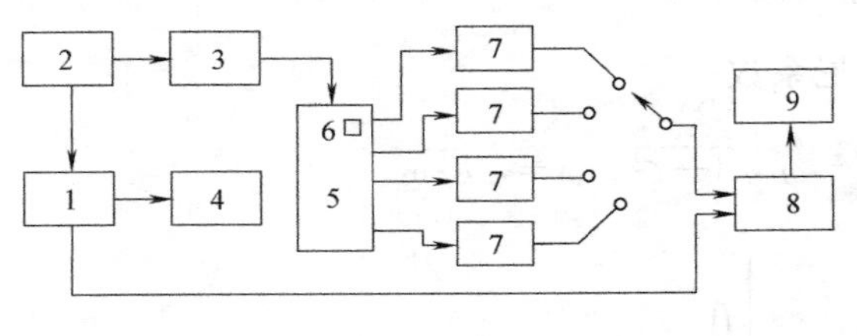

图 4-13　共振法测量原理

1—信号发生器；2—功率放大器；3—激振器；4—频率仪；5—试件；6—拾振器；7—放大器；8—响应计；9—记录仪

固有频率有无限多个。连续改变激振器的频率，使结构发生第一次共振、第二次共振、第三次共振等，即可得到结构的第一频率、第二频率、第三频率等。但受检测仪器灵敏度的限制，一般仅能测到有限阶的自振频率。不过，对于一般动力学问题，了解若干个固有频率即可满足工程要求。图 4-14 为对建筑物进行频率扫描试验得到的记录曲线及频率-振幅关系曲线(或称为共振曲线)。

当使用偏心式激振器时，应注意到转速不同，激振力大小也同，激振力与激振器转速的平方成正比。为使绘出的共振曲线有可比性，应将振幅折算为单位激振力作用下的振幅，或把振幅换算为在相同激振力作用下的振幅。一般是将实测振幅 A 除以激振器圆频率的平方 ω^2 （A/ω^2）作为纵坐标、ω 为横坐标绘制共振曲线，如图 4-15 所示，图中 $x=\dfrac{A}{\omega^2}$，曲线上峰值对应的频率值即为结构的固有频率。

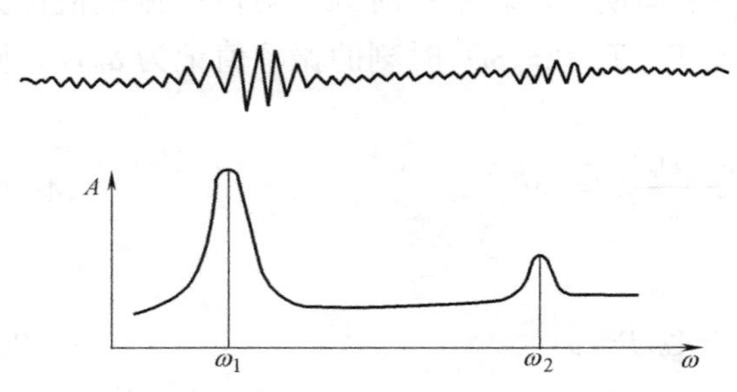

图 4-14　共振时的振动图形及共振曲线

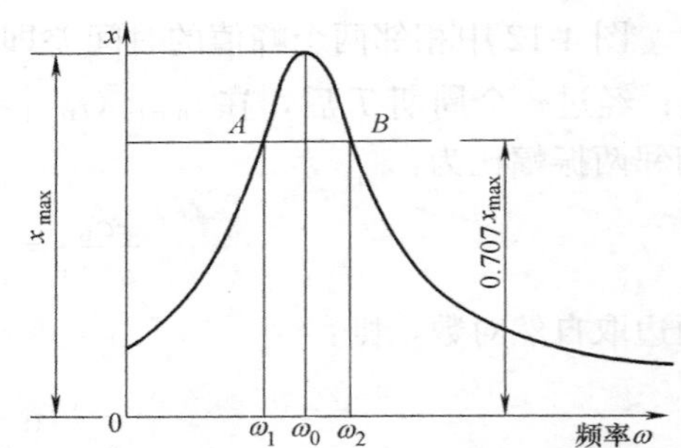

图 4-15　由共振曲线求阻尼系数和阻尼比

采用半宽带法（也称半功率法）由共振曲线也可得到结构的阻尼系数。如图 4-15 所示，在共振曲线纵坐标最大值 x_{max} 的 0.707 倍处作一水平线与共振曲线相交于 A 和 B 两点，对应横坐标为 ω_1 和 ω_2，则该阶频率的阻尼比为：

$$\zeta=\frac{\omega_2-\omega_1}{2\omega} \tag{4-23}$$

采用共振法也可测定结构的振型。用共振法测量振型时，要将若干个拾振器布置在结构的若干部位。当激振器使结构发生共振时，同时记录下结构各部位的振动图，通过比较各点的振幅和相位，即可给出该频率的振型图。图 4-16 为采用共振法测量某建筑物振型的具体情况，绘制振型曲线图时，应规定位移的正负值。如图 4-16 所示，规定顶层拾振器 1 的位移为正，则凡与其相位相同即为正，反之则为负，将各点的振幅按一定比例绘在图上即得振型曲线。

使用激振器时需将其牢固安装于结构上，不使其跳动，否则将影响试验结果。激振器的激振方向与安装位置应视试验结构及试验目的而定。一般而言，整体结构动载试验多为

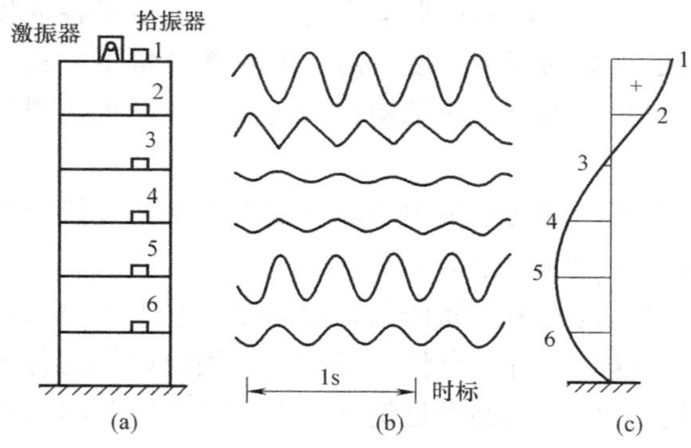

图 4-16　用共振法测建筑物振型

（a）拾振器和激振器的布置；（b）共振时记录下的振动曲线图；（c）振型曲线

水平方向激振，楼板与梁的动载试验多为垂直方向激振。试验前宜先对结构进行初步动力分析，以大致了解振型曲线的形式，然后在变形较大的位置布置激振器，而应防止将激振器布置在振动位移为零的振型曲线节点处。拾振器应布置在振型曲线的控制点处。

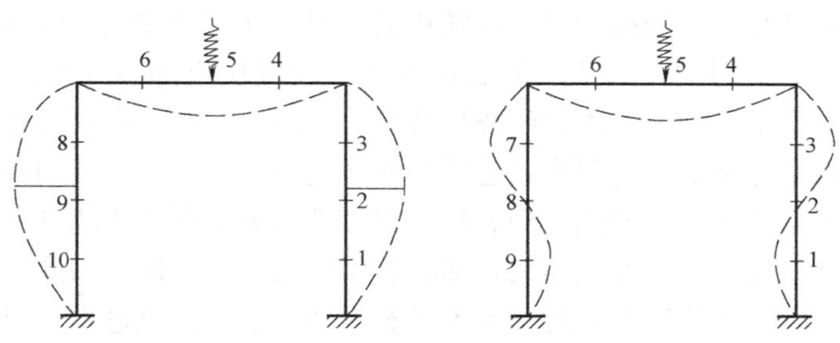

图 4-17　测框架振型时测点布置

如图 4-17 所示框架，在横梁与柱子的中点、四分之一处、柱端点共布置了 1～6 个测点。这样可较好地连成振型曲线。测量前，对各通道应进行相对校准，使之具有相同的灵敏度。

有时由于结构形式复杂，测点数超过已有拾振器数量或记录装置所能容纳的点数，此时可逐次移动拾振器，分批次测量，但须有一个测点作为参考点，各次测量中位于参考点的拾振器不能移动，且各次测量的结果都要与参考点的曲线进行相位比较。

4.3.3　脉动法

脉动法又称环境随机振动法。实际工程所处环境中存在很多微弱的激振能量，如大气流动、河水流动、机械运动、汽车行驶和人群移动等，这些激振能量使结构处于不断振动中，只是这种振动很微弱，一般在 10μm 以下，不为人们注意。当采用高灵敏度与精度的传感器时，经放大器放大就能清楚地观测和记录这种振动信号。该方法不需要专门的激振设备，将环境随机振动引起的结构脉动过程记录下来，通过分析脉动信号（频谱分析法、主谐量法、统计法等）可确定结构的动力特性。应用脉动法时应注意以下几点：

（1）工程结构的脉动是由环境随机振动引起的，可能带来各种频率分量，为得到正确的记录，记录仪器需有足够宽的频带，使所需要的频率分量不失真。

（2）为使每次记录的脉动均能反映结构物的自振特性，每次观测应持续足够长时间且重复多次。

（3）根据脉动分析原理，脉动记录中不应有规则的干扰或仪器本身带进的杂音，因此观测时应避开机器或其他有规则的振动影响。

（4）布置测点时应将结构视为空间体系，沿高度及水平方向同时布置仪器，若仪器数量不足可进行多次测量。这时应有一台仪器保持位置固定以作为各次测量的比较标准。

（5）为使高频分量在分析时能够满足精度要求，减小因时间分段带来的误差，记录仪应有足够快的速度且可变，以适应各种刚度的结构。

（6）每次观测最好能记下当时的天气、风向风速及附近地面的脉动，以便分析其对脉动的影响。

脉动信号的分析通常有频谱分析法、主谐量法、统计法等。

1. *频谱分析法*

频谱分析法（也称模态分析法）是将记录到的脉动时程曲线经傅立叶积分变换，得到以频率为横坐标、振幅（或均方值、功率值）为纵坐标的频谱曲线。

工程结构的脉动是一种随机过程，而随机振动是一个复杂的过程，对某一样本而言，每一次测试的结果是不同的，因此一般随机振动特性应从全部事件的统计特性研究中得出。若单个样本在全部时间上所求得的统计特性与在同一时刻对振动历程的全体所求得的统计特性相等，则称这种随机过程为各态历经的。此外，由于工程结构脉动的主要特征与时间的起点选择关系不大，在时刻 t_1 到 t_2 这一段随机振动的统计信息与 $t_1+\tau$ 到 $t_2+\tau$ 这一段的统计信息是相关的，且差别不大，即具有相同的统计特性，因此，工程结构脉动又是一种平稳随机过程。实践证明，对于此种各态历经的平稳随机过程，只要有足够长的记录时间，就可用单个样本函数来描述随机过程的所有特性。

与一般振动问题类似，随机振动问题也是讨论系统的输入（激励）、输出（响应）及系统的动态特性三者间的关系。假设 $x(t)$ 是脉动源为输入的振动过程，结构本身称为系统，当脉动源作用于系统后，结构在外界激励下产生响应，即结构的脉动反应 $y(t)$，称为输出的振动过程，这时系统的响应输出必然反映结构的特性。图 4-18 反映了输入、系统与输出三者的关系。

图 4-18　输入、系统与输出关系

在随机振动中，由于振动时间历程是明显的非周期函数，用傅立叶积分变换的方法可知这种振动有连续的各频率成分，且每种频率有其对应的功率或能量，把它们的关系用图线表示，称为功率在频率域内的函数，简称功率谱密度函数。在平稳随机过程中，功率谱密度函数给出了某一过程的“功率”在频率域上的分布方式，可用它来识别该过程中各频率成分能量的强弱，以及对于动态结构的响应效果。因此，功率谱密度是描述随机振动的一个重要参数，也是随机荷载作用下结构设计的一个重要依据。

在各态历经平稳随机过程的假定下，脉动源的功率谱密度函数 $S_x(\omega)$ 与结构反应功率谱密度函数 $S_y(\omega)$ 间存在着以下关系：

$$S_y(\omega)=|H(i\omega)|^2 \cdot S_x(\omega) \tag{4-24}$$

式中　$H(i\omega)$——传递函数；

　　　ω——圆频率。

由随机振动理论可知：

$$H(i\omega)=\frac{1}{\omega_0^2\left[1-\left(\frac{\omega}{\omega_0}\right)^2+2i\xi\frac{\omega}{\omega_0}\right]} \tag{4-25}$$

由以上关系可知，当已知输入与输出时，可得到传递函数。

通过测振传感器测量地面自由场的脉动源 x（t）和结构反应的脉动信号 y（t），将这些符合平稳随机过程的样本由专用信号处理机（频谱分析仪）计算处理，即可得到结构的频率、振幅、相位等，运算结果可在处理机上直接显示。图 4-19 是利用专用计算机把时程曲线经过傅立叶变换，由数据处理结果得到的频谱图。采用峰值法由频谱曲线很容易确定出各阶频率，结构固有频率处必然出现突出的峰值，而在第二、三频率处也有相应明显的峰值。

利用频谱分析法可由功率谱得到工程结构的自振频率。若已知输入功率谱，还可得到高阶频率、振型和阻尼，但用上述方法研究工程结构动力特性参数需要专门的频谱分析设备及专用程序。

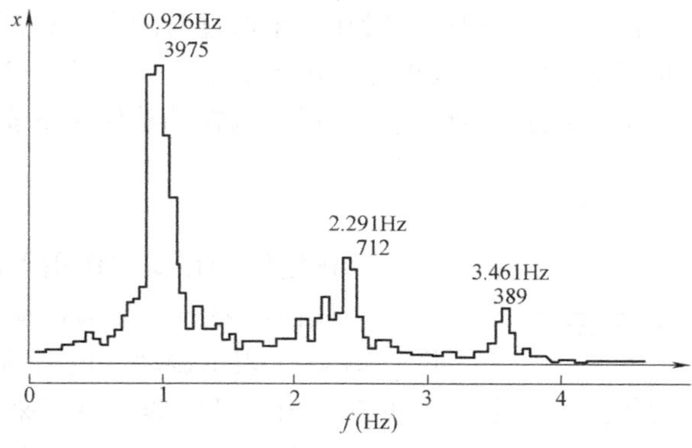

图 4-19　经数据处理得到的频谱图

2. 主谱量法

由环境随机振动法基本原理可知，既然工程结构的基频谐量是脉动信号中最主要的成分，那么在记录里就应有所反映。事实上在脉动记录里常常出现酷似“拍”的现象，在波形光滑之处“拍”的现象最显著，振幅最大，凡有这种现象之处，振动周期大多相同，而这一周期往往便是结构的基本周期，如图 4-20 所示。

在结构脉动记录中出现这种现象是不难理解的，因地面脉动是一种随机现象，其频率是多样的，当这些信号输入到具有滤波器作用的结构时，由于结构本身的动力特性，使得远离结构自振频率的信号被抑制，而与结构自振频率接近的信号被放大，这些被放大的信号恰恰为我们揭示结构动力特性提供了线索。在出现“拍”的瞬间，可理解为此刻结构的基频谐量处于最大，其他谐量处于最小，因此表现为结构基本振型的性质。利用脉动记录读出该时刻同一瞬间各点的振幅，可确定结构的基本振型。

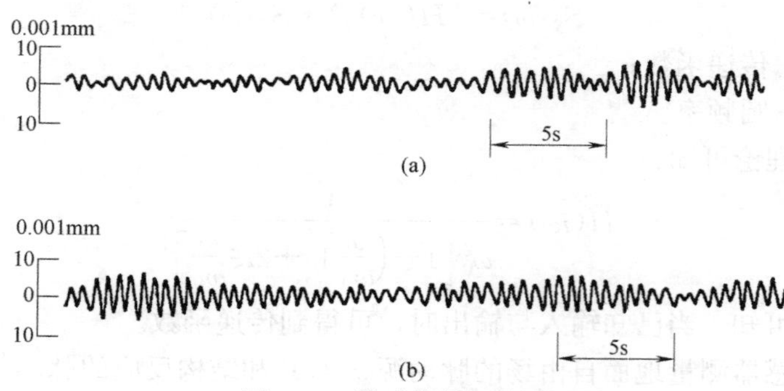

图 4-20　脉动信号记录图

(a) 多层民用房屋的脉动记录；(b) 钢筋混凝土单层厂房的脉动记录

对于一般工程结构，采用环境随机振动法确定基频与主振型比较方便，有时也能测出第二频率及相应振型，但高阶振动的脉动信号在记录曲线中出现的机会很少，振幅也比较小，这样测得的结构动力特性误差较大。此外，采用主谐量法难以确定结构的阻尼特性。

4.4　结构动力反应试验

实际工程与科研活动中，往往需要对动载作用下的结构动力反应进行测定。例如，工业厂房在动力机械设备作用下的振动；桥梁在列车通过时的振动；高层建筑和高耸构筑物在风荷载作用下的振动；结构在地震或爆炸作用下的动力反应等，这些都与动荷载及结构动力特性密切相关。明确结构的动力反应是确保结构在动载作用下安全工作的重要依据。

4.4.1　结构的振动变位测定

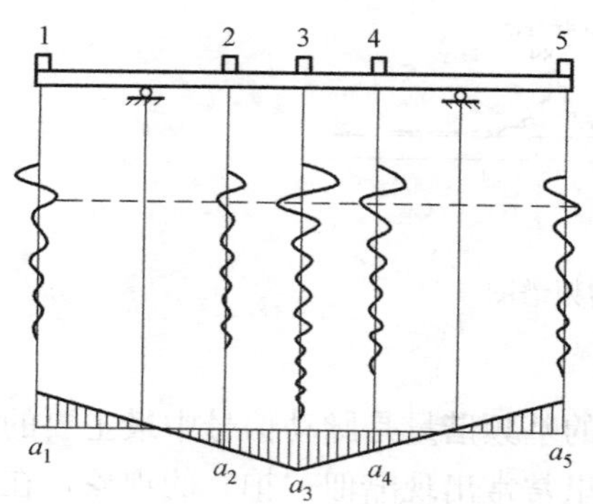

图 4-21　结构振动变位图

1—时间信号；2—结构（梁）；3—拾振器；4—记录曲线；5—$t=t_1$ 时结构变位图

为确定结构在动载作用下的振动状态及动应力大小，往往需要测定结构在动载作用下的振动变位图。图 4-21 表示振动变位图的测量方法，将各测点的振动图用记录仪器记录下来，根据相位关系确定变位的正负号，再按振幅（即变位）大小以一定比例画在变位图上，最后连成结构在实际动荷载作用下的振动变位图。这种测量分析方法与前述确定振型的方法类似。但结构振动变位图是结构在特定荷载作用下的变形曲线，一般来说并不和结构的某一振型一致。

确定了振动变位图后，根据结构力学理论可近似确定结构由动荷载所产生的内力。

设振动弹性曲线方程为

$$y=f(x) \tag{4-26}$$

该方程可根据实测结果按数值分析方法得到，则有

$$M=EIy'' \tag{4-27}$$

$$Q=EIy''' \tag{4-28}$$

实际上，弹性曲线方程可给定为某一函数，只要这一函数的形态与振动变位图相似，且最大变位与实测相等，用它来确定内力就不会有过大误差。这样得到的结构内力可与直接测定应变而得出的内力相比较。

4.4.2 结构动力系数测定

对于承受移动荷载的结构如吊车梁、桥梁等，常需确定其动力系数以判定结构的工作情况。移动荷载作用于结构上所产生的动挠度往往比静载时产生的挠度大。结构构件的最大动力效应（动挠度、动应力）与相应静力效应（静挠度、静应力）的比值称为动力系数。计算公式如下：

$$1+\mu=\frac{\text{最大动位移}}{\text{静态位移}} \tag{4-29}$$

或

$$1+\mu=\frac{\text{最大动态应力}}{\text{静态应力}} \tag{4-30}$$

结构动力系数一般由试验实测确定。对于沿固定轨道行驶的动荷载，先让移动荷载以最慢速度驶过结构，测得挠度如图 4-22（a）所示，然后让移动荷载以某种速度驶过，使结构产生最大挠度（实际测试时，分别采取各种不同速度驶过，找出产生最大挠度的某一速度）如图 4-22（b）所示。由图 4-22 可量得最大静挠度 y_j 与最大动挠度 y_d，即可求得动力系数：

$$1+\mu=\frac{y_j}{y_d} \tag{4-31}$$

上述方法仅适用于一些有轨的动荷载，对无轨的动荷载（如汽车），则不可能使两次行驶的路线完全相同。有的移动荷载因生产工艺原因，用慢速行驶测量最大静挠度或应力也有困难，此时，可采用只试验一次高速通过，记录图形图 4-22（c）所示。取曲线最大值为 y_d。同时在曲线上绘出中线，相应于 y_d 处中线的纵坐标即 y_j，求得动力系数。

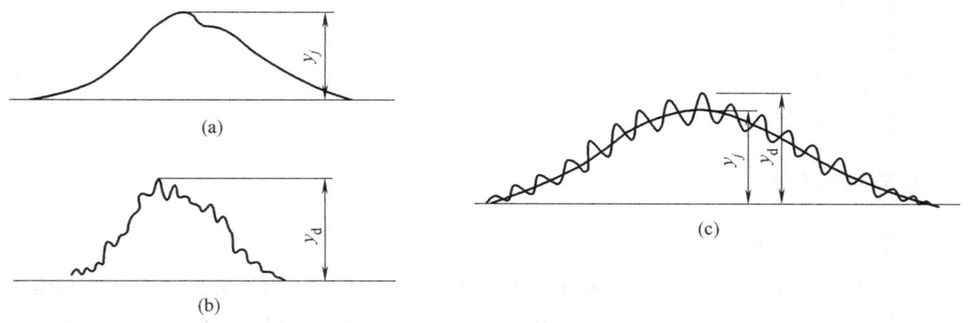

图 4-22 动力系数测定

（a）、（b）有轨移动荷载的变形记录图；（c）无轨移动荷载的变形记录图

4.5 结构疲劳试验

结构在承受反复循环荷载作用时，其应力应变反复变化，当循环至一定次数时，在应力低于强度设计值时即发生脆性破坏，称为疲劳破坏。如承受吊车荷载的吊车梁，直接承

受悬挂吊车作用的屋架等。这些结构构件在重复荷载作用下达到破坏时的应力比其静力强度要低得多，危害较大，而结构疲劳试验的目的就是了解结构在重复荷载作用下的性能及变化规律。

疲劳问题的涉及范围较广，对某一种结构而言，包含材料疲劳和结构构件疲劳。如钢筋混凝土结构中有钢筋疲劳、混凝土疲劳和构件疲劳等。结构构件疲劳试验一般在专门的疲劳试验机上进行，大部分采用脉冲千斤顶施加重复荷载，也有采用偏心轮式振动设备。国内对结构构件的疲劳试验大多采用等幅匀速脉动荷载，以模拟结构件在使用阶段反复加载与卸载的受力状态。近年来，多通道电液伺服系统也被应用于结构疲劳试验，尤其适用于大型结构构件的疲劳试验。

下面以钢筋混凝土结构为例介绍疲劳试验的主要内容和方法。

4.5.1　疲劳测试项目

根据目的不同，结构疲劳试验可分为鉴定性疲劳试验与研究性疲劳试验。

对于鉴定性疲劳试验，在控制疲劳次数内检测以下内容，同时应满足现行设计规范的要求：

（1）抗裂性及开裂荷载；

（2）裂缝宽度及其发展；

（3）最大挠度及其变化幅度；

（4）疲劳强度。

对于研究性疲劳试验，视研究目的而定试验内容。若是正截面疲劳性能试验，一般应包括：

（1）各阶段截面应力分布状况，中和轴变化规律；

（2）抗裂性及开裂荷载；

（3）裂缝宽度、长度、间距及其发展；

（4）最大挠度及其变化规律；

（5）疲劳强度；

（6）破坏特征分析。

4.5.2　疲劳测试荷载

1. 疲劳试验荷载取值

对于结构疲劳试验，首先需要确定荷载上限值与下限值。荷载上限值可根据构件在标准荷载下最不利组合产生的弯矩计算得到。例如，对于鉴定性的吊车梁正截面与斜截面疲劳试验，应根据吊车荷载最不利作用位置时的吊车荷载标准值产生的效应，分别确定试验加载位置、最大荷载值和最小荷载值。建筑结构（如吊车梁）的最小荷载值为结构自重，即外加荷载为零，但受疲劳试验机的限制，多数情况下只能采用试验机的最小荷载限制值。如 AMSLER 脉冲试验机取用的最小荷载不得小于脉冲千斤顶最大动负荷的 3%。

2. 疲劳试验的荷载频率

疲劳试验荷载在单位时间内重复作用的次数（即荷载频率）会影响材料的塑性变形与徐变，此外，频率过高时给疲劳试验附属设施带来的问题也较多。目前，国内外尚无统一的荷载频率规定，一般依据疲劳试验机的性能而定，且荷载频率不应使构件在疲劳测试时发生共振，即构件的稳态振动范围应远离共振区。同时，应使构件在试验时与实际工作时的受力状态一致。因此，荷载频率 θ 与构件固有频率 ω 之比应满足下列条件：

$$\frac{\theta}{\omega}<0.5 \text{ 或} >1.3 \tag{4-32}$$

3. 疲劳循环次数

对于鉴定性疲劳试验，构件在经过下列控制次数的疲劳荷载作用后，其抗裂度、刚度、承载力须满足现行规范有关规定。

中级工作制吊车梁：$n=2\times10^6$ 次；

重级工作制吊车梁：$n=4\times10^6$ 次。

4.5.3 疲劳试验步骤

1. 预加静载试验

对构件施加不大于上限荷载 20％的预加静载 1～2 次，以消除松动、接触不良，压牢构件并使仪表运转正常。

2. 正式疲劳试验

（1）先进行疲劳前的静载试验。主要目的是对比构件经受反复荷载后受力性能有何变化。荷静分级加至疲劳上限荷载。每级荷载可取上限荷载的 10％，临近开裂荷载时应适当加密，不宜超过上限荷载的 5％，每级荷载间歇时间 10～15min，记取读数，加满后分两次卸载。

（2）进行疲劳试验。首先调节疲劳机上下限荷载，待示值稳定后读取第一次动载读数，以后每隔一定次数（30 万～50 万次）读取数据。

（3）进行破坏试验。达到要求的疲劳次数后进行破坏试验分为两种情况。一种是继续施加疲劳荷载直至破坏，得到承受疲劳荷载的次数；另一种是进行静载破坏试验，此时方法同前，荷载分级可加大。

上述步骤如图 4-23 所示。需要注意的是，并非所有的疲劳试验都采取相同的试验步骤。实际结构构件往往是经受任意变化的重复荷载作用，应尽可能采用符合实际情况的变幅疲劳荷载。

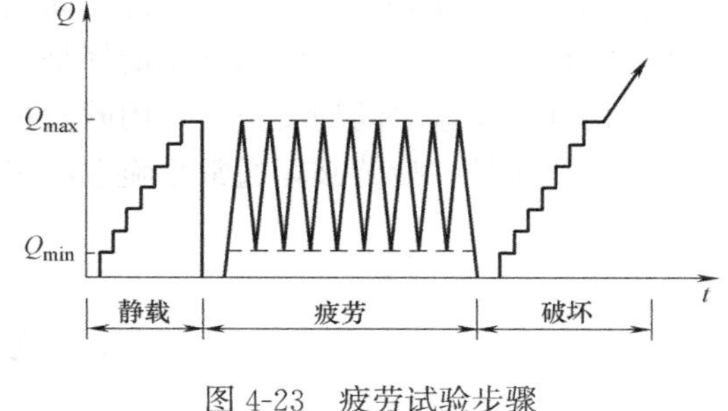

图 4-23　疲劳试验步骤

4.5.4 疲劳试验的量测与试件安装

1. 疲劳强度

在进行鉴定性疲劳试验时，构件以疲劳极限荷载作为疲劳承载能力。构件达到疲劳破坏时的荷载上限值为疲劳极限荷载；构件达到疲劳破坏时的应力最大值为疲劳极限强度。构件所能承受的疲劳荷载作用次数（n）取决于最大应力值 σ_{max}（或最大荷载 Q_{max}）以及应力变化幅度 ρ（或荷载变化幅度）。应按设计要求取最大应力值 σ_{max} 及疲劳应力比值 $\rho=\sigma_{min}/\sigma_{max}$ 进行疲劳试验，在控制疲劳次数内，构件的强度、刚度及抗裂性应满足现行规范要求。

为得到给定 ρ 值条件下的疲劳极限荷载与疲劳极限强度，一般采取的方法是根据构件实际承载能力，取最大应力值 σ_{max} 进行疲劳试验，求得疲劳破坏时荷载作用次数 n，由 σ_{max} 与 n 双对数直线关系求得控制疲劳极限强度，作为标准疲劳强度，其统计值作为设计验算时疲劳强度取值的基本依据。

对研究性疲劳试验，有时为了分析破坏全过程及其特征，往往将破坏阶段延长至构件完全丧失承载能力。

2. 疲劳试验的应变测量

一般采用电阻应变片测量动应变，测点布置视试验要求而定。测试方法包括：

(1) 以动态电阻应变仪和记录器（如光线示波器）组成测量系统，其缺点是测点数量少。

(2) 用静动态电阻应变仪（如 YJD 型）和阴极射线示波器或光线示波器组成测量系统，简便且具有一定精度，可设置较多测点。

3. 疲劳试验的裂缝测量

因开裂和裂缝宽度对构件安全使用具有重要意义，因此，裂缝测量在疲劳试验中是重要的，目前裂缝量测主要是利用光学仪器目测或利用应变传感器电测。

4. 疲劳试验的挠度测量

疲劳试验中动挠度测量可采用接触式测振仪、差动变压器式位移计和电阻应变式位移传感器等。

5. 疲劳试验试件安装

疲劳试验不同于静载试验，其持续时间长、振动大，因此，试件安装就位及与其相配合的安全措施均须认真对待，否则将产生严重后果。主要要求如下：

(1) 严格对中。荷载架上的分布梁、脉冲千斤顶、试验构件、支座以及中间垫板均要对中。特别是千斤顶轴心一定要同构件断面纵轴在一条直线上。

(2) 保持平稳。疲劳试验的支座最好是可调的，此外，千斤顶与试件之间、支座与支墩之间、构件与支座之间均要找平，用砂浆找平时不宜铺厚，以免被压酥。

(3) 安全防护。疲劳破坏通常是脆性断裂，无明显预兆。应架设安全墩以预防试件脆性破坏。

思 考 题

4-1 简述振动测量系统的主要组成部分。

4-2 简述常用的动力特性测试方法及其原理。

4-3 在使用惯性式拾振器时应该注意什么问题?

4-4 采用脉动法测试结构动力特性时常用的分析方法有哪些?

4-5 简述疲劳试验的主要步骤。

4-6 简述疲劳试验与拟静力试验的异同点。

第5章　结构抗震试验

内容提要：本章介绍了结构抗震试验的主要方法，包括拟静力试验、拟动力试验、模拟地震振动台试验；还介绍了结构抗震性能和抗震能力的评定方法。

能力要求：了解抗震试验内容及分类，了解拟静力、拟动力、模拟地震振动台试验原理及所研究的工程问题，熟悉抗震性能评定方法。

结构承受地震作用的本质是多次反复的水平荷载，依靠结构本身的变形耗散地震能量。结构抗震性能研究试验有室内和室外两种，本章对室内抗震试验进行介绍，主要有拟静力试验、拟动力试验和模拟地震振动台试验三种。拟静力试验成本低，简化模拟地震作用，是目前广泛采用的抗震试验方法，拟动力试验方法因成本低、地震作用还原度高，越来越受到重视；模拟地震振动台试验因成本高、试件尺寸受限，使用次数不多。

结构抗震试验的一般流程如图5-1所示，其中抗震试验设计是关键环节，试验目的是对结构破坏机制和抗震能力进行评估。结构抗震试验可分为结构抗震静力试验和结构抗震动力试验，前者包括拟静力试验，后者包括拟动力试验、模拟地震振动台试验、人工地震和天然地震试验。

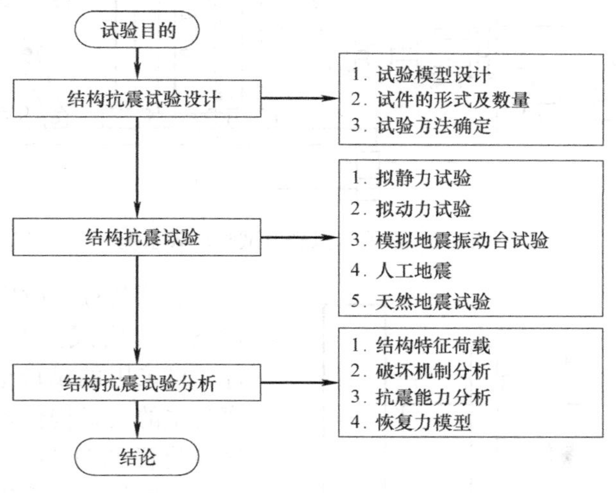

图5-1　结构抗震试验流程图

5.1　拟静力试验

5.1.1　试验方法与加载装置

拟静力试验是通过荷载控制或变形控制对试件进行低周往复加载，使试件由弹性阶段直至破坏的全过程试验。试验假定在第一振型条件下对试件施加低周往复荷载或位移，由于每一加载周期远大于结构自振周期，加载速率引起的应变速率对试验结果影响可以忽略，本质上还是静力加载模拟地震作用，所以称为低周反复加载试验或拟静力试验。

拟静力试验主要研究试件在地震作用下的恢复力特性，确定恢复力计算模型；获得结构的等效阻尼比，衡量结构的耗能能力；掌握试件的初始刚度和刚度退化规律，通过强度、变形和能量耗散判断结构抗震性能；揭示试件破坏机理，改进抗震设计方法和抗震构造措施。

拟静力试验装置和加载设备应满足试件的设计受力边界条件和支承方式的要求。一般用到的试验台座、反力墙和反力架，应具有足够的承载力、刚度和稳定性。试验台座提供反力部位的刚度不应小于试件刚度 10 倍，反力墙顶点最大相对位移不宜大于 1/2000。

试件竖向荷载加载作动器与横梁之间设置摩擦装置，保证作动器随试件水平位移而平滑移动，可以是滚轴摩擦或聚四氟乙烯板摩擦，要求摩擦系数不应大于 0.02。试验过程中竖向荷载应保持稳定，水平作动器加载能力应大于试件极限承载力和极限变形的 1.5 倍。

拟静力试验主要采用电液伺服加载系统（作动器）进行结构的拟静力试验加载，并采用计算机控制的全自动数据采集系统。常见的拟静力试验加载系统见图 5-2。

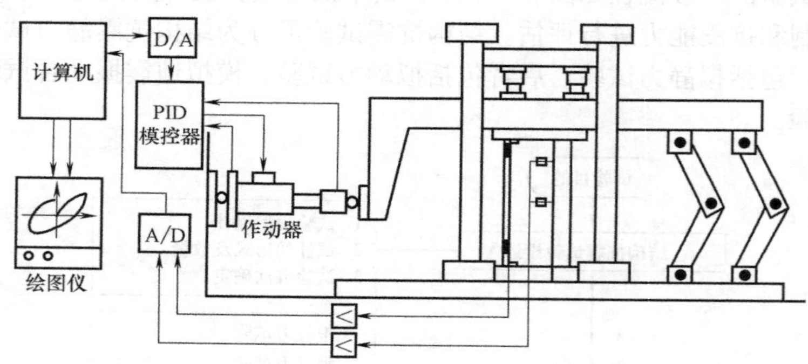

图 5-2　常见的拟静力试验加载系统

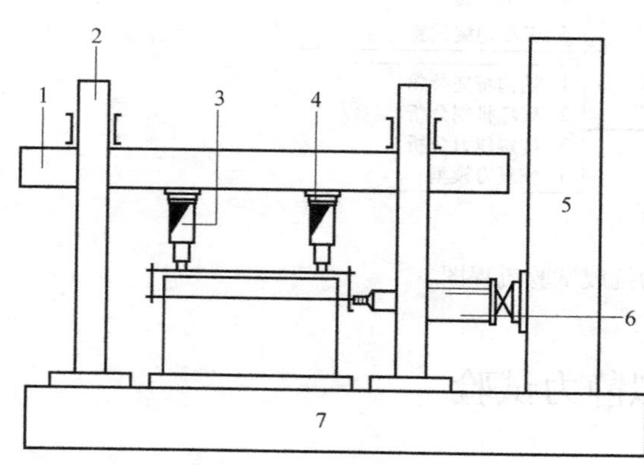

图 5-3　墙体试件试验装置示意图

1—横梁；2—反力架；3—千斤顶；4—滚轴或滑板；5—反力墙；6—作动器；7—静力台座

加载装置一般应根据试验目的进行调整组合而成。以弯剪受力为主的试件，可采用的试验装置见图 5-3；以受弯为主的梁式构件抗震试验，可采用的试验装置见图 5-4；以压剪或纯剪受力为主的试件，可采用四连杆机构加载装置，见图 5-5。这些装置可以保证试件顶面与地面平行，从而承受水平剪力，弯矩被四连杆抵消，实现水平地震作用。要求四连杆机构和倒 L 梁具有足够刚度。

对于梁柱节点类构件，当试件不考虑 P-Δ 效应时，可以采用梁柱试验装置，见图 5-6；当考虑 P-Δ 效应时，可采用柱端试验装置，见图 5-7。

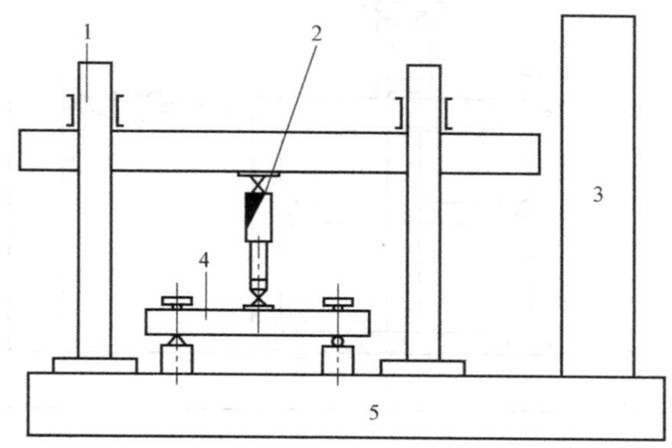

图 5-4　梁式构件试验装置示意图

1—门架；2—作动器；3—反力墙；4—梁式试件；5—试验台座

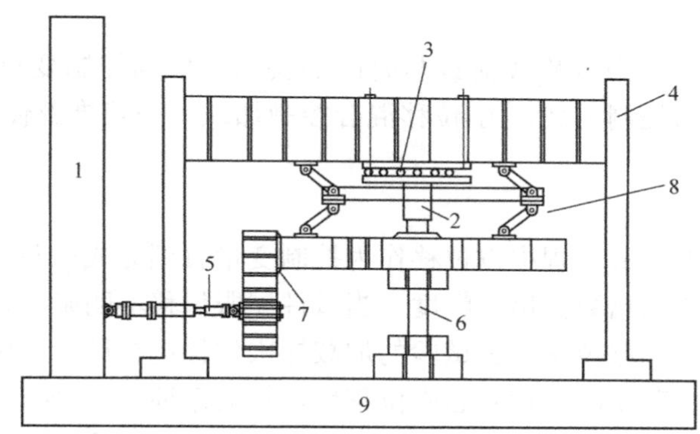

图 5-5　顶部无转动剪切试验装置示意图

1—反力墙；2—千斤顶；3—滚轴或滑板；4—门架；5—作动器；6—试件；
7—倒 L 梁；8—四连杆机构；9—试验台座

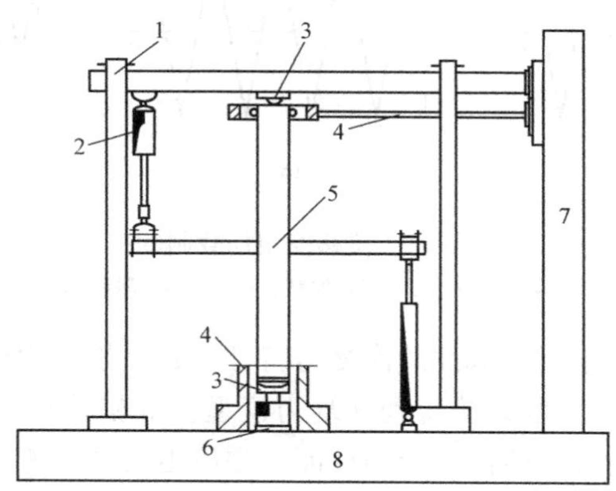

图 5-6　梁柱节点梁端加载试验装置示意图

1—门架；2—作动器；3—球铰；4—限位装置；5—试件；6—千斤顶；7—反力墙；8—试验台座

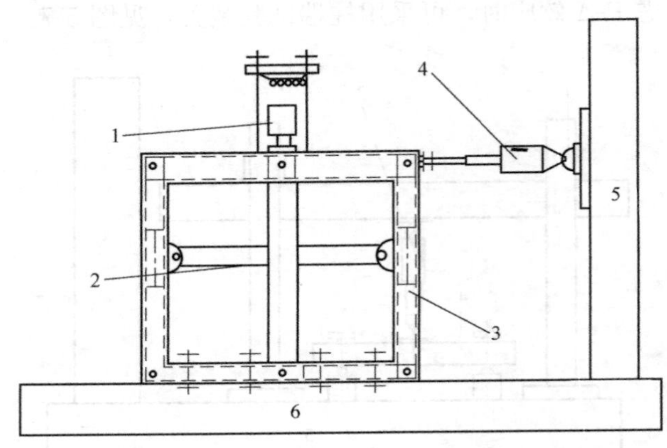

图 5-7 梁柱节点柱端加载试验装置示意图

1—千斤顶；2—试件；3—自平衡反力架；4—作动器；5—反力墙；6—试验台座

5.1.2 一维加载制度

加载制度即加载过程中位移或荷载与时间的关系。根据控制变量的不同可以分为三种：位移控制加载、力控制加载、力-位移混合控制加载。一般推荐使用力-位移混合控制加载或位移控制加载。

1. 位移控制加载

位移控制加载是在加载过程中以位移作为控制变量直到完成试验的加载方法。位移增幅一般以试件屈服位移的倍数为增长幅度，当试件屈服位移不明确时，应由研究者根据专业知识和试验经验预估屈服位移作为试验的加载屈服位移进行试验。位移控制加载时，在屈服位移之前可以只循环 1 次，达到屈服位移后，一般循环 2～3 次。

根据位移幅值变化，可将位移加载分为变幅加载、等幅加载和变幅等幅混合加载，如图 5-8 所示。

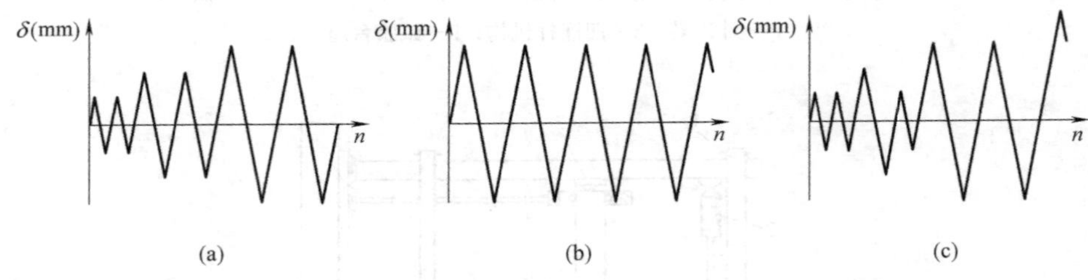

图 5-8 位移控制加载制度

(a) 变幅加载；(b) 等幅加载；(c) 变幅等幅混合加载

变幅位移控制加载用于研究试件的恢复力特性，建立恢复力模型。每一级位移幅值下循环 2～3 次，由试验滞回曲线计算得到恢复力模型。等幅位移控制加载主要用于确定构件在特定位移幅值下的抗震性能，如滞回性能、强度退化率和刚度退化规律等。混合位移控制加载可以综合研究试件的性能，包括等幅位移下的滞回性能、强度退化率和刚度退化规律，以及变幅位移下的恢复力模型和极限位移下的强度和耗能能力。

在上述三种位移控制加载制度中，变幅等幅混合加载制度最为常见。

有时为模拟二次地震作用的影响，在两次大幅值之间增加几次小幅值的循环，大位移模拟主震，小位移用于模拟余震。这种混合加载制度见图 5-9。

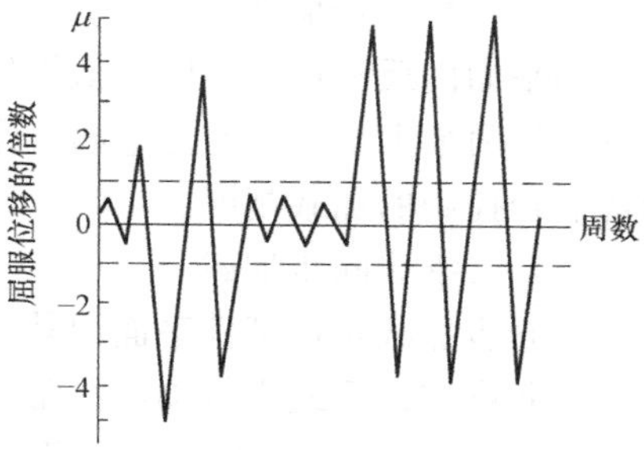

图 5-9　考虑二次地震影响的位移控制加载制度

2. 力控制加载

力控制加载是在整个加载过程中都以力作为控制变量，按一定的力幅值进行循环加载。因试件屈服后难以估算试件的真实承载能力，容易发生作动器失控等危险情况，所以这种加载制度很少单独使用。

3. 力位移混合控制加载

这种加载制度先用力作为控制变量进行加载，每级荷载循环 1 次；当试件达到屈服点时改用位移作为控制变量继续加载，每级位移一般取屈服位移的倍数，循环 3 次，直到试验结束。

图 5-10 为在梁柱节点拟静力试验中普遍采用的一种力-位移混合加载制度。

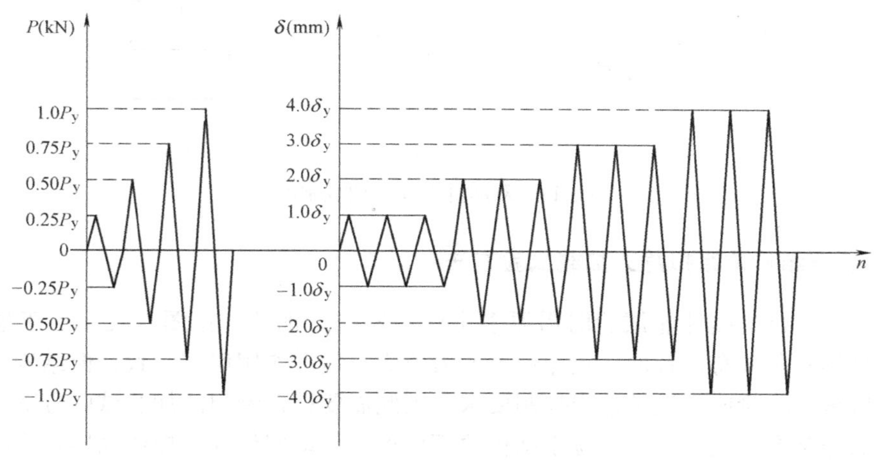

图 5-10　力-位移混合控制加载制度

5.1.3　二维加载制度

对于结构而言，地震激励实际是多个方向输入的，当结构承受一个方向地震作用的同时还有可能存在另外一个方向的地震作用，此时结构受到的破坏往往更大。在实验室内有必要研究二维地震作用对结构的影响，一般采用考虑二维耦合的加载制度。

二维加载制度即在 X、Y 两个主轴方向（二维）同时施加低周反复荷载。例如对框架柱或压杆的空间受力和框架梁柱节点在两个主轴方向所在平面内采用梁端加载方案施加反复荷载试验时，可采用双向同步或非同步的加载制度。

（1）二维同步加载

与平面内反复加载相同，低周反复荷载作用在与试件平面成 α 角的方向作斜向加载，使 X、Y 两个主轴方向的分量同步作用。低周反复加载同样可以采用位移控制、力控制和两者混合控制的加载制度。

（2）二维非同步加载

非同步加载是在试件平面内外 X、Y 两个主轴方向分别施加低周反复荷载，且 X、Y 两个方向可按先后或交替加载。常见加载制度见图 5-11。

图 5-11（a）为在 X 轴不加载、Y 轴反复加载；图 5-11（b）为 X 轴加载后保持恒载，而 Y 轴反复加载；图 5-11（c）为 X、Y 轴先后反复加载；图 5-11（d）为 X、Y 两轴交替反复加载；此外还有图 5-11（e）的 8 字形加载或图 5-11（f）的方形加载等。

当采用由计算机控制的电液伺服加载器进行双向加载试验时，可以对试件的 X、Y 两个方向成 90°进行加载，实现双向协调稳定的同步反复加载。

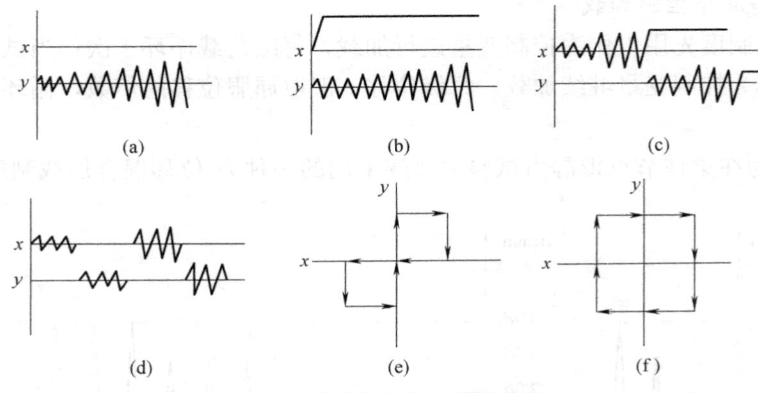

图 5-11　双向低周反复加载制度

5.1.4　多质点结构体系拟静力加载试验方法

多层结构进行抗震性能试验时需要多个作动器进行加载，见图 5-12。由于地震作用在结构上呈倒三角分布，各加载点作动器的力值应与地震作用保持一致，但结构进入塑性后承载力持续下降阶段无法满足力控制要求，因此需要设计专门的加载试验方法。

目前的控制方法是选择一个位于结构顶部质点的作动器作为主控作动器，主控作动器采用位移加载同时监测力值，其余的作动器采用力控制模式，作用力值根据主控监测值按倒三角比例分配。这种方法的关键问题是如何保持几个作动器的同步性。由于多质点体系加载作动器的力是相互耦联的，一个作动器力值改变将影响其他作动器的力值。解决办法有两种，其一是采用模控法。以图 5-12 为例，把 3 号作动器的力信号乘上比例系数作为 2 号、1 号作动器的力控制信号，由于模控过程是连续反馈的，所以当 3 号作动器加载时，2 号、1 号作动器将迅速跟随 3 号作动器的力值信号动作。计算机只控制 3 号作动器，对 2 号、1 号作动器的力和位移信号进行监测。另外一种是数控法，将 3 号作动器作为主控作动器并采用位移控制加载，另外两个作动器为从动作动器，采用力来控制加载，对于主控作动器采用较小的位移步长进行加载，由于三个作动器力值耦联，在每一个加载步长内，从作动器的力值都需要若干次迭代直到满足精度误差才进行下一个加载步。

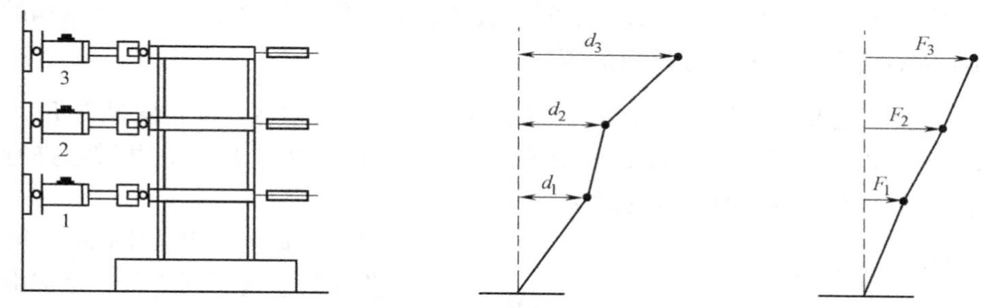

图 5-12 多质点结构体系拟静力加载试验示意图

5.2 拟动力试验

地震是一种自然界的随机现象，结构在强烈的地震作用下进入弹塑性工作状态甚至倒塌，而拟静力试验预先设定荷载或位移的加载方式，与真实地震差别很大。理想的加载方案是按某一确定的地震记录文件制定相应的加载方案。采用拟动力试验方法可以解决这一矛盾。拟动力试验方法是预先指定地震波记录文件，由计算机来控制整个试验，实测结构荷载和位移，从而获得结构的恢复力，然后再由计算机完成非线性地震反应方程的求解。拟动力试验是一种计算机分析与恢复力实测结合的半理论半试验非线性地震反应分析方法。

拟动力试验方法的原理如图 5-13 所示。以单自由度为例，拟动力试验的主要步骤如下：

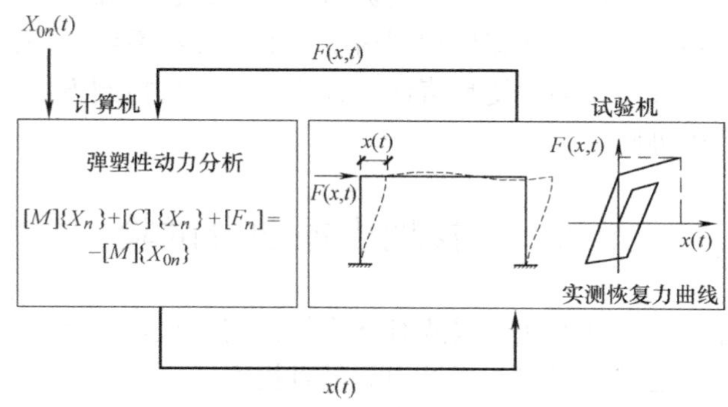

图 5-13 联机加载系统试验原理框图

（1）在计算机系统输入某一确定性的地震地面运动加速度（调用地震波文件）。

（2）计算机按输入第 n 步的地面运动加速度 $\ddot{X}_{0n}$、恢复力 F_n、位移 X_n'' 及第 $n-1$ 步的位移 X_{n-1}，由运动微分方程 $M\ddot{X}_n+C\dot{X}+F_n=-M\ddot{X}_{0n}$ 求得第 $n+1$ 步的指令位移 X_{n+1}。由于试验时每一加载步长持续时间为几秒到几百秒，所以完全可以看作静态加载，这样运动方程中与速度相关的阻尼力 $C\dot{X}$ 一项可以忽略不计，运动方程可以简化为 $M\ddot{X}_n+F_n=-M\ddot{X}_{0n}$。

（3）加载器按指令位移 X_{n+1} 对结构施加荷载。

（4）在施加荷载的同时，加载器上的荷载传感器和位移传感器分别量测结构的恢复力 F_{n+1} 和加载器活塞行程的位移反应值 X_{n+1}。

（5）重复上述步骤，按输入第 $n+1$ 步的地面运动加速度 $\ddot{X}_{0n+1}$、恢复力 F_{n+1}、位移 X_{n+1} 及第 n 步的位移 X_n 求得第 $n+2$ 步的位移 X_{n+2} 和恢复力 F_{n+2}，并继续进行加载试验，直到地震加速度时程所指定的时刻。

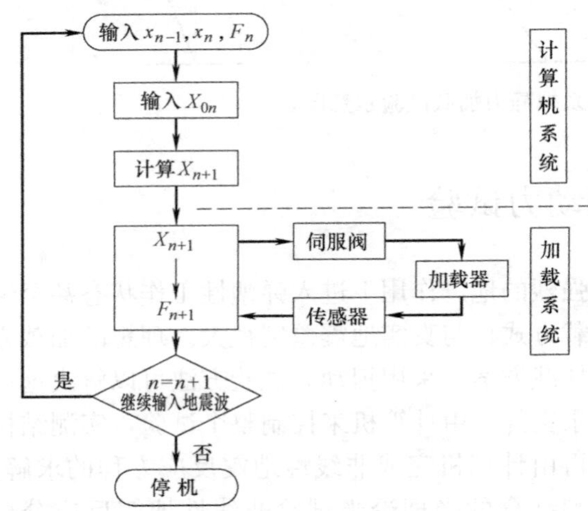

图 5-14　联机试验计算机加载流程框图

拟动力试验流程如图 5-14 所示，整个试验加载连续循环进行，全部由计算机程序控制操作。

拟动力试验的优点是：不需要预先假设结构的恢复力模型，较为真实地反映结构性能；缓慢再现地震时的反应，以便观察到结构破坏的全过程，获得比较详细的试验数据；可做大比例模型试验。

其缺点是：

（1）不能实时再现真实的地震反应，不能反映出应变速率对结构材料强度的影响。

（2）实际反应所产生的惯性力是用加载器来代替，因此只适用于离散质量分布的结构。

（3）在联机试验中，除控制运动方程的数值积分外，还必须正确控制试验机，正确测定位移量和力值，即要求采用与计算机相同精度水准的加载系统。因此，有些试验是很困难的。为了使联机试验成功，必须使数值计算方法、试验机控制方法、位移和力的量测方法与试验模型的性状相协调。

5.3　模拟地震振动台试验

模拟地震振动台试验可以再现地震波对结构的作用过程，并考虑应变速率的影响。它是在实验室内研究结构地震反应和破坏机理的最直接方法。

它可以用于研究结构动力特性、设备抗震性能以及检验结构抗震构造措施等方面。另外，它在原子能反应堆、海洋结构工程、水工结构、桥梁等研究中也广泛应用。

（1）模拟地震振动台系统

模拟地震振动台一般由如下几个部分组成：台面和基础、高压油源和管路系统、电液伺服加载器、模拟控制系统、计算机控制系统和数据采集系统组成，见图 5-15。

（2）振动台的主要技术参数

振动台的工作性能取决于激振力和使用频率范围这两个主要技术参数。

根据相似模型要求，振动台再现地震加速度和实际加速度的比例 $S_a=1$。使用频率范围应合理，若盲目追求要求上限频率，则需加大伺服阀和油泵的流量，投资成本增大。对于建筑结构模型，目前多数振动台的使用频率范围是 0.1～50Hz。

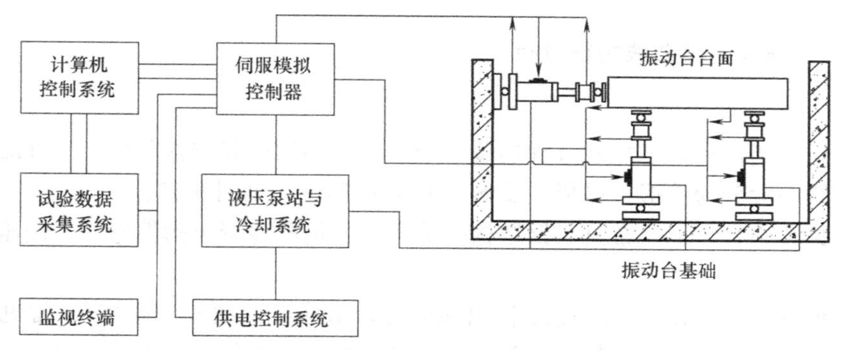

图 5-15　模拟地震振动台系统工作原理

对于仅研究结构弹性阶段工作性能时，对振动台的位移要求不高，一般 30～40mm 即可，当研究结构开裂、破损及破坏机制时，由于模型开裂后刚度下降，自振频率降低，这时模型的破坏就要靠振动台的大速度和大位移。对于小缩尺比的模型，要求最大位移在 80～100mm 以上，才能实现低频或中频条件下的破坏。

模拟地震振动台电液伺服作动器的工作性能可由其工作特性曲线表示，在台面载重一定时，如果要求加大作动器行程，则其最大工作频率要降低；反之，当要求最大工作频率提高时，则行程要减小。即大位移和大频率不可兼得，除非更换性能更高的作动器。

（3）加载方法

振动台可以模拟若干次地震现象的初震、主震以及余震的全过程，从而可以了解试验结构在相应各个阶段的力学性能及破坏特征，通过调整输入地震波，模拟不同场地上的地面运动特性，进行结构的随机振动分析。

加速度时程曲线可以直接选用强震记录的地震数据曲线，也可按结构拟建场地特性拟合的人工波，选用人工波时，其有效持续时间不宜少于试件基本周期的 10 倍。

振动台试验之前应采用白噪声激振法测定试件的动力特性，白噪声的频段应能覆盖试件的自振频率，加速度幅值宜取 0.5～0.8m/s^2，有效持续时间不宜小于 120s。

振动台试验宜采用多次分级加载方法，加载步骤如下：

1）应按试件理论计算的弹性和非弹性地震反应，逐次递增输入台面的加速度幅值，加速度分级宜覆盖多遇地震、设防烈度和罕遇地震对应的加速度值。

2）弹性阶段试验，应根据试验加载工况，输入某一幅值的地震地面运动加速度时程曲线，测量试件的动力反应，加速度放大系数和弹性性能。

3）非弹性阶段试验，逐次加大台面输入加速度幅值，使试件由轻微破坏逐步发展到中等破坏，记录数据并观察开裂情况。

4）破坏阶段试验，继续加大台面输入加速度幅值，或在某一最大的峰值下反复输入，直到试件发生整体破坏，检验结构的极限破坏能力。

5）每级加载试验完成后，宜用白噪声激振法测试试件的自振频率变化。

5.4　抗震性能评定

抗震试验的目的是评定试件的抗震性能，通过对试验所得滞回曲线和骨架曲线进行分析，研究试件的强度、刚度、延性、耗能能力、恢复力模型等抗震性能指标。

5.4.1　滞回曲线和骨架曲线特征分析

1. 滞回曲线与破坏机制

滞回曲线是指低周往复加载过程加载一个完整循环的荷载位移曲线，又称滞回环。结构的滞回曲线一般分为梭形、弓形、反S形和Z形四种，见图5-16。

梭形，见图5-16（a），常见于钢结构受剪构件、钢筋混凝土构件弯剪、偏压或受弯构件。

弓形，见图5-16（b），原因是结构出现滑移，造成滞回曲线“捏缩”。常见于钢筋混凝土结构中剪跨比较大或剪力较小并配有一定箍筋的受剪构件，或钢骨混凝土构件。

反S形，见图5-16（c）。反映结构出现更多滑移，捏缩明显。常见于一般框架和有剪刀撑的框架、梁柱节点和剪力墙等。

Z形，见图5-16（d）。滑移量较大，常见于剪跨比较小而斜裂缝又可以充分发展的构件，锚固钢筋或钢骨发生大量滑移的试件。

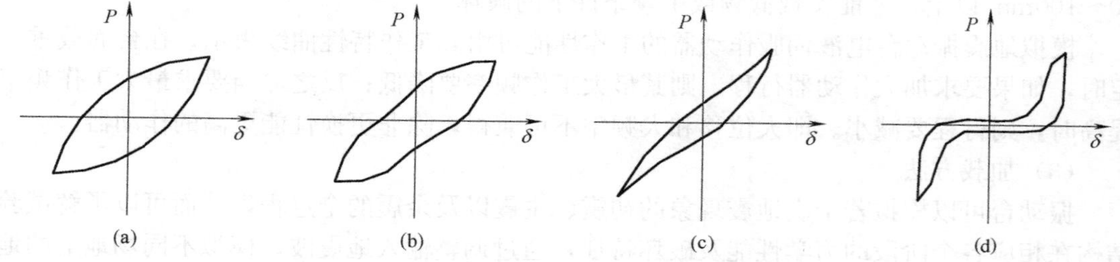

图5-16　四种典型滞回环

钢筋混凝土构件中，往往开始是梭形，随着钢筋滑移量的增大，发展到弓形、反S形或Z形，可见滑移的量变能够引起图形的质变。

滞回曲线直观反映不同种类试件的破坏机制：钢结构受剪破坏、钢筋混凝土结构正截面破坏的曲线图形一般呈梭形；剪切破坏和主筋黏结破坏将引起弓形等的“捏缩效应”，并随着主筋在混凝土中滑移量的增大以及斜裂缝的张合向Z形曲线发展。

2. 骨架曲线与承载力

骨架曲线是指每个加载等级第一循环滞回曲线正负峰值点的光滑连线。从骨架曲线可以获得开裂荷载和极限承载力。

在研究非线性地震反应时，骨架曲线尤为重要，它是每次循环加载达到的水平力最大峰值的轨迹，反映试件受力与变形的不同阶段及特征荷载，是确定恢复力模型中特征点的依据。

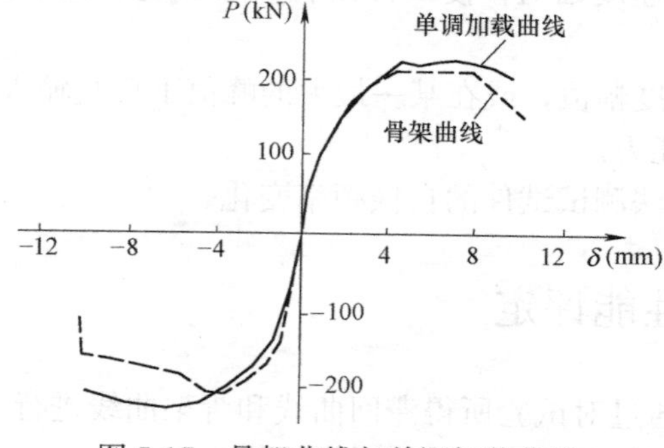

图5-17　骨架曲线与单调加载曲线

图5-17为钢筋混凝土剪力墙滞回环的骨架曲线与单调加载曲线的对比，由图5-17可知，骨架曲线的形状基本与单调加载曲线相似，但极限荷载略低一点。原因是试件裂缝闭合后的混凝土抗压强度下降约5%，加上低周疲劳会加快截面纵深裂缝发展，影响混凝土强度。

3. 延性和变形能力

（1）延性

结构抗震性能研究中，延性是一个重要指标。一般采用延性系数 μ 表示，即极限位移与屈服位移的比值：

$$\mu=\delta_u/\delta_y \tag{5-1}$$

式中 δ_u——极限位移，荷载下降至85%极限荷载时的构件挠度（或转角、曲率）；

δ_y——屈服位移，相应于屈服荷载时的构件挠度（或转角、曲率）。

1）屈服位移

有明显屈服点的试件，屈服荷载容易确定，对应的位移即屈服位移。对于没有屈服点的试件，则需要采用其他方法判定，如配筋率较大的受弯构件，从曲线曲率突变的适当位置判定；对于结构而言，需要采用“通用屈服弯矩法”或“面积互等法”确定屈服点。

通用屈服弯矩法是通过作图的方式确定屈服点，从原点作弹性理论值 OA 线，交过 B 点的水平直线于 A 点，过 A 点作铅垂线交骨架曲线于 C 点，连接 OC 延长后 AB 于 D 点，过 D 点作铅垂线交骨架曲线于 E，E 点即为屈服点。

面积互等法所确定的屈服点因人而异，差别较大，较少使用。

2）极限位移

极限位移即极限荷载对应的位移。构件加载至极限荷载后，出现较大变形，并开始进入下降段。通常在骨架曲线上取荷载下降到最大值85%处作为破坏点，对应荷载为破坏荷载，对应位移为极限位移，见图5-18。

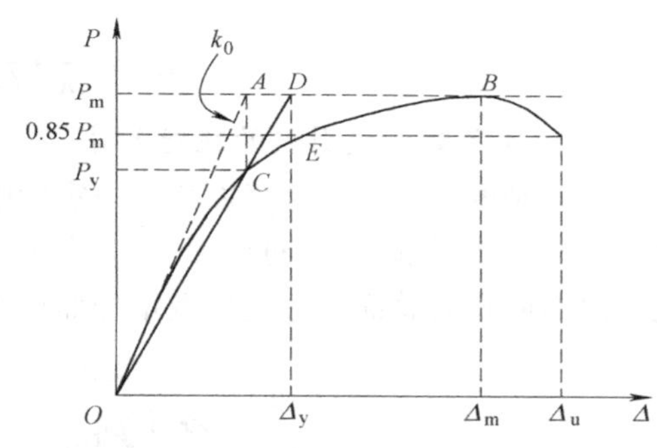

图5-18 无明显屈服点构件的屈服荷载与极限荷载

（2）变形能力

变形能力是指结构抗侧力构件的层间位移角 θ，是极限位移与抗侧力构件高度的比值，$\theta=\delta_u/H$。变形能力可以作为试件之间对比的指标。

4. 刚度

由骨架曲线可知，试件的刚度随着位移增长而不断变化。在地震反应分析中往往用割线刚度替代切线刚度，见图5-19。各阶段刚度的定义如下：

（1）初始刚度

初始刚度也称切线刚度，骨架曲线原点的切线斜率即切线刚度 k_0。当荷载增大到 P_c，混凝土出现裂缝，这时连接 OA 得到开裂刚度 k_c。

（2）卸载刚度

从 C 点卸载至 D 点，连接 CD 可以得到卸载刚度 k_u。卸载刚度一般接近于开裂刚度或屈服刚度。

（3）等效刚度

连接 OC，其斜率即等效线性体系的等效刚度 k_I。

一般来说，试件的刚度随着位移增大而不断减小，即刚度退化。在研究刚度退化时，如采用等位移幅值加载，可以得到刚度-加载周数退化关系。

5. 耗能能力

试件耗散地震能量的能力应以滞回环包络面积衡量，一般采用能量耗散系数 E 或等效黏滞阻尼系数ζ_{eq}来评价，见图 5-20。

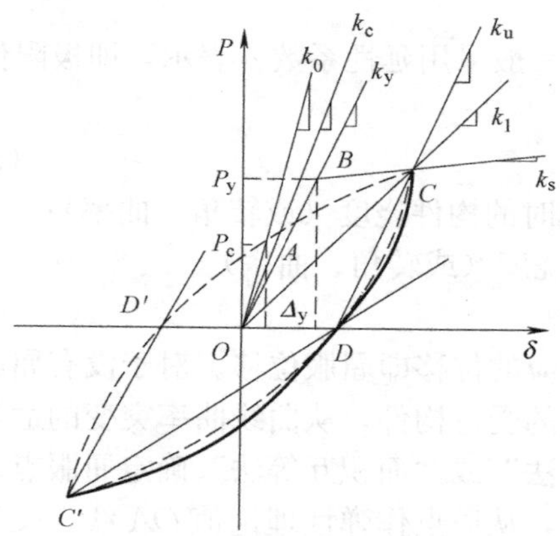

图 5-19 滞回曲线刚度示意图

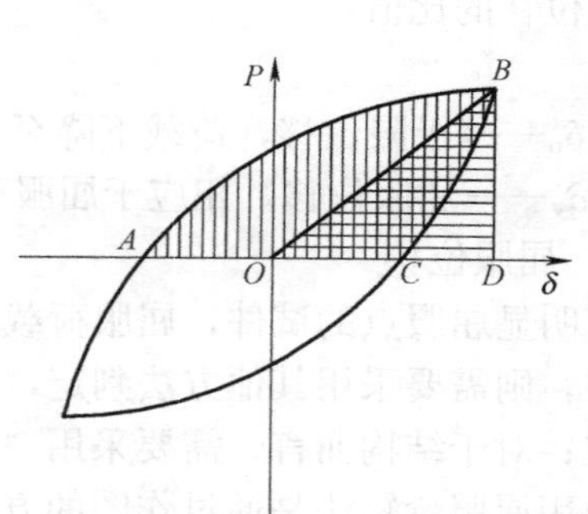

图 5-20 计算等效黏滞阻尼系数示意图

$$E=\frac{ABC\text{图形面积}}{OBD\text{三角形面积}} \tag{5-2}$$

$$\zeta_{eq}=\frac{1}{2\pi}\cdot\frac{ABC\text{图形面积}}{OBD\text{三角形面积}} \tag{5-3}$$

6. 不同加载制度引起的耗能差异

加载制度对滞回环包络面积有一定影响，约定骨架曲线与滞回环之间包不住的面积为损失面积（阴影部分），对比图 5-21 的（a）～（c）可知，损失面积随循环次数增加而加大；而滞回环的总面积也随周数增加而增大，并超过单调加载的面积。此外，对比图5-21

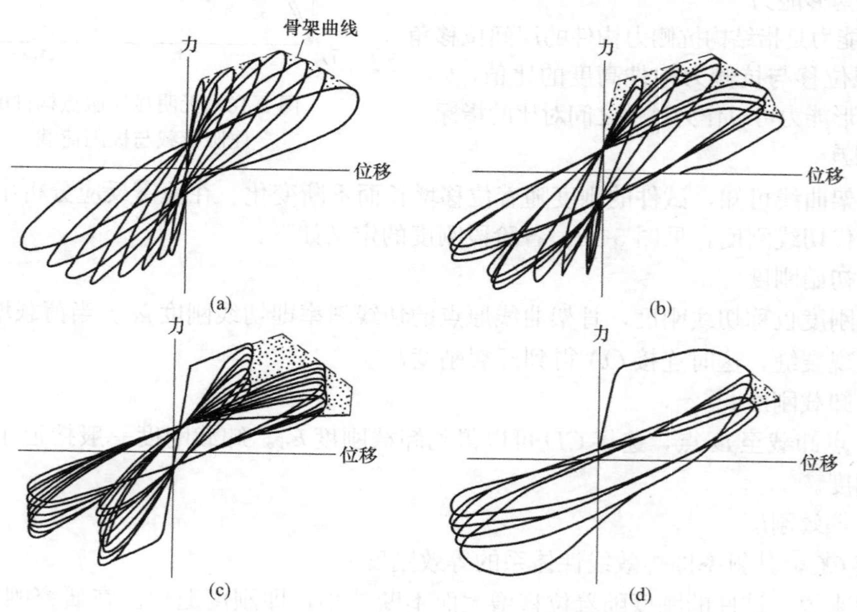

图 5-21 不同加载方案对耗能的影响

（a）每一控制位移加载一次力；（b）每一控制位移下反复三次

（c）控制荷载超过屈服点的多次反复；（d）控制荷载超过极限荷载下的反复

(a)、(d) 发现，循环开始时位移越大则损失面积越小。如果在极限力到达之前就进行大量循环，则有可能找不到极限力，见图 5-21 (c)。

5.4.2 恢复力特性模型

恢复力模型的建立是结构构件非线性地震反应分析的基础。目前在地震反应分析中常用的恢复力模型有以下几种。

(1) 双线型

双线型模型可以表达稳态的梭形滞回环，但不能反映刚度退化现象，如图 5-22 (a) 所示。

(2) 三线型

三线型模型也是用于表达稳态梭形滞回环的模型，其中在骨架曲线中考虑了混凝土开裂对刚度的影响，与试验曲线更接近，同样不能体现刚度退化的现象，如图 5-22 (b) 所示。

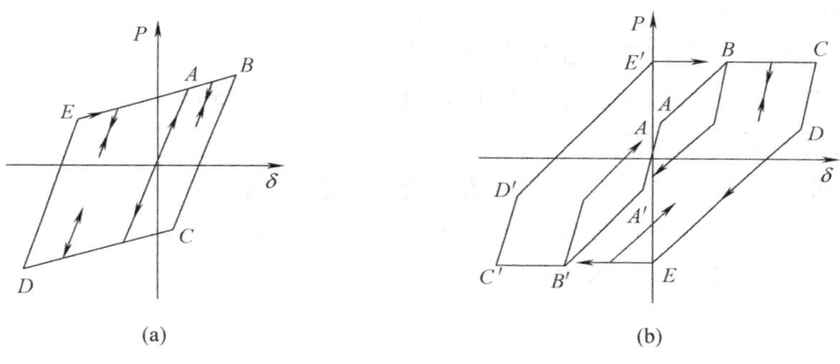

图 5-22 恢复力模型示意图

(a) 双线型模型；(b) 三线型模型

(3) Clough 模型和 D-TRI 模型

Clough 模型和 D-TRI 模型都考虑了钢筋混凝土构件刚度退化的现象，前者是考虑刚度退化的一种双线型模型，后者是一种三线型模型。对带有刚度退化的梭形滞回环曲线拟合较好，如图 5-23 所示。

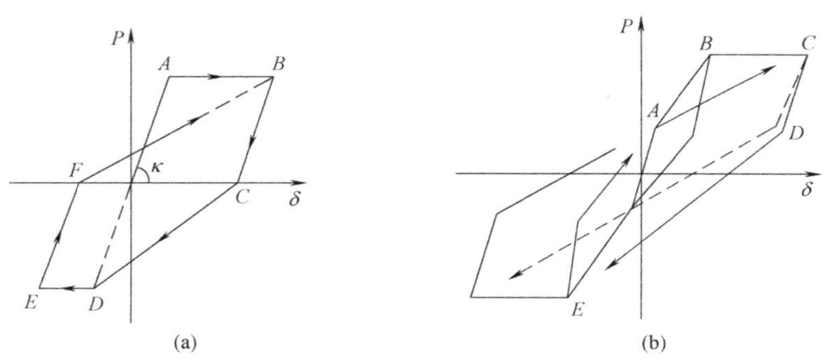

图 5-23 恢复力模型示意图

(a) Clough 模型；(b) D-TRI 模型

（4）滑移型

为考虑滞回曲线中的滑移捏缩现象，提出折线滑移型模型，见图 5-24。该模型可以反映弓形、S形、Z形滞回环的特点，但不能体现刚度退化现象。

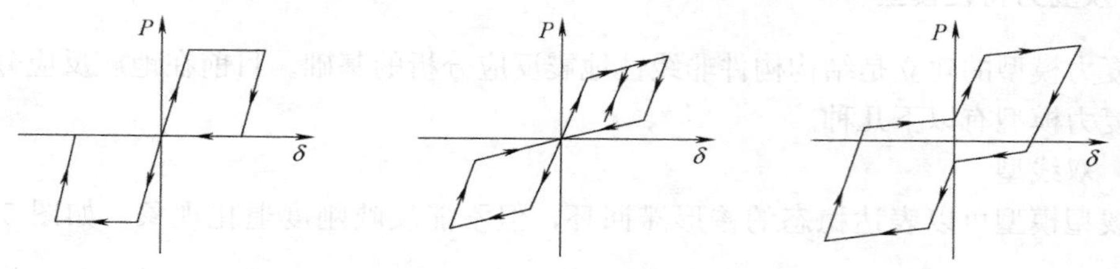

图 5-24　滑移型模型

思 考 题

5-1　结构抗震试验方法有哪些，各有何优缺点？

5-2　试述拟静力试验的加载制度及其特点。

5-3　画出拟静力试验四种典型滞回环，并说明各自的特点。

5-4　结构延性系数如何确定？

5-5　滞回曲线中能反映结构主要抗震性能的指标有哪些？

5-6　地震反应分析中常用的恢复力模型有哪些，各有何特点？

5-7　简述拟动力试验的基本步骤。

第6章 既有结构检测与可靠性评定

内容提要：本章将结构按常规分为混凝土结构、钢结构与砌体结构三大类，分别介绍了既有结构检测的主要内容及相应检测技术的工作原理与检测方法；简要介绍了结构现场载荷试验的观测内容、方法、组织与实施；同时，对结构可靠性鉴定的基本概念及一般步骤进行了总结。

能力要求：掌握混凝土结构、钢结构与砌体结构无损检测的内容、相应检测技术的工作原理及方法，了解结构现场载荷试验及结构可靠性鉴定的内容与一般步骤。

6.1 概 述

实际工程中为评定结构工程质量或鉴定既有结构的性能，就需要进行结构检测。其中，当遇到下列情况之一时，应进行结构工程质量检测：涉及结构安全的试块、试件以及有关材料检验数量不足；对施工质量的抽样检测结果达不到设计要求；对施工质量有怀疑或争议，需要通过检测进一步分析结构的可靠性；发生工程事故，需要通过检测分析事故的原因及对结构可靠性的影响。当遇到下列情况之一时，应对既有建筑结构的现状缺陷和损伤、结构构件承载力、结构变形等涉及结构性能的项目进行检测：建筑结构安全鉴定；建筑结构抗震鉴定；建筑大修前的可靠性鉴定；建筑改变用途、改造、加层或扩建前的鉴定；建筑结构达到设计使用年限要继续使用的鉴定；受到灾害、环境侵蚀等影响建筑的鉴定；对既有建筑结构的工程质量有怀疑或争议。

结构检测工作主要包括以下几个方面：

(1) 现场和资料调查

现场和资料调查应包括：收集被检测建筑结构的设计图纸、设计变更、施工记录、施工验收和工程勘察等资料；调查被检测建筑结构现况缺陷、环境条件、使用期间的加固与维修情况、用途与荷载等变更情况；向有关人员进行调查；进一步明确委托方的检测目的和具体要求，并了解是否已进行过检测。

(2) 制定检测方案

结构检测须在初步调查基础上，针对具体的工程制定检测计划及完备的检测方案，检测方案应征求委托方的意见，并经过审定，主要内容包括：概况，主要包括结构类型，建筑面积，总层数，设计、施工及监理单位，建造年代等；检测目的或委托一方的检测要求；检测依据，主要包括检测所依据的标准及有关的技术资料等；检测项目和选用的检测方法及检测数量；检测人员和仪器设备情况；检测工作进度计划；所需要的配合工作；检测中的安全措施和环保措施。

(3) 现场检测

结构检测内容广泛，凡影响结构可靠性的因素都可成为检测内容，根据其属性可分为：几何指标（如结构的几何尺寸、地基沉降、结构变形、混凝土保护层厚度、钢筋位置和数量、裂缝宽度等）、物理力学性能（如材料强度、地基的承载能力、桩的承载能力、预制板的承载能力、结构自振周期等）和化学性能（混凝土碳化、钢筋锈蚀等）。

（4）检测数据的整理与分析

通过现场检测获得的人工记录或计算机采集的检测数据是原始数据，需经过整理换算、统计分析及归纳演绎后，才能得到能反映结构性能的数据。

（5）检测报告

检测报告应对所检测项目是否符合设计文件要求或相应验收规范规定做出评定。既有结构性能的检测报告应给出所检测项目的评定结论，并能为结构鉴定提供可靠依据。检测报告应结论准确、用词规范、文字简练，对于当事方容易混淆的术语和概念可予以书面解释。检测报告至少应包括以下内容：委托单位名称；建筑工程概况，包括工程名称、结构类型、规模、施工日期及现状等；设计单位、施工单位及监理单位名称；检测原因、检测目的，以往检测情况概述；检测项目、检测方法及依据的标准；抽样方案及数量；检测日期，报告完成日期；检测数据汇总，检测结果与结论；主检、审核和批准人员的签名。

一般情况下，多采用无损检测技术，即在不破坏结构或构件前提下，对结构或构件的承载力、材料强度、结构缺陷、损伤变形以及腐蚀情况等进行直接定量检测的技术。无损检测技术可分为非破损检测和微破损检测。非破损检测可用于检测混凝土结构、钢结构和砌体结构的材料强度及内部缺陷，如回弹法、超声波法、超声回弹综合法等；局部微破损检测主要用于检测结构或构件的材料强度等，如钻芯法、拔出法、原位轴压法等。

6.2 混凝土结构的检测

相对于钢材等匀质材料，混凝土具有材料离散性大、施工质量波动大的特点。混凝土结构不仅在施工中易出现材料强度不足、构件尺寸偏差、蜂窝麻面、孔洞、开裂、保护层厚度不足、露筋等现象，且在使用中还常出现开裂、碳化、腐蚀、冻融、钢筋锈蚀等损伤。再者，钢筋的品种、规格、数量及内部构造配筋不能直观获知，使得混凝土结构的检测相对于其他结构而言更为复杂。对混凝土结构进行鉴定，需对该工程建造时期的技术政策及材料供应条件等进行详细的了解与分析，以便确定工作重点，准确找出结构物存在的问题，作出恰当评定。

混凝土结构的检测可分为原材料性能、混凝土强度、混凝土构件外观质量与缺陷、尺寸与偏差、变形与损伤和钢筋配置等，必要时，还可进行结构构件的实荷检验或动力测试。

6.2.1 混凝土抗压强度检测

混凝土抗压强度检测常用的方法主要包括非破损法、局部微破损法和破损法三种。破损法有构件荷载试验法、振动破坏试验法、实物解体测定法等，虽然结果真实可靠，但试验完成后构件已损坏。非破损检测是通过非破损测量的物理量与混凝土强度间的关系，推算混凝土强度测试值，并进一步推断混凝土强度标准值。非破损检测主要有回弹法、超声法、射线法等。局部微破损检测以不显著影响结构构件承载能力为前提，直接在结构构件上进行局部小范围破坏性试验，根据试验值与混凝土强度间的关系，换算出混凝土强度的测试值；也可直接从混凝土构件上取得样品，进行室内强度试验并据此推断混凝土强度标准值。局部微破损检测主要有钻芯法、拔出法、刻痕法、射击法等。

就检测结果的可靠性而言，钻芯法优于其他方法，可将其看作标准试验方法，各种检测结果不一致时，以钻芯法为准；就代表性而言，超声法最优；就经济与适用性而言，回弹法最好，适用于除较薄的板外的任何构件。为准确确定混凝土强度，实际检测中往往采用多种方法共同测试，综合确定。

1. 回弹法

回弹法是通过回弹仪测定混凝土表面的硬度，进而推算混凝土强度的一种非破损检测方法。适合于龄期为 14～1000d，抗压强度为 10～60MPa，自然养护下普通混凝土的检测；不适用于表层与内部质量差异明显或内部存在缺陷的混凝土强度检测。

回弹仪由瑞士人 E. Schmidt（史密特）于 1948 年发明，主要由弹击杆、重锤、拉簧、压簧及读数标尺等组成，其构造原理如图 6-1 所示。

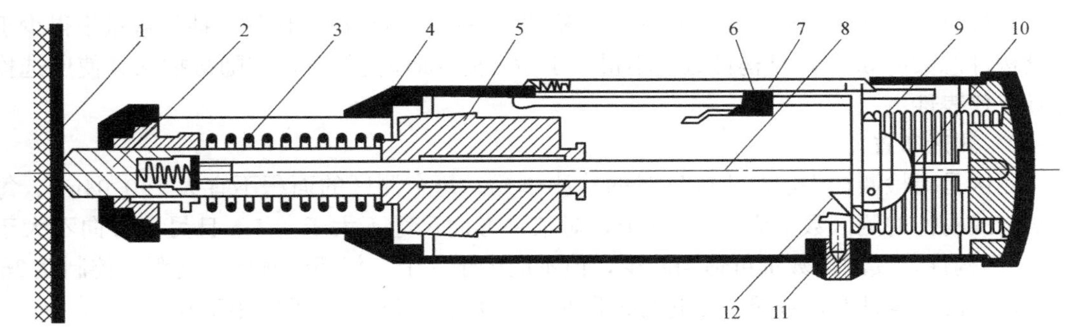

图 6-1　回弹仪构造图

1—构件表面；2—弹击杆；3—拉力弹簧；4—套筒；5—重锤；6—指针；7—刻度尺；8—导杆；9—压力弹簧；10—调整螺丝；11—按钮；12—挂钩

（1）测试原理

回弹仪是用弹簧驱动重锤，通过弹击杆弹击混凝土表面使混凝土局部发生塑性变形，一部分动能被混凝土吸收，另一部分则回传给重锤，使重锤回弹。利用回弹高度可间接反映混凝土的表面硬度，并建立期与混凝土强度间的关系，据此推定混凝土的强度。一般地，当混凝土表面硬度较低时，混凝土受弹击后的塑性变形大，吸收能量多，回传给重锤的能量就少，重锤回弹的高度也小，标尺指示的刻度值就小；反之，混凝土表面硬度较高时，标尺指示刻度值就较大。

目前，回弹法测定混凝土强度均采用试验归纳法，根据混凝土强度与回弹值、混凝土碳化深度间的关系，建立回归公式，得到混凝土强度与回弹值间的曲线，一般采用以下的回归表达式：

$$f_{cu}^{c}=AR_{m}^{B}\times 10^{Cd_{m}} \tag{6-1}$$

式中　f_{cu}^{c}——混凝土的强度换算值（MPa），精确至 0.1MPa；

R_{m}——平均回弹值；

d_{m}——测区平均碳化深度；

A、B、C——常数项，随原材料条件等因素不同而变化。

(2) 回弹法检测要求

采用回弹法测定混凝土强度应遵循现行《回弹法检测混凝土抗压强度技术规程》JGJ/T 23—2011 的有关规定。测试时，打开按钮，弹击杆伸出筒身外，然后把弹击杆垂直顶住混凝土测试面使之徐徐压入筒身，当重锤碰到挂钩后即自动发射，推动弹击杆冲击混凝土表面后回弹高度在标尺上示出，按下按钮取下仪器，在标尺上读出回弹值。由于回弹法直接测试的是混凝土的表面硬度，而混凝土表面硬度受表面平整度、碳化程度、表面含水量、试件尺寸和龄期、骨料种类等因素影响较大，因此，一个回弹测点值并不能代表整个构件的强度。需对构件进行分区，然后在每个测区布置一定数量的回弹测点，采用数理统计方法进行回弹测点数据处理并进行强度推定。采用回弹法检测应主要满足下列要求：

1) 构件样本数量

构件的混凝土强度检测主要有两种方式：单个检测，适用于单个构件；批量检测，适用于相同生产工艺条件下，混凝土强度等级相同，原材料、配合比、成型工艺、养护条件基本一致且龄期相近的同类结构或构件的检测。按批进行检测的构件，抽检数量不得少于同批构件总数的 30%，且构件数量不得少于 10 件。抽检构件时，应随机抽取并使所选构件具有代表性。

2) 测区布置

测区是指检测构件混凝土强度时的检测单元。每个测区的面积不宜大于 0.04m^2。每一结构或构件的测区数不应少于 10 个，对某一方向尺寸不大于 4.5m 且另一方向不大于 0.3m 的构件，其测区数量可适当减少，但不应少于 5 个。相邻两测区的间距应控制在 2m 以内，测区离构件端部或施工缝边缘的距离不宜大于 0.5m，且不宜小于 0.2m。

测区应优先考虑布置在混凝土浇筑的侧面，且使回弹仪处于水平方向，如图 6-2 所示。测区宜选在构件两个对称的可测面，也可选在一个可测面，且应均匀分布。在构件的重要部位及薄弱部位必须布置测区，并应避开预埋件。对弹击时产生颤动的薄壁、小型构件，应进行固定。

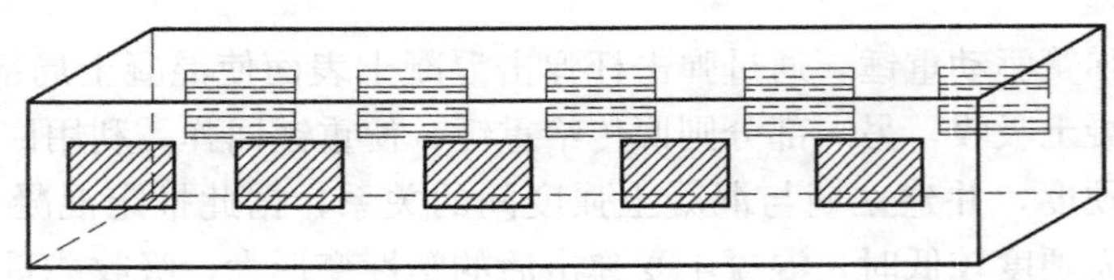

图 6-2 测区布置示意图

检测面应为混凝土表面，并确保清洁、平整，不应有疏松层、浮浆、油垢、涂层以及蜂窝、麻面等，必要时可用砂轮清除疏松层及杂物，且不应有残留粉末或碎屑。每个测区设 16 个测点，宜均匀分布，相邻两测点间的净距不宜小于 20mm，测点距外露钢筋、预埋件的距离不宜小于 30mm，且测点不应设在气孔或外露石子上。

3) 回弹值测定

回弹测试时，回弹仪的轴线始终应垂直于检测面缓慢施压，当回弹仪内的重锤脱钩，推动冲击杆弹击混凝土表面后，重锤回弹，回弹值显示于标尺上，准确读出数据后，使回弹仪快速复位，同一测点只应弹击一次。

4）碳化深度测量

因混凝土碳化后生成的碳酸钙使表面硬度增大，因此回弹测试完毕后，应在有代表性的测区上量测混凝土碳化深度值，以便考虑碳化对回弹值的修正。

混凝土碳化深度测点数不应少于构件测区数的 30%，应取其平均值作为该构件每测区的碳化深度值。当碳化深度极差大于 2.0mm 时，应对每一测区分别测量碳化深度值。测量碳化深度时，首先，在测区表面钻孔，孔洞直径约为 15mm，深度应大于混凝土碳化深度；然后，清除孔洞内的碎屑，且不得用水冲洗，而应采用浓度为 1%～2%的酚酞酒精溶液滴在孔洞内壁边缘。当已碳化与未碳化界限清晰时，应采用碳化深度测量仪器测量交界面到混凝土表面的垂直距离，并测量 3 次，每次读数精确至 0.25mm，取 3 次测量的平均值作为该测区混凝土的碳化深度值，并应精确至 0.5mm。

（3）数据处理

1）测区的平均回弹值

首先，计算每个测区的平均回弹值，应从 16 个回弹值中剔除 3 个最大值和 3 个最小值，按剩余的 10 个值计算平均回弹值。

$$R_{\mathrm{m}}=\frac{\sum_{i=1}^{10}R_i}{10} \tag{6-2}$$

式中 R_{m}——测区平均回弹值，精确到 0.1；

R_i——第 i 个测点的回弹值。

2）回弹值的修正

若回弹仪处于非水平方向检测混凝土浇筑侧面，应对回弹值进行角度修正；若回弹仪处于水平方向检测混凝土非浇筑侧面（混凝土浇筑表面和底面），应对回弹值进行浇筑面修正。

处于非水平方向检测混凝土浇筑侧面，考虑到不同测试角度，回弹值应按下式修正：

$$R_{\mathrm{m}}=R_{\mathrm{m}\alpha}+R_{\mathrm{a}\alpha} \tag{6-3}$$

式中 $R_{\mathrm{m}\alpha}$——非水平方向检测混凝土浇筑侧面测区的平均回弹值，精确到 0.1；

$R_{\mathrm{a}\alpha}$——非水平方向检测混凝土浇筑侧面测区时回弹值的修正值，按表 6-1 取值，表中测试角度 α 正负的规定如图 6-3 所示。

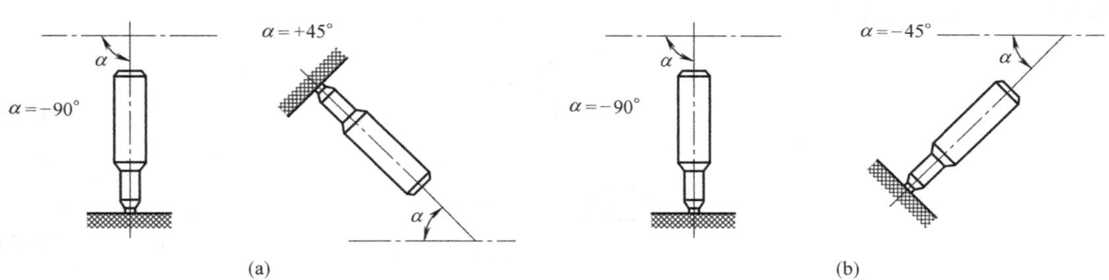

图 6-3 回弹仪非水平方向测试角度取值

（a）α 向上；（b）α 向下

若回弹仪处于水平方向检测混凝土浇筑表面和底面时，测区的平均回弹值应按下式修正：

$$R_m = R_m^b + R_a^b \tag{6-4}$$

$$R_m = R_m^t + R_a^t \tag{6-5}$$

式中 R_m^t、R_m^b——水平方向检测混凝土浇筑表面、底面时，测区的平均回弹值，精确到 0.1，见表 6-2；

R_a^t、R_a^b——混凝土浇筑表面、底面回弹值的修正值，见表 6-2。

当回弹仪为非水平方向且测试面为混凝土的非浇筑侧面时，应先对回弹值进行角度修正，并应对修正后的回弹值进行浇筑面修正。

3）平均碳化深度的计算

每一测区的平均碳化深度值按下式计算：

$$d_m = \frac{\sum_{i=1}^{m} d_i}{n} \tag{6-6}$$

式中 d_m——测区的平均碳化深度（mm），精确至 0.1mm；

d_i——第 i 次测量的碳化深度值（mm）；

n——测区碳化深度的测量次数。

当 $d_m < 0.5$mm 时，按无碳化进行处理，即 $d_m = 0.5$mm；当 $d_m > 0.5$mm 时，按 $d_m = 6$mm 计算。

（4）混凝土强度的推定

结构或构件第 i 个测区的混凝土强度换算值 $f_{cu,i}^c$ 可根据平均回弹值（R_m）及平均碳化深度（d_m），按《回弹法检测混凝土抗压强度技术规程》JGJ/T 23—2011 附录 A（非泵送混凝土）、附录 B（泵送混凝土）直接查表或按线性内插法计算得出。当有地区或专用测强曲线时，混凝土强度换算值宜按该地区测强曲线或专用测强曲线计算或换算得出。当混凝土强度换算值低于 10MPa 时，记为 $f_{cu,i}^c < 10$MPa；当混凝土强度换算值高于 60MPa，记为 $f_{cu,i}^c > 60$MPa。

1）结构或构件的测区混凝土强度平均值可根据每一个测区的混凝土强度换算值 $f_{cu,i}^c$ 计算得到。当测区数大于 10 时，应计算强度标准差。结构或构件混凝土的测区强度平均值及标准差按下式计算：

$$m_{f_{cu}^c} = \frac{\sum_{i=1}^{n} f_{cu,i}^c}{n} \tag{6-7}$$

$$S_{f_{cu}^c} = \sqrt{\frac{\sum_{i=1}^{n} (f_{cu,i}^c)^2 - n(m_{f_{cu}^c})^2}{n-1}} \tag{6-8}$$

式中 $m_{f_{cu}^c}$——结构或构件测区混凝土强度换算值的平均值，精确至 0.1MPa；

n——对单个检测的构件，取该构件的测区数；对批量检测的构件，取所有被检测构件测区数之和；

$S_{f_{cu}^c}$——结构或构件测区混凝土强度换算值的标准差，精确至 0.01MPa。

非水平方向检测时的回弹值修正值 **表 6-1**

$R_{m\alpha}$	检测角度							
	α 向上				α 向下			
	90°	60°	45°	30°	−30°	−45°	−60°	−90°
20	−6.0	−5.0	−4.0	−3.0	+2.5	+3.0	+3.5	+4.0
21	−5.9	−4.9	−4.0	−3.0	+2.5	+3.0	+3.5	+4.0
22	−5.8	−4.8	−3.9	−2.9	+2.4	+2.9	+3.4	+3.9
23	−5.7	−4.7	−3.9	−2.9	+2.4	+2.9	+3.4	+3.9
24	−5.6	−4.6	−3.8	−2.8	+2.3	+2.8	+3.3	+3.8
25	−5.5	−4.5	−3.8	−2.8	+2.3	+2.8	+3.3	+3.8
26	−5.4	−4.4	−3.7	−2.7	+2.2	+2.7	+3.2	+3.7
27	−5.3	−4.3	−3.7	−2.7	+2.2	+2.7	+3.2	+3.7
28	−5.2	−4.2	−3.6	−2.6	+2.1	+2.6	+3.1	+3.6
29	−5.1	−4.1	−3.6	−2.6	+2.1	+2.6	+3.1	+3.6
30	−5.0	−4.0	−3.5	−2.5	+2.0	+2.5	+3.0	+3.5
31	−4.9	−4.0	−3.5	−2.5	+2.0	+2.5	+3.0	+3.5
32	−4.8	−3.9	−3.4	−2.4	+1.9	+2.4	+2.9	+3.4
33	−4.7	−3.9	−3.4	−2.4	+1.9	+2.4	+2.9	+3.4
34	−4.6	−3.8	−3.3	−2.3	+1.8	+2.3	+2.8	+3.3
35	−4.5	−3.8	−3.3	−2.3	+1.8	+2.3	+2.8	+3.3
36	−4.4	−3.7	−3.2	−2.2	+1.7	+2.2	+2.7	+3.2
37	−4.3	−3.7	−3.2	−2.2	+1.7	+2.2	+2.7	+3.2
38	−4.2	−3.6	−3.1	−2.1	+1.6	+2.1	+2.6	+3.1
39	−4.1	−3.6	−3.1	−2.1	+1.6	+2.1	+2.6	+3.1
40	−4.0	−3.5	−3.0	−2.0	+1.5	+2.0	+2.5	+3.0
41	−4.0	−3.5	−3.0	−2.0	+1.5	+2.0	+2.5	+3.0
42	−3.9	−3.4	−2.9	−1.9	+1.4	+1.9	+2.4	+2.9
43	−3.9	−3.4	−2.9	−1.9	+1.4	+1.9	+2.4	+2.9
44	−3.8	−3.3	−2.8	−1.8	+1.3	+1.8	+2.3	+2.8
45	−3.8	−3.3	−2.8	−1.8	+1.3	+1.8	+2.3	+2.8
46	−3.7	−3.2	−2.7	−1.7	+1.2	+1.7	+2.2	+2.7
47	−3.7	−3.2	−2.7	−1.7	+1.2	+1.7	+2.2	+2.7
48	−3.6	−3.1	−2.6	−1.6	+1.1	+1.6	+2.1	+2.6
49	−3.6	−3.1	−2.6	−1.6	+1.1	+1.6	+2.1	+2.6
50	−3.5	−3.0	−2.5	−1.5	+1.0	+1.5	+2.0	+2.5

注：1. $R_{m\alpha}$小于 20 或大于 50，分别按 20 或 50 查表；

2. 表中未列入的相应于$R_{m\alpha}$的修正值$R_{m\alpha}$，可用内插法求得，精确到 0.1。

不同浇筑面的回弹修正值 **表 6-2**

R_m^t或R_m^b	表面修正值(R_a^t)	底面修正值(R_a^b)	R_m^t或R_m^b	表面修正值(R_a^t)	底面修正值(R_a^b)
20	+2.5	−3.0	36	+0.9	−1.4
21	+2.4	−2.9	37	+0.8	−1.3
22	+2.3	−2.8	38	+0.7	−1.2
23	+2.2	−2.7	39	+0.6	−1.1
24	+2.1	−2.6	40	+0.5	−1.0
25	+2.0	−2.5	41	+0.4	−0.9
26	+1.9	−2.4	42	+0.3	−0.8
27	+1.8	−2.3	43	+0.2	−0.7
28	+1.7	−2.2	44	+0.1	−0.6
29	+1.6	−2.1	45	0	−0.5
30	+1.5	−2.0	46	0	−0.4
31	+1.4	−1.9	47	0	−0.3
32	+1.3	−1.8	48	0	−0.2
33	+1.2	−1.7	49	0	−0.1
34	+1.1	−1.6	50	0	0
35	+1.0	−1.5			

注：1. R_m^t或R_m^b小于 20 或大于 50 时，分别按 20 或 50 查表；

2. 表中有关混凝土浇筑表面的修正系数，是指一般原浆抹面的修正值；

3. 表中有关混凝土浇筑底面的修正系数，是指构件底面与侧面采用同一类模板在正常浇筑情况下的修正值；

4. 表中未列入相应于R_m^t或R_m^b的R_a^t和R_a^b，可用内插法求得，精确至 0.1。

2）构件的现龄期混凝土强度推定值$f_{cu,e}$是指相应于强度换算值总体分布中保证率不低于 95％的混凝土抗压强度，按下列方法进行确定。

当结构或构件的测区数量少于 10 个时，以构件中最小的混凝土测区强度换算值作为该构件的混凝土强度推定值。即按下式确定：

$$f_{cu,e}=f_{cu,min}^{c} \tag{6-9}$$

式中　$f_{cu,min}^{c}$——构件中最小的测区混凝土抗压强度换算值。

当构件的测区强度值出现小于 10 MPa 的值时，结构或构件的混凝土强度推定值按下式确定：

$$f_{cu,e}<10\text{MPa} \tag{6-10}$$

当结构或构件的测区数量不少于 10 个时，结构或构件的混凝土强度推定值按下式确定：

$$f_{cu,e}=m_{f_{cu}^{c}}-1.645S_{f_{cu}^{c}} \tag{6-11}$$

当批量检测时，结构或构件的混凝土强度推定值按下式确定：

$$f_{cu,e}=m_{f_{cu}^{c}}-kS_{f_{cu}^{c}} \tag{6-12}$$

式中　k——推定系数，宜取 1.645。当需进行推定强度区间时，按国家现行有关标准规范取值。

对于按批量检测的构件，当该批构件混凝土强度平均值 $m_{f_{cu}^c}$ 小于 25MPa，且标准差 $S_{f_{cu}^c}$ 大于 4.5MPa 或者该批构件混凝土强度平均值 $m_{f_{cu}^c}$ 在 25～60MPa，且标准差 $S_{f_{cu}^c}$ 大于 5.5MPa，则该批构件应全部按单个构件检测。

（5）混凝土强度的钻芯修正

当检测条件与测强曲线的适用条件差异较大时，可在构件上钻取混凝土芯样或试块对测区混凝土强度换算值进行修正。钻取芯样数量不应少于 6 个，芯样公称直径宜为 100mm，高径比应为 1；芯样应在测区钻取，且每个芯样只加工成一个试件。采用同条件试块修正时，试块数量不应少于 6 个，边长应为 150mm。计算时，测区混凝土强度修正量及混凝土强度换算值的修正应根据芯样或试块分别计算。

1）测区混凝土强度修正量

采用芯样修正，按下式计算：

$$\Delta_{tot}=f_{cor,m}-f_{cu,m0}^{c} \tag{6-13}$$

$$f_{cor,m}=\frac{1}{n}\sum_{i=1}^{n}f_{cor,i} \tag{6-14}$$

采用试块修正，按下式计算：

$$\Delta_{tot}=f_{cu,m}-f_{cu,m0}^{c} \tag{6-15}$$

$$f_{cu,m}=\frac{1}{n}\sum_{i=1}^{n}f_{cu,i} \tag{6-16}$$

式中 Δ_{tot}——测区混凝土强度修正量（MPa），精确至 0.1MPa；

$f_{cor,m}$——芯样试件混凝土强度平均值（MPa），精确至 0.1MPa；

$f_{cu,m}$——150mm 立方体试块混凝土强度平均值（MPa），精确至 0.1MPa；

$f_{cu,m0}^{c}$——对应于钻芯部位或同条件立方体试块回弹测区混凝土强度换算值的平均值（MPa），精确至 0.1MPa；$f_{cu,m0}^{c}=\frac{1}{n}\sum_{i=1}^{n}f_{cu,i}^{c}$，其中 $f_{cu,i}^{c}$ 为对应于第 i 个芯样部位或同条件立方体试块测区回弹值和碳化深度值的混凝土强度换算值；

$f_{cor,i}$——第 i 个混凝土芯样试件的抗压强度；

$f_{cu,i}$——第 i 个混凝土立方体试块的抗压强度；

n——芯样或试块数量。

2）测区混凝土强度换算值的修正

$$f_{cu,i1}^{c}=f_{cu,i0}^{c}+\Delta_{tot} \tag{6-17}$$

式中 $f_{cu,i0}^{c}$——第 i 个测区修正前的混凝土强度换算值（MPa），精确至 0.1MPa；

$f_{cu,i1}^{c}$——第 i 个测区修正后的混凝土强度换算值（MPa），精确至 0.1MPa。

2. 超声法

超声法是利用超声波在混凝土中的传播参数（声速、衰减等）与混凝土抗压强度间的关系检测混凝土强度的一种非破损检测方法。

（1）基本原理

超声波检测系统主要包括超声波的发生、传递、接收、放大、时间测量和波形显示部分，其检测系统示意图如图 6-4 所示。其实质是换能器中的压电晶体因压电效应产生的机械振动而发出的超声波，其传播速度与混凝土物理参数有关。混凝土强度越高，相应超声波波速越大，经试验研究归纳，其相关性可用非线性数学模型描述，建立混凝土强度与声速的关系曲线（f_{cu}^{c}-v 曲线）或经验公式，目前，常采用指数函数、幂函数和抛物线函数等。

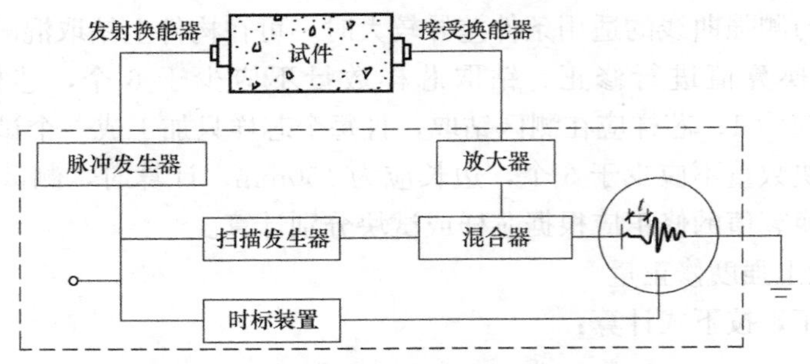

图 6-4　混凝土超声波检测系统

指数函数：

$$f_{cu}^{c}=Ae^{Bv} \tag{6-18a}$$

幂函数：

$$f_{cu}^{c}=Av^{B} \tag{6-18b}$$

抛物线函数：

$$f_{cu}^{c}=Av^{2}+Bv+C \tag{6-18c}$$

式中　f_{cu}^{c}——混凝土强度换算值；

v——超声波在混凝土中的传播速度；

A，B，C——常数项。

（2）超声法的检测要求

1）测区布置

测区应布置在混凝土浇筑侧面，一般情况下，测区面积宜为 200mm×200mm；测区间距不宜大于 2m；测试表面应清洁平整、干燥，无缺陷，无装饰面层；宜避开钢筋密集区和预埋铁件。

2）测区数量

单个检测时，测区数不少于 10 个。若对同批构件按抽样检测，抽样数不应少于同批构件的 30%，且不少于 10 件，每个构件测区数不少于 10 个。对长度不超过 2m 的构件，测区数可适当减少，但不应少于 3 个。

3）超声检测

每个测区内应在相对测试面上布置 3 个测点，相对面上对应的发射和接收换能器应在同一轴线上，使每对测点的测距最短。测试时须保持换能器与被测混凝土表面良好耦合（如采用黄油、凡士林、石膏浆等），以减少反射损耗。

（3）超声法数据处理及强度推定

测区超声波传播速度按下式计算：

$$v_{i}=\frac{l}{t_{mi}} \tag{6-19}$$

$$t_{mi}=\frac{t_1+t_2+t_3}{3} \tag{6-20}$$

式中　v_i——第 i 测区声速值，km/s；

l——超声测距，mm；

t_{mi}——第 i 测区平均声时值，μs；

t_1，t_2，t_3——分别为测区中 3 个测点的声时值。

当在浇筑顶面或底面测试时，应按下式修正：

$$v_u=\beta v \tag{6-21}$$

式中　v_u——修正后的测区声速值，km/s；

β——超声测试面修正系数。在混凝土浇筑顶面及底面测试时，β=1.034；在混凝土侧面测试时，β=1.0。

根据各测区超声波速度检测值，在 f_{cu}^{c}-v 相关曲线中求得混凝土强度换算值。由于混凝土原材料的性质、配合比、龄期、试件温度、含水率等因素均会对混凝土强度与波速间的定量关系产生影响，因此，不同类型的混凝土有不同的 f_{cu}^{c}-v 曲线，只有建立各种专门曲线，才能在使用时得到较满意的精度。

3. *超声回弹综合法*

超声回弹综合法是指综合采用超声检测仪和回弹仪，在混凝土同一测区分别测量超声声时和回弹值，利用已建立的测强公式或测强关系，推算该测区混凝土强度的一种非破损检测方法。与单一的回弹法或超声法相比，超声回弹综合法具有以下优点：

① 采用超声回弹综合法检测混凝土强度，能使混凝土的某些物理参量在采用超声法或回弹法单一测量时产生的影响得到相互补偿。例如，可以减少混凝土龄期和含水率的影响。混凝土含水率高，则超声速度偏高，回弹值偏低；混凝土龄期长，其含水率就相应降低，超声速度增长率会下降，而回弹值则因混凝土碳化深度增大而偏高。

② 回弹法通过混凝土表面硬度反映混凝土强度，只能确切反映混凝土表层 3cm 左右厚度的状态。在测试低强度混凝土时，因弹击可能对混凝土产生较大塑性变形而影响测试结果。超声波通过整个截面弹性反映混凝土的强度，当混凝土强度增大至一定程度后，超声波的传播速度会下降。因此，超声法对高强度混凝土不敏感。当采用超声回弹综合法时，可相互弥补不足。

（1）超声回弹综合法的基本原理

采用超声回弹综合法检测时，每一测区的混凝土强度是根据该区实测的超声波声速 v 及回弹平均值 R_m，按事先建立的 f_{cu}^{c}-v-R_m 关系曲线推定。曲面型方程较符合三者间的关系，如下式所示：

$$f_{cu}^{c}=av^{b}R_{m}^{c} \tag{6-22}$$

式中　f_{cu}^{c}——混凝土强度换算值；

v——超声波在混凝土中的传播速度；

R_m——测区平均回弹值；

a，b，c——分别为常数项，可采用最小二乘法确定。

（2）超声回弹综合法的检测要求

采用超声回弹综合法检测混凝土强度应严格遵循《超声回弹综合法检测混凝土强度技

术规程》CECS 02：2005 的要求。一般适用于自然养护、龄期 7～2000d、混凝土强度 10～70MPa 的人工或一般机械搅拌混凝土或泵送混凝土抗压强度的检测。

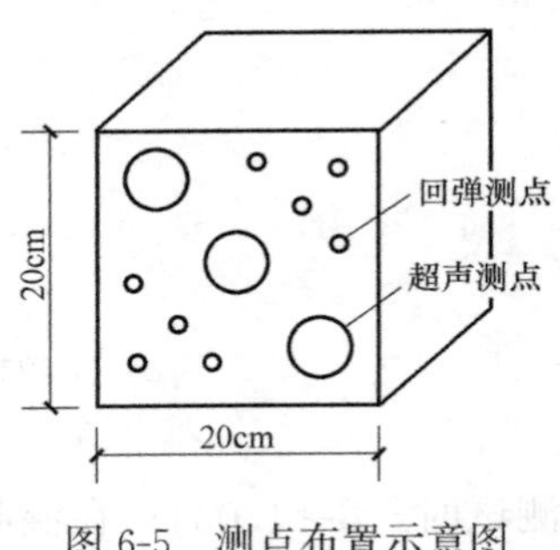

图 6-5　测点布置示意图

1）测点布置

超声和回弹的测点应布置在同一测区，但两者的测点不宜重叠，测点布置如图 6-5 所示。每一测区内，宜先进行回弹测试，然后进行超声测试。

2）超声回弹法检测

回弹值的量测计算与前述回弹法的规定相同，但不需测量混凝土的碳化深度。超声波传播速度量测计算与前述超声法的规定相同。

（3）超声回弹综合法数据处理及混凝土强度推定

同一测区内所测得的回弹值和声速值才能作为推算该测区混凝土强度的综合参数，不同测区的测量值不能混用。

1）第 i 个测区的混凝土强度换算值 $f^{c}_{cu,i}$ 应按检测修正后的回弹值 R_a 和修正后的声速值 v_a，优先采用专用或地区测强曲线推定。当无该类测强曲线时，经验证后也可按《超声回弹综合法检测混凝土强度技术规程》CECS 02：2005 的测区混凝土抗压强度换算表确定或按下式确定。需要注意的是测强换算表及下列公式仅适用于龄期为 7～2000d 的混凝土，超过此龄期时，应采用钻取芯样进行修正。

粗骨料为卵石时：

$$f^{c}_{cu,i}=0.0056(v_{ai})^{1.439}(R_{ai})^{1.769} \tag{6-23}$$

粗骨料为碎石时：

$$f^{c}_{cu,i}=0.0162(v_{ai})^{1.656}(R_{ai})^{1.410} \tag{6-24}$$

式中　$f^{c}_{cu,i}$——第 i 个测区混凝土强度换算值，精确至 0.1MPa；

v_{ai}——第 i 个测区修正后的超声波声速值，精确至 0.01km/s；

R_{ai}——第 i 个测区修正后的回弹值，精确至 0.1。

2）当混凝土的材料及其龄期与制定测强曲线所采用的材料及龄期差异较大时，应采用同条件立方体试件或从结构或构件测区钻取混凝土芯样试件的抗压强度进行修正。钻取芯样时，每个部位应钻取 1 个芯样，试件数量不少于 4 个。计算时，测区混凝土强度换算值乘以修正系数。修正系数的计算如下式所示。

同条件立方体试件修正：

$$\eta=\frac{1}{n}\sum_{i=1}^{n}\frac{f^{0}_{cu,i}}{f^{c}_{cu,i}} \tag{6-25}$$

芯样试件修正：

$$\eta=\frac{1}{n}\sum_{i=1}^{n}\frac{f^{0}_{cor,i}}{f^{c}_{cu,i}} \tag{6-26}$$

式中　η——修正系数，精确至 0.01；

$f^{0}_{cu,i}$——第 i 个立方体（边长为 150mm）试件的混凝土抗压强度实测值，精确至 0.01MPa；

$f^{0}_{cor,i}$——第 i 个芯样（ϕ100mm×100mm）试件的混凝土抗压强度实测值，精确

至 0.01MPa；

$f^c_{cu,i}$——对应于第 i 个立方体试件或芯样的混凝土强度换算值，精确至 0.1MPa；

n——试件数。

3）混凝土强度推定值 $f_{cu,e}$

根据测区混凝土强度换算值 $f^c_{cu,i}$ 可得到混凝土强度推定值 $f_{cu,e}$（指相应于强度换算值总体分布中保证率不低于 95%的结构或构件的混凝土抗压强度值）。具体方法如下（同回弹法）：

当该测区数量少于 10 个时，以最小的测区混凝土抗压强度换算值作为推定值，即按下式确定：

$$f_{cu,e}=f^c_{cu,min} \tag{6-27}$$

式中 $f^c_{cu,min}$——构件中最小的测区混凝土抗压强度换算值，精确至 0.1MPa。

当测区强度值中出现小于 10MPa 的值时，混凝土强度推定值按下式确定：

$$f_{cu,e}<10\text{MPa} \tag{6-28}$$

当测区数量不少于 10 个时，混凝土强度推定值按下式确定：

$$f_{cu,e}=m_{f^c_{cu}}-1.645S_{f^c_{cu}} \tag{6-29}$$

$$m_{f^c_{cu}}=\frac{\sum_{i=1}^{n}f^c_{cu,i}}{n} \tag{6-30}$$

$$S_{f^c_{cu}}=\sqrt{\frac{\sum_{i=1}^{n}(f^c_{cu,i})^2-n(m_{f^c_{cu}})^2}{n-1}} \tag{6-31}$$

式中 $m_{f^c_{cu}}$——测区混凝土强度换算值的平均值，精确至 0.1MPa；

n——对单个检测构件，取该构件的测区数；对批量检测构件，取所有被检测构件测区数之和；

$S_{f^c_{cu}}$——测区混凝土强度换算值的标准差，精确至 0.01MPa。

对批量检测构件，当一批构件的混凝土抗压强度标准差出现下列情况之一时，该批构件应全部按单个构件进行检测：

① 一批构件的混凝土抗压强度平均值 $m_{f^c_{cu}}$ 小于 25.0MPa，且标准差 $S_{f^c_{cu}}$ 大于 4.50MPa；

② 一批构件的混凝土强度平均值 $m_{f^c_{cu}}$ 在 25.0～50.0MPa 之间，且标准差 $S_{f^c_{cu}}$ 大于 5.50MPa；

③ 一批构件的混凝土强度平均值 $m_{f^c_{cu}}$ 大于 50.0MPa，且标准差 $S_{f^c_{cu}}$ 大于 6.50MPa。

4. 钻芯法

（1）基本原理

钻芯法是用钻芯取样机在混凝土结构有代表性的部位钻取圆柱状混凝土芯样，经切割、磨平加工后在试验机上进行压力试验，根据压力试验结果计算混凝土芯样强度，并推测结构构件中混凝土强度，属于一种微破损检测方法。由于钻芯法是直接从构件钻取芯样，比混凝土预留试块更能反映构件混凝土的质量，且能够由芯样及钻孔直接观察混凝土内部施工质量及其他情况，因此，钻芯法检测精度明显高于无损检测和其他半破损检测方法精度。当采用回弹法、拉拔法等测试既有结构的混凝土强度时，一般需用芯样强度进行修正。但由于钻芯法对构件有一定损伤，因此不宜大范围使用。取样后应及时对钻芯留下的空洞进行修补，以保证结构或构件正常工作。对于预应力混凝土结构，考虑结构安全问题，一般应避免进行芯样钻取。

钻芯法主要包括芯样钻取、芯样加工、芯样试验和强度推定四个方面。

(2) 钻芯法的检验要求

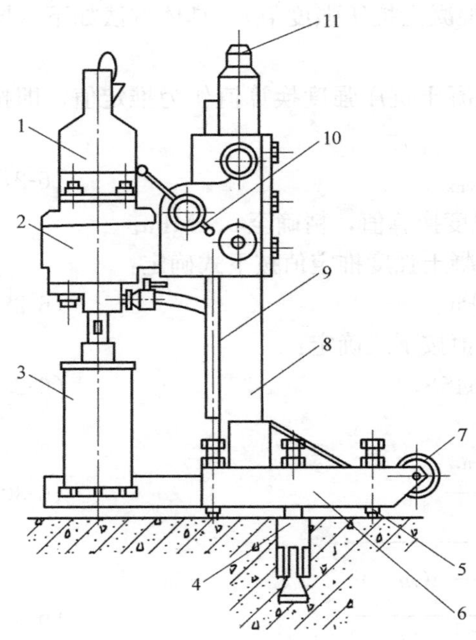

图 6-6 混凝土钻孔取芯机示意图

1—电动机；2—变速箱；3—钻头；4—膨胀螺栓；5—支承螺栓；6—底座；7—行走轮；8—立柱；9—升降齿条；10—进钻手柄；11—堵盖

1) 钻芯法的主要设备

钻取芯样应采用专门电动钻芯机，如图 6-6 所示，钻头为金刚石或人造金刚石薄壁空心钻头。钻头胎体不得有肉眼可见的裂缝、缺边、少角、倾斜及喇叭口变形。钻头的径向跳动不大于 1.5mm，并应有冷却系统，钻芯时用于冷却钻头和排除混凝土碎屑的冷却水流量宜为 3～5L/min，出口水温不宜超过 30℃。

2) 芯样位置选择

钻取芯样应在结构或构件受力较小且混凝土强度有代表性的部位，应避开主筋、预埋件和管线位置，且便于钻芯机安放与操作。用钻芯法与其他非破损方法综合测定混凝土强度时，芯样应与非破损法取自同一测区。

3) 芯样数量

单个构件检测时，钻芯数量不应少于 3 个；对构件局部区域进行检测时，取芯位置和数量可由已知质量薄弱部位的大小确定，检测结果仅代表取芯位置处的混凝土质量，不能据此对整个结构构件的混凝土强度进行总体评价。采用钻芯法修正回弹检测结果时，按《回弹法检测混凝土抗压强度技术规程》JGJ/T 23—2011 规定，芯样数量一般不少于 6 个。对于采用钻芯法确定检验批的混凝土强度推定值时，芯样试件数量应根据检验批的容量确定。标准芯样试件的最小样本量不宜少于 15 个，小直径芯样试件的最小样本量应适当增加。

4) 芯样要求

芯样宜采用直径为 100mm 的标准芯样试件，其公称直径不宜小于骨料最大粒径的 3 倍，在一定条件下，也可采用公称直径 70mm 的小直径芯样试件，但其公称直径不得小于骨料最大粒径的 2 倍。芯样试件内不得有与芯样轴线平行的纵向钢筋，以免影响芯样强度。如果芯样内有钢筋时，芯样内的钢筋应与芯样试件的轴线基本垂直并离开端面 10mm 以上；对于标准芯样试件，每个试件内最多只允许有两根直径小于 10mm 的钢筋；对于公称直径小于 100mm 的芯样试件，每个试件内最多只允许有 1 根直径小于 10mm 的钢筋。

5) 芯样加工

芯样端面不平整会导致应力集中和实测强度偏低，因此，须对芯样端面进行加工。一般情况下，宜采取在磨平机上磨平端面的处理方法。承受轴向压力的芯样试件端面，也可用环氧树脂和聚合物水泥砂浆补平；对抗压强度低于40MPa的混凝土芯样试件，也可采用水泥砂浆、水泥净浆或聚合物水泥砂浆补平。芯样试件的高度与直径之比宜为1。经加工后的芯样试件，芯样尺寸和外观质量应满足以下要求：采用游标卡尺在芯样试件中部相互垂直的两个位置测量平均直径，取测量的算术平均值作为芯样试件直径，精确至0.5mm；芯样试件高度用钢卷尺或钢板尺进行测量，精确至1mm。通过测量值计算芯样试件实际高径比，其值应在0.95～1.05。沿芯样高度任一直径与平均直径相差不应大于2mm。芯样端面的不平整度在100mm长度范围内不超过0.1mm。垂直度采用游标量角器测量芯样试件两个端面与母线的夹角，精确至0.10，平整度采用钢板尺或角尺紧靠在芯样试件端面上，一边转动钢板尺，一边用塞尺测量钢板尺与芯样试件端面之间的缝隙；也可采用其他专用设备量测。通过量测值计算得到的芯样端面与轴线的不垂直度不应大于1°。芯样不应有裂纹或有其他较大缺陷。

（3）芯样试验

芯样试件的湿度应与被检测结构构件湿度基本一致。若工作条件比较干燥，受压前芯样试件应在室内自然干燥3天；若工作条件比较潮湿，芯样试件应在潮湿状态进行试验，试验前芯样试件应在20±5℃的清水中浸泡40～48h，从水中取出后立即进行试验。抗压试验应遵守现行国家标准《普通混凝土力学性能试验方法标准》GB/T 50081—2002的规定。

芯样试件的混凝土强度换算值按下式计算：

$$f_{cu,cor}=\frac{F_c}{A} \tag{6-32}$$

式中 $f_{cu,cor}$——芯样试件混凝土强度换算值，精确至0.01MPa；

F_c——芯样试件的抗压试验测得的最大压力，N；

A——芯样试件抗压截面面积，mm^2。

（4）强度推定

由于抽样检测必然存在不确定性，因此，给出一个推定区间更为合理。推定区间是检验批混凝土强度真值的估计区间。

1）检验批混凝土强度的推定值应根据样本统计参数（平均值、标准差等）计算推定区间，推定区间的上限和下限值按下式计算：

平均值：

$$f_{cu,cor,m}=\frac{\sum_{i=1}^{n} f_{cu,cor,i}}{n} \tag{6-33}$$

标准差：

$$S_{cor}=\sqrt{\frac{\sum_{i=1}^{n}(f_{cu,cor,i}-f_{cu,cor,m})^2}{n-1}} \tag{6-34}$$

强度推定区间上限值：

$$f_{cu,e1}=f_{cu,cor,m}-k_1 S_{cor} \tag{6-35}$$

强度推定区间下限值：

$$f_{cu,e2}=f_{cu,cor,m}-k_2 S_{cor} \tag{6-36}$$

式中 $f_{cu,cor,m}$——芯样试件的混凝土抗压强度平均值（MPa），精确至 0.1MPa；

$f_{cu,cor,i}$——单个芯样试件的混凝土抗压强度值（MPa），精确至 0.1MPa；

$f_{cu,e1}$——混凝土抗压强度上限值（MPa），精确至 0.1MPa；

$f_{cu,e2}$——混凝土抗压强度下限值（MPa），精确至 0.1MPa；

k_1、k_2——推定区间上限值和下限值系数，按《钻芯法检测混凝土强度技术规程》CECS 03：2007 查得；

S_{cor}——芯样试件强度样本的标准差（MPa），精确至 0.1MPa。

一般情况下，宜取 $f_{cu,e1}$ 作为检验批混凝土强度推定值。$f_{cu,e1}$ 和 $f_{cu,e2}$ 所构成的推定区间置信度（被测试量的真值落在某一区间的概率）宜为 0.85，$f_{cu,e1}$ 与 $f_{cu,e2}$ 间的差值不宜大于 5.0MPa 和 0.10$f_{cu,cor,m}$ 两者中的较大值。

2）钻芯确定单个构件的混凝土强度推定值时，有效芯样试件数量不应少于 3 个；对于较小构件，有效芯样试件数量不应少于 2 个。单个构件的混凝土强度推定值不进行数据舍弃，而应按有效芯样试件的混凝土抗压强度最小值确定。

总之，采用钻芯法检测混凝土强度比其他方法更可靠，但是取样烦琐、步骤多，构件配筋多时取样更为困难，往往需借助测量钢筋位置的仪器才能找到合适的取样位置。由于结构中的混凝土一般都有不同程度的老化、腐蚀等现象，为保证测试结果的准确性，可在非破损测试的基础上，采用钻取芯样强度校核非破损测试强度。这样既避免了大量钻取芯样，又提高了非破损测试的精度。

5. 拔出法

拔出法是通过拉拔安装在混凝土中的锚固件测定极限拔出力，根据预先建立的极限拔出力与混凝土抗压强度间的关系推定混凝土抗压强度的微破损检测方法。该方法适用于混凝土抗压强度为 10.0～80.0MPa 的既有结构和在建结构混凝土强度检测。其包括后装拔出法和预埋拔出法。后装拔出法是在已硬化的混凝土表面钻孔、磨槽、嵌入锚固件并安装拔出仪进行拔出试验的方法。预埋拔出法是在浇筑混凝土时预埋锚固件，然后安装拔出仪进行拔出试验的方法。预埋拔出法常用于已确定拆除模板和施加荷载的时间、施加或放张预压力的时间、预制构件吊装时间、停止湿热养护或冬期施工停止保温时间等。后装拔出法多用于已建结构混凝土强度的现场检测。本节仅介绍后装拔出法。

（1）后装拔出法的试验装置

后装拔出试验装置由钻孔机、磨槽机、锚固件及拔出仪等组成。常用试验装置主要有圆环式和三点式两种，其示意图如图 6-7 所示。圆环式后装拔出法检测装置的反力支承内径 d_3 宜为 55mm，胀簧锚固台阶外径 d_2 宜为 25mm，锚固件锚固深度 h 宜为 25mm，钻孔直径 d_1 宜为 18mm。三点式后装拔出法检测装置的反力支承内径 d_3 宜为 120mm，锚固件的锚固深度 h 宜为 35mm，钻孔直径 d_1 宜为 22mm。圆环式拔出法检测装置对混凝土损伤较小，但试验时要求测试部位混凝土表面平整。当混凝土粗骨料最大粒径不大于 40mm 时，宜优先采用圆环式拔出法检测装置。三点式后装拔出法对混凝土损伤较大，但试验时对测试部位的表面平整度要求不高。当混凝土粗骨料最大粒径较大时，可选用三点式后装拔出法。

（2）后装拔出法的检测要求

1）测点数量

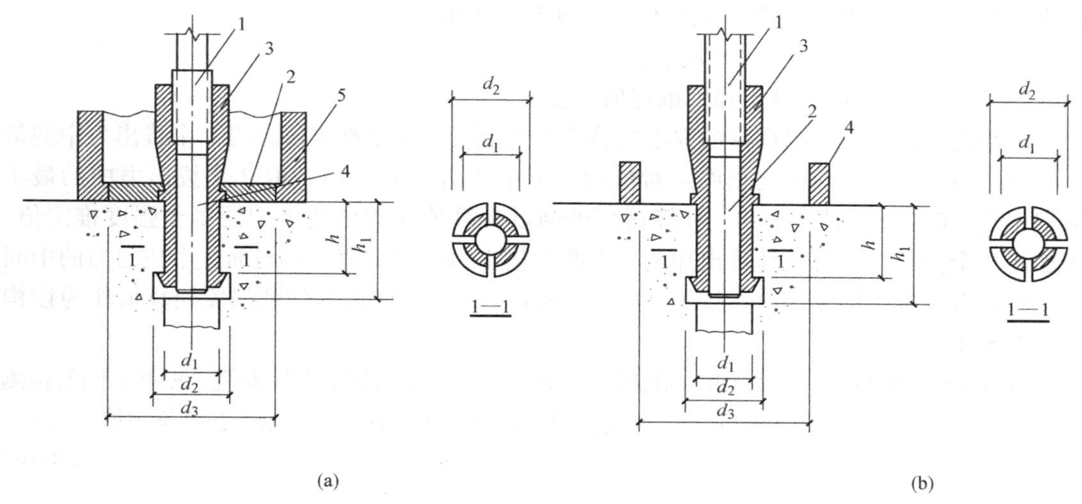

图 6-7　后装拔出法试验装置示意图

（a）圆环式；（b）三点式

1—拉杆；2—对中圆盘；3—胀簧；4—胀杆；5—反力支撑

按单个构件检测时，应均匀布置 3 个测点。当 3 个拔出力中的最大与最小拔出力与中间值之差的绝对值均小于中间值的 15％时，仅布置 3 个测点即可；当最大或最小拔出力与中间值之差的绝对值大于中间值的 15％（包括两者均大于中间值的 15％）时，应在最小拔出力测点附近再增加 2 个测点。当按批抽样检测时，抽检数量不应少于同批构件总数的 30％，每个构件宜布置 1 个测点，且最小样本容量不宜少于 15 个。

2）测点布置

测点应布置在构件受力较大及薄弱部位，相邻两测点的间距不应小于 250mm，宜布置在混凝土成形的侧面，若不能满足时，可布置在混凝土浇筑面。当采用圆环式拔出仪时，测点距构件边缘不应小于 100mm；当采用三点式拔出仪时，测点距构件边缘不应小于 150mm。测试部位的混凝土厚度不宜小于 80mm。测点应避开接缝、蜂窝、麻面部位及钢筋和预埋件。另外，测试面应平整、清洁、干燥，应清除饰面层、浮浆等，必要时进行磨平处理。

3）拔出试验

试 4 验时应将胀簧锚固台阶完全嵌入环形槽内，保证锚固可靠。拔出仪应与锚固件用拉杆连接对中，并与混凝土测试面垂直，然后以 0.5～1.0kN/s 的速度对拉杆连续施加拔出力，直至混凝土破坏，测力显示器读数不再增加为止，记录的极限拔出力应精确至 0.1kN。

（3）后装拔出法混凝土强度的推定

1）根据已建立的拔出力与立方体抗压强度间的关系曲线，确定混凝土抗压强度换算值，按下式计算：

圆环式：

$$f_{cu}^{c}=1.55F+2.35 \tag{6-37}$$

三点式：

$$f_{cu}^{c}=2.76F-11.54 \tag{6-38}$$

式中　f_{cu}^{c}——测点混凝土强度换算值，精确至 0.1MPa；

F——测点拔出力，精确至 0.1kN。

2）后装拔出法的混凝土强度推定值 $f_{cu,e}$

单个构件检测时，以构件的强度换算值作为混凝土强度推定值。当 3 个拔出力中的最大和最小拔出力与中间值之差的绝对值均小于中间值的 15%时，取 3 个拔出力中的最小值根据式（6-37）或式（6-38）计算得到的强度换算值作为该构件的混凝土强度推定值。当加测 2 个测点时，首先计算出加测 2 个测点拔出力的平均值，再与前 3 个拔出力的中间值比较，取两者中的较小值，按式（6-37）或式（6-38）计算得到的强度换算值作为该构件的混凝土强度推定值 $f_{cu,e}$。

批量抽样检测时，将同批构件抽样检测的每个拔出力作为拔出力代表值，根据不同的检测方法代入式（6-37）或式（6-38）计算强度换算值，然后按下式计算混凝土强度推定值 $f_{cu,e}$：

$$f_{cu,e}=m_{f_{cu}^{c}}-1.645S_{f_{cu}^{c}} \tag{6-39}$$

$$m_{f_{cu}^{c}}=\frac{\sum_{i=1}^{n}f_{cu,i}^{c}}{n}$$

$$S_{f_{cu}^{c}}=\sqrt{\frac{\sum_{i=1}^{n}(f_{cu,i}^{c})^{2}-n(m_{f_{cu}^{c}})^{2}}{n-1}}$$

式中　$m_{f_{cu}^{c}}$——检验批中构件混凝土强度换算值的平均值，精确至 0.1MPa；

$S_{f_{cu}^{c}}$——抽检构件混凝土强度换算值的标准差，精确至 0.01MPa；

n——抽检构件的测点总数；

$f_{cu,i}^{c}$——第 i 个测点混凝土强度换算值，精确至 0.1MPa。

对按批抽样检测的构件，当全部测点的强度标准差或变异系数出现下列情况时，该批构件应按单个构件进行检测：

① 当混凝土强度换算值的平均值 $m_{f_{cu}^{c}}$ 不大于 25.0MPa，且标准差 $S_{f_{cu}^{c}}$ 大于 4.50MPa；

② 当混凝土强度换算值的平均值 $m_{f_{cu}^{c}}$ 大于 25.0MPa 且不大于 50.0MPa，标准差 $S_{f_{cu}^{c}}$ 大于 5.50MPa；

③ 当混凝土强度换算值的平均值 $m_{f_{cu}^{c}}$ 大于 50.0MPa，且变异系数 $\delta=S_{f_{cu}^{c}}/m_{f_{cu}^{c}}$ 大于 6.50MPa。

6.2.2　混凝土外观质量及内部缺陷检测

混凝土构件外观质量与缺陷的检测主要包括蜂窝、麻面、孔洞、露筋、裂缝、疏松区、不同时间浇筑混凝土的结合面质量等。对于一般结构构件的破损及缺陷可通过目测、敲击、卡尺及放大镜等进行测量；对裂缝、内部空洞缺陷和表层损伤，可采用超声法、冲击反射法等非破损检测方法，必要时可采用局部破损方法对非破损检测结果进行验证。超声法检测混凝土缺陷的基本原理是超声波在介质中传播时，若遇到缺陷则产生绕射从而使传播速度降低、声时变长，在缺陷界面产生反射，使波幅和频率明显降低，接收波形发生畸变。综合波速、波幅、频率等参数的相对变化和接收波形的变化，并对比相同条件下无缺陷混凝土的参数和波形，即可判断和评定混凝土的缺陷和损伤情况。采用超声法检测混凝土裂缝深度时被测裂缝中不得有积水或泥浆等。

1. 混凝土裂缝检测

首先根据裂缝在结构中的部位和走向，对裂缝产生原因进行判断分析；其次对裂缝形状及几何尺寸进行量测。一般分为浅裂缝检测和深裂缝检测。

（1）浅裂缝检测

对混凝土开裂深度不大于 500mm 的裂缝，可采用平测法或斜测法检测。

1）平测法

平测法适用于裂缝部位只有一个可测表面的情况，如地下室剪力墙、混凝土路面、飞机跑道等。采用平测法进行裂缝深度检测时，应在被测部位按跨缝和不跨缝两种方式，以不同的测距分别测量。

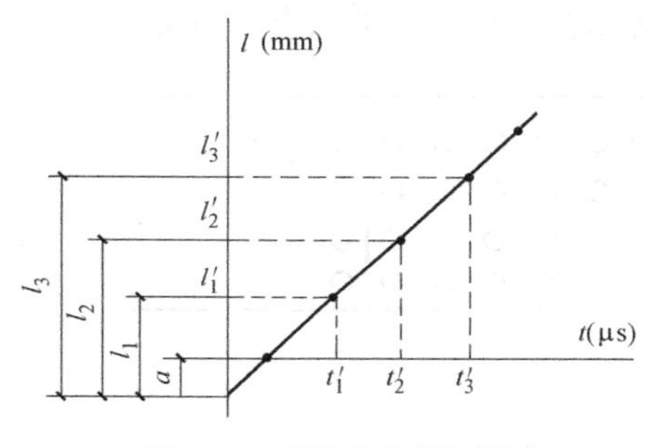

图 6-8 平测“时-距”图

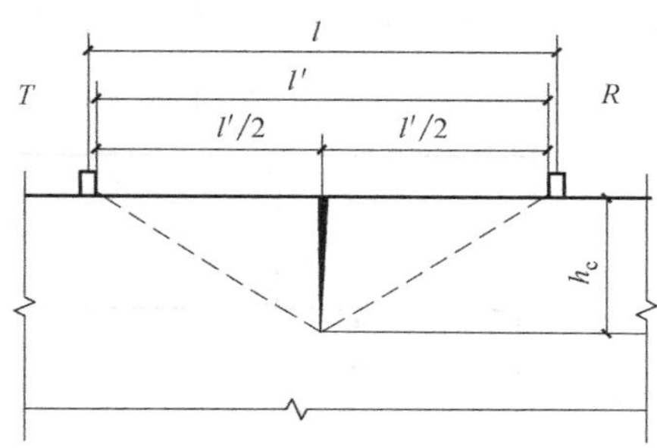

图 6-9 绕过裂缝示意图

不跨缝测量时，应在裂缝同一侧选择有代表性的、质量均匀的部位设置测点，以发射换能器 T 和接收换能器 R 的内边缘距离 l' 为准，按 $l'=100$mm、150mm、200mm、250mm、300mm……改变两换能器的距离，分别测读声时值 t_i，绘制“时-距”图。当混凝土质量均匀、无缺陷时，“时-距”图中的各点可回归为一条直线，如图 6-8 所示。此时，超声波在混凝土中的声速值 v 为直线斜率，各测点超声波传播的实际距离为：

$$l_i=l'_i+|a| \tag{6-40}$$

式中 l_i——第 i 点的超声波实际传播距离（mm）；

l'_i——第 i 点发、收换能器内边缘间距（mm）；

a——“时-距”图中 l'轴的截距（mm）。

跨缝测量时，将发射换能器 T 和接收换能器 R 以裂缝为对称轴布置在裂缝两侧，如图 6-9 所示，使两个换能器内边缘间的距离为 $l'=100$mm、150mm、200mm、250mm、300mm……，分别测得超声波传播的声时 t_i^0，同时观察相位的变化。通过不同测距的测量，取其平均值作为该裂缝的深度值，按下式计算：

$$m_{\mathrm{hc}}=\frac{1}{n}\cdot\sum_{i=1}^{n}h_{ci} \tag{6-41}$$

$$h_{ci}=\frac{l_i}{2}\sqrt{\left(\frac{t_i^0 v}{l_i}\right)^2-1}$$

式中 m_{hc}——各测点计算裂缝深度的平均值，mm；

h_{ci}——第 i 点计算的裂缝深度值，mm；

t_i^0——第 i 点跨缝平测的声时值，μs；

l_i——不跨缝平测时第 i 点的超声波实际传播距离，mm；

n——测点数。

跨缝测量时，若在某测距发现首波反相时，可用该测距及两个相邻测距的测量值按上式计算 h_{ci} 值，取此三点的 h_{ci} 作为该裂缝的深度值 h_c；若没有发现首波反相，则以不同测距按上式计算 h_{ci} 值，取此点 h_{ci} 及其平均值 m_{hc}，将各测距 l_i' 与 m_{hc} 比较，如果测距 l_i' 小于 m_{hc} 或大于 $3m_{hc}$，则剔除该组数据，取余下 h_{ci} 的平均值作为该裂缝的深度值 h_c。

2）斜测法

当裂缝部位有两个相互平行的测试表面时，可采用双面斜测法检测。如图 6-10 所示，将两个换能器分别置于对应测点 1，2，3……的位置，读取相应声时值 t_i、波幅值 A_i 和频率值 f_i。如果两换能器的连线通过裂缝时，则接收信号的波幅和频率明显降低。对比各测点信号，根据波幅和频率的突变，即可判定裂缝深度及是否在平面方向贯通。

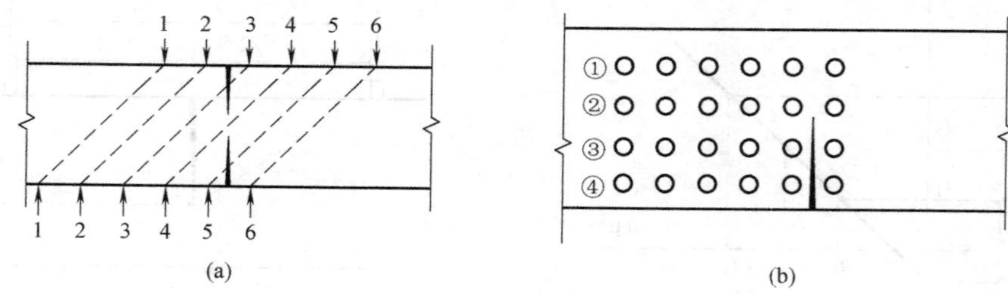

图 6-10 斜测法裂缝测点布置示意图

（a）平面图；（b）立面图

（2）深裂缝检测

对于大体积混凝土中预计深度在 500mm 以上的深裂缝，采用平测法和斜测法有困难时，允许在被检测混凝土裂缝两侧钻测试孔，采用钻孔探测法量测裂缝深度，如图 6-11 所示。钻孔的孔径应比换能器直径大 5～10mm，孔深应比预计裂缝深度深 700mm。经测试若浅于裂缝深度，则应加深钻孔；两个测试孔（A、B）须始终位于裂缝两侧，其轴线应保持平行，间距宜为 2000mm，且同一检测对象各测孔间距应相同；孔中粉末碎屑应清理干净。宜在裂缝一侧多钻一个孔距相同但较浅的孔（C），通过 B、C 两孔测试无裂缝混凝土的声学参数，与裂缝部位混凝土对比判别，如图 6-11（b）所示。

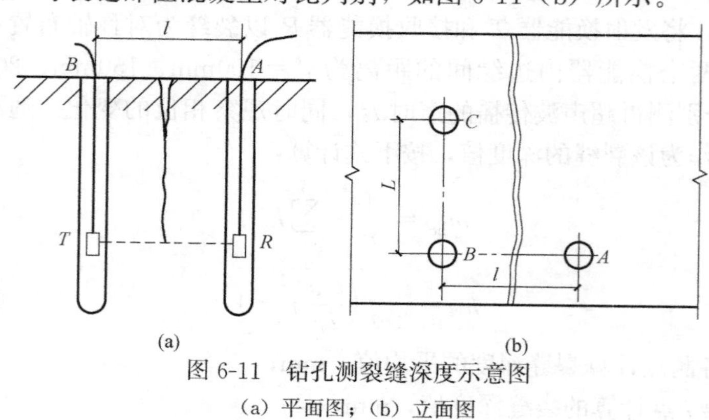

图 6-11 钻孔测裂缝深度示意图

（a）平面图；（b）立面图

裂缝深度检测应选用频率为 20～60kHz 的径向振动式换能器。测试前应向测试孔中注满清水，然后将 T、R 换能器分别置于裂缝两侧的孔中，以相同高程等间距（100～400mm）从上至下同步移动，逐点读取声时、波幅和换能器所处深处。根据换能器所处深度 h 与对应的波幅值 A，绘制 h-A 图，如图 6-12 所示。随换能器位置下移，波幅逐渐增大，当换能器下移至某一位置后，波幅达到最大并基本稳定，该位置所对应的深度即是裂缝深度值 h_c。

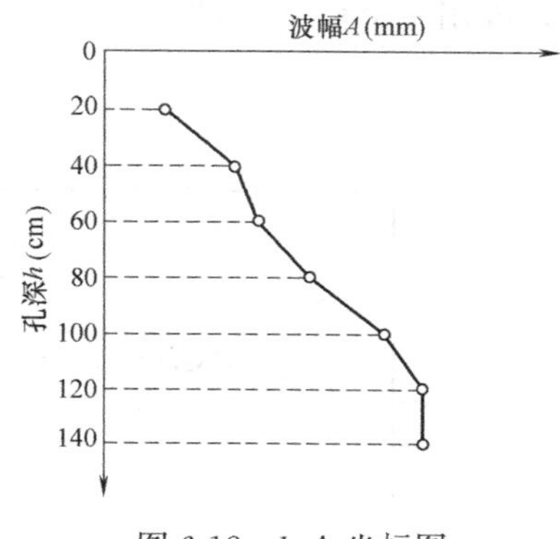

图 6-12　h-A 坐标图

此外，钻孔探测法还可用于混凝土钻孔灌注桩的质量检测。利用换能器沿预埋于桩内的管道作对穿式检测，因超声传播的介质不连续使声学参数（声时、波幅）突变，据此可判断混凝土灌注质量，检测混凝土孔洞、蜂窝、疏松不密实、桩内泥沙或砾石夹层及可能出现的断桩部位。

2. 混凝土内部空洞缺陷的检测

超声检测混凝土内部的不密实区或空洞是根据各测点的声时（或声速）、波幅或频率的相对变化，确定异常测点的位置，进而判定缺陷范围。

（1）对测法

具有两对相互平行的测面时可采用对测法，如图 6-13 所示。在测试部位两对相互平行的测面上分别绘出等间距的网格（工业与民用建筑为 100～300mm，其他大型结构物可适当放宽），并编号确定测点位置。

（2）斜测法

只有一对相互平行的测面时可采用斜测法。在测位两相互平行的测试面上分别绘出网格线，在对测的基础上进行交叉斜测，如图 6-14 所示。

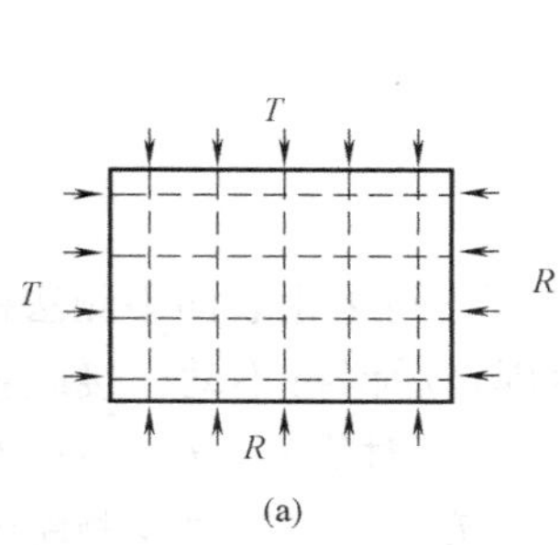

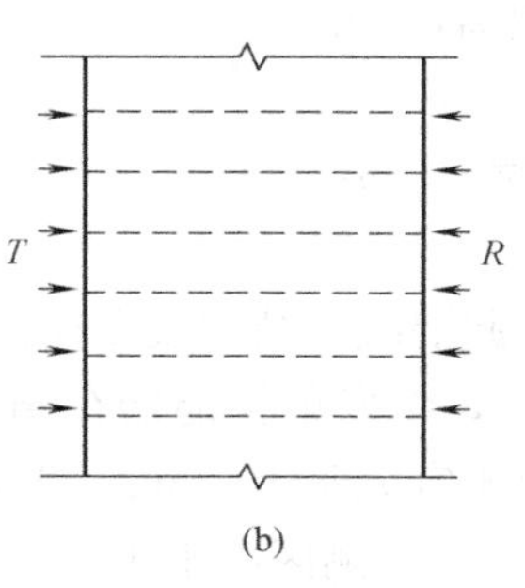

图 6-13　对测法裂缝测点布置示意图

（a）平面图；（b）立面图

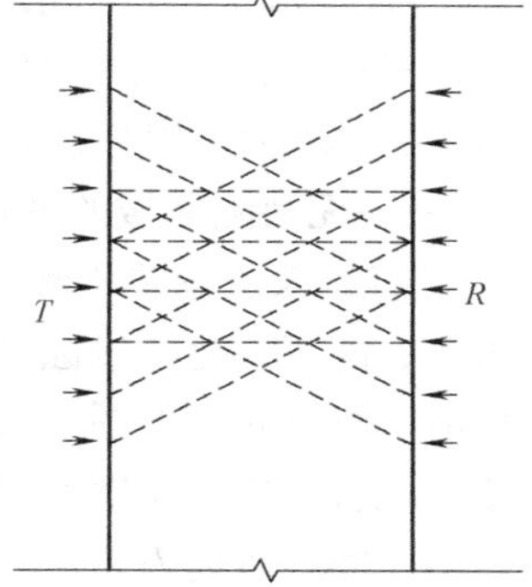

图 6-14　对测与斜测法结合立面图

（3）钻孔或预埋管测法

测距较大时，可采用钻孔或预埋管测法，如图 6-15 所示，在测位预埋声测管或钻出竖向测试孔，预埋管内径宜比换能器直径大 5～10mm，预埋管或钻孔间距宜为 2～3m，其深度可根据测试需要确定。检测时可将两个径向振动式换能器分别置于两测孔中进行测试，或用一个径向振动式与一个厚度振动式换能器分别置于测孔和平行于测孔的侧面测试。

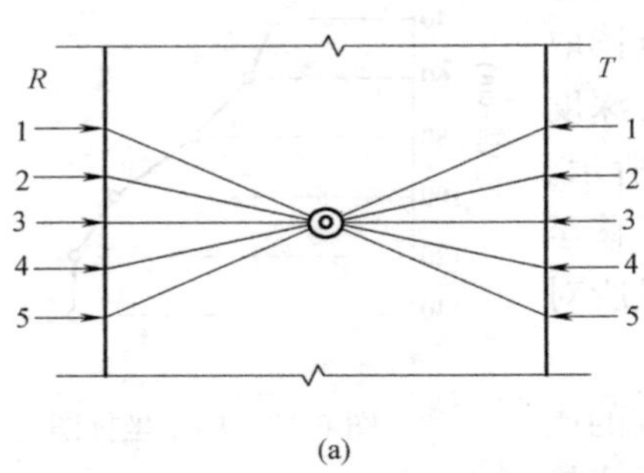

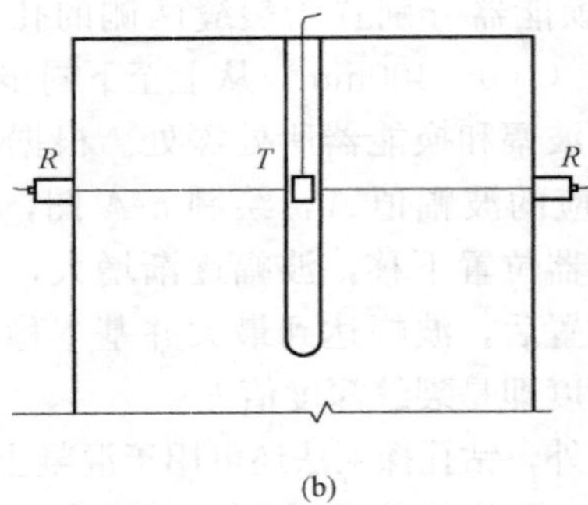

图 6-15 混凝土缺陷钻孔法测点位置图

(a) 平面图；(b) 立面图

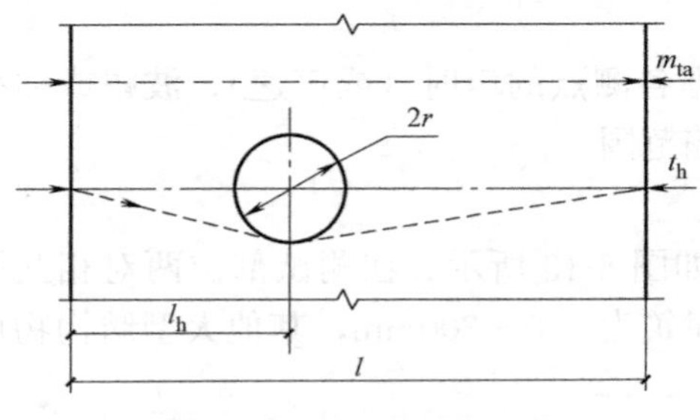

图 6-16 混凝土内部空洞尺寸估算

测试时，记录每一测点的声时、波幅、频率和测距，当某些测点出现声时延长、声能被吸收散射、波幅降低、高频部分明显衰减等异常情况时，通过对比同条件混凝土的声学参数，判别是否为异常值。若被判为异常值时，可结合异常测点的分布及波形状况确定混凝土内部存在不密实区和空洞的位置及范围。按式(6-42) 估算空洞的当量尺寸，如图 6-16 所示。

$$r=\frac{l}{2}\sqrt{\left(\frac{t_h}{t_{ma}}\right)^2-1} \tag{6-42}$$

式中 r——空洞半径，mm；

l——T、R 换能器之间的距离，mm；

t_h——缺陷处的最大声时值，μs；

t_{ma}——无缺陷区域的平均声时值，μs。

3. 混凝土表层损伤检测

火灾、冻害、化学侵蚀等会引起混凝土结构表面损伤，损伤厚度可采用表面平测法检测。换能器测点布置如图 6-17 所示，将发射换能器在测试表面耦合后保持不动，接收换能器依次耦合安置，每次移动距离不宜大于 100mm，并测读响应的声时值 t_1，t_2，t_3…及两换能器之间的距离 l_1，l_2，l_3…，每一测区内不少于 5 个测点。按各点声时值及测距绘制损伤层检测“时-距”坐标图，如图 6-18 所示。因混凝土损伤后声波传播速度发生变化，在“时-距”坐标图上出现转折点，由此可分别求得声波在损伤混凝土与密实混凝土中的传播速度。

损伤表层混凝土的声速：

$$v_f=\cot\alpha=\frac{l_2-l_1}{t_2-t_1} \tag{6-43}$$

未损伤混凝土的声速：

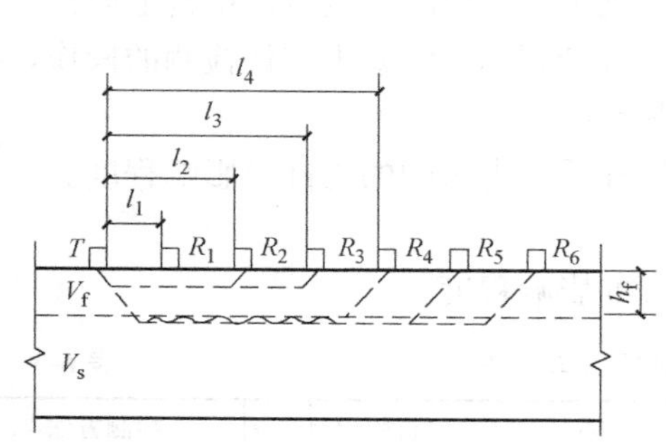

图 6-17　检测损伤层厚度示意图

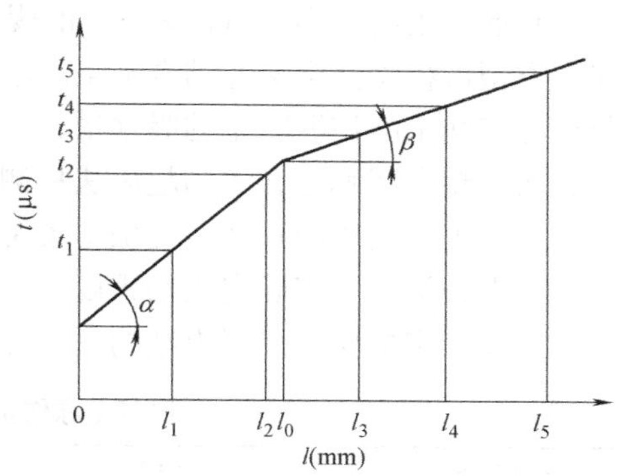

图 6-18　混凝土表层损伤检测“时-距”图

$$v_a = \cot\beta = \frac{l_5 - l_3}{t_5 - t_3} \tag{6-44}$$

式中　l_1、l_2、l_3、l_5——分别为转折点前后各测点的测距，mm；

t_1、t_2、t_3、t_5——相对于测距 l_1、l_2、l_3、l_5的声时，μs。

混凝土表面损伤层的厚度：

$$h_f = \frac{l_0}{2}\sqrt{\frac{v_a - v_f}{v_a + v_f}} \tag{6-45}$$

式中　h_f——表层损伤厚度，mm；

l_0——声速产生突变时的测距，mm；

v_a——未损伤混凝土的声速，km/s；

v_f——损伤层混凝土的声速，km/s。

6.2.3　尺寸偏差、变形及损伤

混凝土结构或构件尺寸偏差的检测项目主要包括构件轴线位置、截面尺寸、标高、预埋件位置、预埋孔洞位置、构件垂直度和表面平整度等。对于受环境侵蚀和灾害影响的构件，其截面尺寸应在损伤最严重部位量测，且在检测报告中应提供量测的位置和必要的说明。应以设计图纸规定的尺寸为基准进行尺寸偏差检测，检测方法和尺寸偏差的允许值应按现行《混凝土结构工程施工质量验收规范》GB 50204—2015 确定。

混凝土结构或构件的变形检测主要包括构件挠度、结构倾斜和基础不均匀沉降等项目；混凝土结构的损伤检测主要包括环境侵蚀损伤、灾害损伤、人为损伤、混凝土有害元素造成的损伤以及预应力锚夹具损伤等项目。混凝土构件的挠度可采用激光测距仪、水准仪或拉线等方法检测。混凝土构件或结构倾斜，可采用经纬仪、激光定位仪、三轴定位仪或吊锤的方法检测，宜区分倾斜中施工偏差造成的倾斜、变形造成的倾斜、灾害造成的倾斜等。混凝土结构的基础不均匀沉降，可用水准仪检测；当需要确定基础沉降的发展情况时，应在混凝土结构上布置测点进行观测，观测操作应遵守现行《建筑变形测量规范》JGJ 8—2016 的规定；混凝土结构的基础累计沉降差可参照首层基准线推算。对于不同原因造成混凝土结构的损伤，可按下列规定进行检测：

（1）环境侵蚀，应确定侵蚀源、侵蚀程度和速度。

（2）混凝土的冻伤，可按表 6-3 的规定进行检测，并测定冻融损伤深度、面积；混凝土冻伤类型可根据其定义并结合施工现场情况进行判别。必要时，也可从结构上取样，通过分析冻伤和未冻伤混凝土的吸水量、湿度变化等进行判别。混凝土冻伤检测的操作，参照钻芯法、超声回弹综合法和超声法检测混凝土强度的方法进行。

（3）火灾等造成的损伤，应确定灾害影响区域和受灾害影响的构件及影响程度。

（4）人为损伤，应确定损伤程度。

（5）宜确定损伤对混凝土结构安全性及耐久性的影响程度。

混凝土冻伤类型及检测项目与方法 **表 6-3**

混凝土冻伤类型		定义	特点	检验项目	检测方法
混凝土早期冻伤	立即冻伤	新拌制的混凝土，若入模温度较低且接近于混凝土冻结温度时则导致立即冻伤	内外混凝土冻伤基本一致	受冻混凝土强度	钻芯法或超声回弹综合法
	预养冻伤	新拌制的混凝土，若入模温度较高，而混凝土预养时间不足，当环境温度降到混凝土冻结温度时则导致预养冻伤	内外混凝土冻伤不一致，内部轻微，外部较严重	1. 外部损伤较重的混凝土厚度及强度； 2. 内部损伤轻微的混凝土强度	外部损伤较重的混凝土厚度可通过钻出芯样的湿度变化来检测，也可采用超声法检测
混凝土冻融损伤		成熟龄期后的混凝土，在含水的情况下，由于环境正负温度的交替变化导致混凝土损伤			

6.2.4 混凝土结构中的钢筋检测

混凝土结构中的钢筋检测项目主要包括钢筋的配置、材质和锈蚀等。此外，有相应的检测要求时，可对钢筋锚固与搭接、框架节点及柱加密区箍筋、框架柱与墙体的拉结筋进行检测。

1. 钢筋配置的检测

钢筋配置的检测主要包括钢筋位置、保护层厚度、直径、数量等项目。对既有混凝土结构进行施工质量诊断及可靠性鉴定时，要求确定钢筋配置情况。当采用钻芯法检测混凝土强度时，为避开钢筋，也需进行钢筋位置检测。

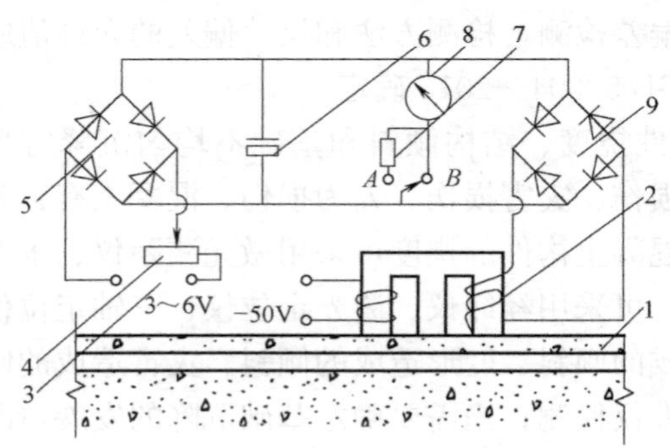

图 6-19 钢筋位置测试仪原理图

1—试件；2—探头；3—平衡电源；4—可变电阻；5—平衡整流器；6—电解电容；7—分档电阻；8—电流表；9—整流器

钢筋位置测试仪是利用电磁感应原理进行检测，如图 6-19 所示。混凝土是带弱磁性的材料，而钢筋是带有强磁性的。在混凝土中配置钢筋后，就会使磁力线集中于沿钢筋的方向。检测时，当钢筋测试仪的探头接触混凝土表面，探头中的线圈通过交流电时，就在线圈周围产生交流磁场。该磁场中由于有钢筋存在，线圈电压和感应电流强度发生变化，同时，受钢筋的影响，产生的感应电流的相位与原来交流电的相位将产生偏移。钢筋越接近探头、直径越大，感应强度就越大，相位差也就越大。电磁感应法检测比较适用于配筋稀疏，且保护层厚度不太大时的钢筋检测。

2. 钢筋材质的检测

由于采用非破损检测方法无法测定混凝土结构中钢筋的材料性能，因此，应注意收集分析原始资料（包括原产品合格证及修建时现场抽样试验记录等）。当原始资料能充分证明所使用的钢筋力学性能及化学成分合格时，可据此作出处理意见。当无原始资料或原始资料不足时，则需在构件内截取试样进行试验。取样时应注意尽量在受力较小部位或具有代表性的次要构件上截取，必要时要采取临时支护措施，且取样完毕应立即按原样修复。对钢筋取样所进行的力学性能试验、化学分析结果或搜集到的修建时所作的检验记录，均应以现行相关国家标准所列指标来评定其是否合格。

3. 钢筋锈蚀的检测

因混凝土长期暴露于空气中，表面受到空气中二氧化碳的作用会逐渐形成碳酸钙，使水泥石的碱度降低，这个过程称为混凝土的碳化，或叫中性化。当混凝土的碳化深度达到钢筋表面时，水泥石失去对钢筋的保护作用。在处于潮湿环境或受到有害气体或液体介质侵蚀时，钢筋会锈蚀。当锈蚀发展到一定程度，因锈皮体积膨胀，混凝土表面会出现沿钢筋（尤其是主筋）方向的纵向裂缝。纵向裂缝出现后，锈蚀进一步迅速发展，致使混凝土保护层脱落、掉角及露筋。

混凝土中钢筋的锈蚀是一个电化学过程，钢筋锈蚀将引起腐蚀电流，使电位发生变化，因此，可采用电位差法进行检测，通常采用钢筋锈蚀仪。如图 6-20 所示，采用铜-硫酸铜作为参考电极，另一端与被测钢筋连接，中间连接一毫伏表，测量钢筋与参考电极间的电位差，利用钢筋锈蚀程度与测量电位间建立的一定关系，由电位高低变化规律可判断钢筋锈蚀可能性及锈蚀程度。电位差为正值时，钢筋无锈蚀；电位差为负值时，钢筋有锈蚀的可能，绝对值越大，锈蚀程度越严重。表 6-4 为钢筋锈蚀状况的判别标准。

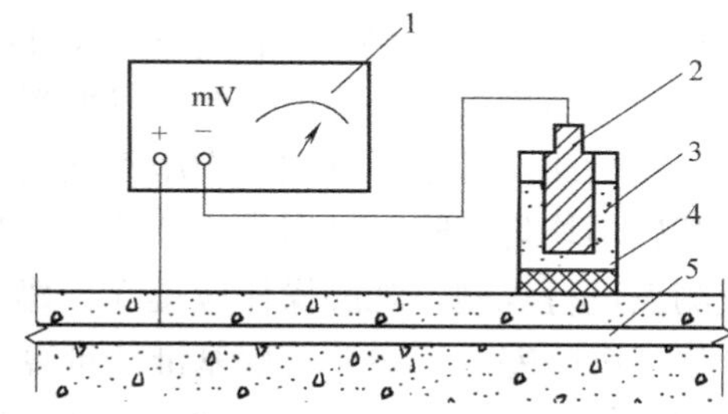

图 6-20　钢筋锈蚀测试仪原理图

1—毫伏表；2—铜棒电极；3—硫酸铜饱和溶液；4—多孔接头；5—混凝土中钢筋

钢筋锈蚀状况的判别标准　　**表 6-4**

电位水平(mV)	钢筋状态
0～−100	未锈蚀
−100～−200	发生锈蚀的概率＜10%，可能有锈斑
−200～−300	锈蚀不确定，可能有坑蚀
−300～−400	发生锈蚀的概率＞90%，可能大面积锈蚀
−400 以上(绝对值)	肯定锈蚀，严重锈蚀

注：如果某处相临两测点值大于 150mV，则电位更负的测值处判为锈蚀。

6.3 钢结构的检测

钢结构的检测主要包括钢结构材料性能、连接、构件尺寸与偏差、变形与损伤、构造以及涂装等项目，必要时，可进行结构或构件性能的实荷检验或结构动力测试。

本节主要介绍钢材外观质量检测、构件尺寸偏差检测、钢材力学性能检测、超声探伤、磁粉探伤和射线探伤方法。

6.3.1 钢材外观质量与尺寸偏差检测

钢材外观质量检测主要包括均匀性，是否有夹层、裂纹、非金属夹杂等项目。对钢材质量有怀疑时，应对钢材原材料进行力学性能检验或化学成分分析。

（1）钢材裂纹，可采用观察法和渗透法检测。采用渗透法检测时，应用砂轮和砂纸将检测部位的表面及其周围 20mm 范围内打磨光滑，不得有氧化皮、焊渣、污垢等；用清洗剂将打磨表面清洗干净，干燥后喷涂渗透剂，渗透时间不应少于 10min；然后，再用清洗剂将表面多余的渗透剂清除；最后喷涂显示剂，停留 10～30min 后，观察是否有裂纹显示。

（2）杆件的弯曲变形和板件凹凸等变形情况，可用观察和尺量方法检测，量测出变形程度，按现行《钢结构工程施工质量验收规范》GB 50205—2001 的相关规定进行评定。

（3）螺栓和铆钉的松动或断裂，可采用观察或锤击方法检测。

（4）结构构件的锈蚀，可按《涂覆涂料前钢材表面处理　表面清洁度的目视评定　第 1 部分：未涂覆过的钢材表面和全面清除原有涂层后的钢材表面的锈蚀等级和处理等级》GB/T 8923.1—2011 确定锈蚀等级，对 D 级锈蚀，还应量测钢板厚度的削弱程度。

（5）钢结构构件的挠度、倾斜等变形，可采用经纬仪、激光定位仪、三轴定位仪或吊锤的方法检测，且宜区分倾斜中施工偏差造成的倾斜、变形造成的倾斜、灾害造成的倾斜等。基础不均匀沉降，可用水准仪检测，当需要确定基础沉降的发展情况时，应在结构上布置测点进行观测，观测操作应遵守《建筑变形测量规范》JGJ 8—2016 的规定；结构的基础累计沉降差，可参照首层基准线推算。

钢构件的尺寸偏差应以设计图纸规定的尺寸为基准，计算尺寸偏差。尺寸偏差允许值应按《钢结构工程施工质量验收规范》GB 50205—2001 确定。应检测所抽样构件的全部尺寸，对于每个尺寸，应在构件的 3 个部位量测，取平均值作为该尺寸的代表值。可按相关产品标准的规定确定尺寸量测方法，其中钢材厚度可用超声测厚仪测定。

6.3.2 钢材的力学性能检验

钢材的力学性能检验主要包括钢材的屈服点、抗拉强度、伸长率、冷弯和冲击功等项目。若尚有与工程结构同批钢材时，可将其加工成试件进行力学性能检验；若无与结构同批钢材时，可在构件上截取试样进行检测，但应确保结构构件安全。

钢材力学性能检验试件的取样数量、取样方法、试验方法和评定标准应符合表 6-5 的规定。当被检钢材的屈服点或抗拉强度不满足要求时，应补充取样进行拉伸试验，且应将同类构件同一规格钢材划为一批，每批抽样 3 个。此外，可采用表面硬度法检测既有钢结构钢材的抗拉强度，不过，应由取样检验钢材的抗拉强度作验证。

材料力学性能检验项目和方法　　表 6-5

检验项目	取样数量（个/批）	取样方法	试验方法	评定标准
屈服点、抗拉强度、伸长率	1	《钢及钢产品　力学性能试验取样位置及试样制备》GB/T 2975—2018	《金属材料　拉伸试验　第 1 部分：室温试验方法》GB/T 228.1—2010	《碳素结构钢》GB/T 700—2006；《低合金高强度结构钢》GB/T 1591—2018；其他钢材产品标准
冷弯	1		《金属材料　弯曲试验方法》GB/T 232—2010	
冲击功	3		《金属材料　夏比摆锤冲击试验方法》GB/T 229—2007	

表面硬度法主要利用布氏硬度计测定，由硬度计端部的钢珠受压时在钢材表面和已知硬度标准试样上的凹痕直径，测得钢材硬度，并由钢材硬度与强度间的关系，换算得到钢材强度。测定钢材的极限强度 f 后，可依据同种材料的屈强比计算得到其屈服强度。

$$f=3.6H_{\mathrm{B}}(\mathrm{N/mm^2}) \tag{6-46}$$

$$H_{\mathrm{B}}=H_{\mathrm{S}}\frac{D-\sqrt{D^2-d_{\mathrm{S}}}}{D-\sqrt{D^2-d_{\mathrm{B}}}}$$

式中　H_{B}、H_{S}——分别为钢材和标准试件的布氏硬度；

d_{B}、d_{S}——分别为硬度计钢珠在钢材和标准试件上的凹痕直径；

D——硬度计钢珠直径；

f——钢材的极限强度。

6.3.3　超声法检测

超声法检测钢材和焊缝缺陷的工作原理与检测混凝土内部缺陷相同，试验时多采用脉冲反射法。与其他方法（如磁粉探伤、射线探伤等）相比，超声法更利于现场检测。

超声波脉冲经换能器发射进入被测材料传播，通过不同界面（构件材料表面、内部缺陷和构件底面）时，会产生部分反射，这些超声波各自往返的路程不同，回到换能器时间不同，在超声波探伤仪的示波屏上分别显示各界面的反射波及其相对位置，分别称为始脉冲、伤脉冲和底脉冲，如图 6-21 所示。由缺陷反射波与始脉冲和底脉冲的相对距离可确定缺陷在构件内的相对位置。如材料内部无缺陷时，则显示屏上只有始脉冲和底脉冲，不出现缺陷放射脉冲。

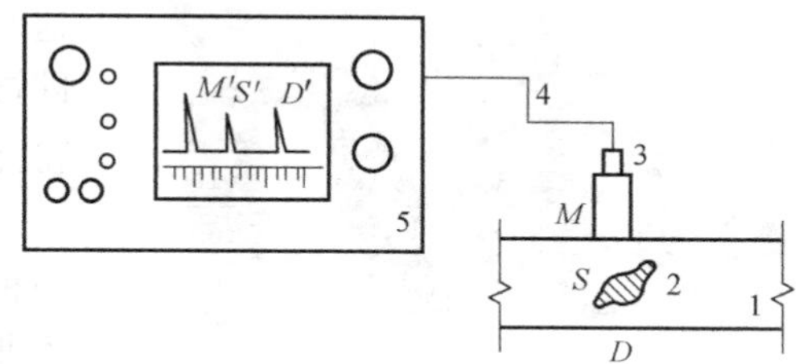

图 6-21　脉冲反射法探伤

1—试件；2—缺陷；3—探头；4—电缆；5—探伤仪

进行焊缝内部缺陷检测时，换能器常采用斜向探头，如图 6-22 所示。当在构件焊缝内探测到缺陷时，记录换能器在构件上的位置 L 和缺陷反射波在显示屏上的相对位置；然后将换能器移到三角形标准试块的斜边上做相对移动，使反射脉冲与构件焊缝内的缺陷脉冲重合。当三角形标准试块的 α 角度与斜向换能器超声波的折射角度相同时，量取换能器在三角形标准试块上的位置 L，按式（6-47）和式（6-48）确定缺陷的深度 h。

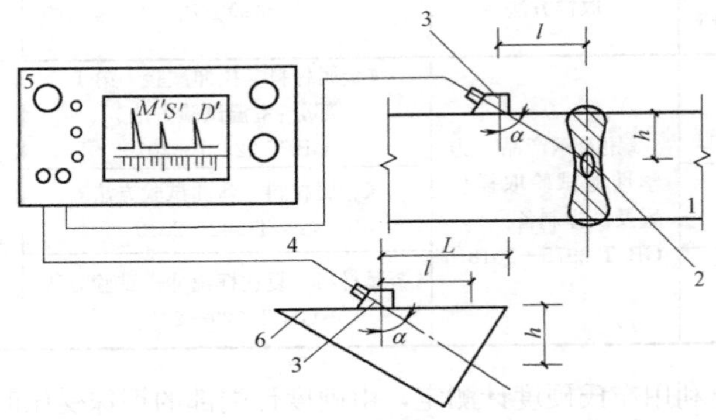

图 6-22 斜向探头探测缺陷位置

1—试件；2—缺陷；3—探头；4—电缆；5—探伤仪；6—标准试块

$$l=L\sin^2\alpha \tag{6-47}$$

$$h=L\sin\alpha\cdot\cos\alpha \tag{6-48}$$

因钢材密度比混凝土大得多，为能够检测钢材或焊缝内较小的缺陷，要求选用较高的超声频率，常用工作频率为 0.5～2MHz，比混凝土检测时的工作频率高。

6.3.4 磁粉与射线探伤

铁磁材料（如铁、钴、镍及其合金等）置于磁场中即被磁化。如果材料内部均匀一致且截面不变时，则其磁力线方向也是一致、不变的；材料内部出现缺陷，如裂纹、空洞和非磁性夹杂物时，由于这些部位的导磁率很低，磁力线将产生偏转，即绕道通过这些缺陷部位。当缺陷距离表面很近时，此处偏转的磁力线就会有部分越出试件表面，形成一个局部磁场。这时，若将磁粉撒向试件表面，落到此处的磁粉即被局部磁场吸住，于是显现出缺陷的所在。磁粉探伤仪如图 6-23 所示。

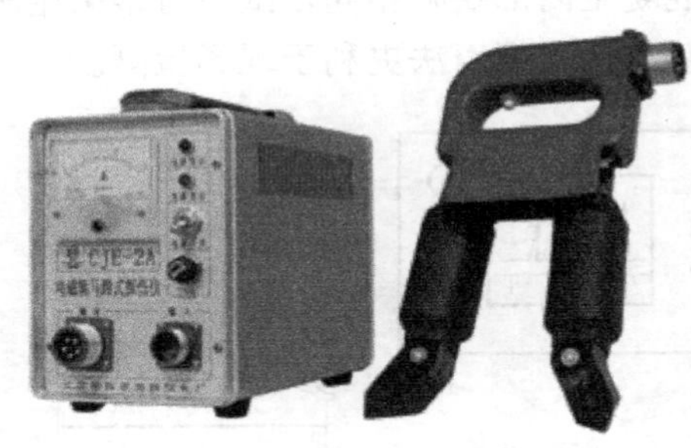

图 6-23 磁粉探伤仪

射线探伤有 χ 射线探伤和 γ 射线探伤两种。两种射线都是波长很短的电磁波，具有很强的穿透非透明物质的能力，且能被物质吸收。物质吸收射线的程度随物质自身的密实程度而异。材料愈密实，吸收能力愈强，射线愈易衰减，通过材料后的射线愈弱。当材料内部有松孔、夹渣、裂缝时，则射线通过这些部位的衰减程度较小，因而透过试件的射线较强。根据透过试件的射线强弱，即可判断材料内部的缺陷。

6.4 砌体结构的检测

砌体结构的强度由块材和砂浆强度等级决定。对既有砌体结构进行鉴定时，由于直接从砌体结构上截取试样的检测方法存在着较大困难，因此，非破损检测方法在实践中得到了广泛应用。砌体结构的检测主要包括砌筑块材、砌筑砂浆、砌体强度、砌筑质量与构造以及损伤与变形等项目，应根据施工质量验收、鉴定工作的需要和现场检测条件等具体情况确定。

砌体结构现场检测时应该根据检测目的，选择合适的检测方法。按测试内容可分为以下几类：

（1）检测砌体抗压强度可采用原位轴压法、扁顶法、切制抗压试件法；

（2）检测砌体工作应力、弹性模量可采用扁顶法；

（3）检测砌体抗剪强度可采用原位单剪法、原位双剪法；

（4）检测砌筑砂浆强度可采用推出法、筒压法、砂浆片剪切法、砂浆回弹法、点荷法、砂浆片局压法；

（5）检测砌筑墙体抗压强度可采用烧结砖回弹法、取样法。

各检测方法及其特点、用途与限制条件见表 6-6。

砌体结构现场检测方法 **表 6-6**

序号	检测方法	特点	用途	限制条件
1	原位轴压法	1. 属原位检测，直接在墙体上测试，检测结果综合反映了材料质量和施工质量； 2. 直观性、可比性较强； 3. 设备较重； 4. 检测部位有较大局部破损	1. 检测普通砖和多孔砖砌体的抗压强度； 2. 火灾、环境侵蚀后的砌体剩余抗压强度	1. 槽间砌体每侧的墙体宽度不应小于 1.5 m；测点宜选在墙体长度方向的中部； 2. 限用于 240mm 厚砖墙
2	扁顶法	1. 属原位检测，直接在墙体上测试，检测结果综合反映了材料质量和施工质量； 2. 直观性，可比性较强； 3. 扁顶重复使用率较低； 4. 砌体强度较高或轴向变形较大时，难以测出抗压强度； 5. 设备较轻； 6. 检测部位有较大局部破损	1. 检测普通砖和多孔砖砌体的抗压强度； 2. 检测古建筑和重要建筑的受压工作应力； 3. 检测砌体弹性模量； 4. 火灾、环境侵蚀后的砌体剩余抗压强度	1. 槽间砌体每侧的墙体宽度不应小于 1.5 m；测点宜选在墙体长度方向的中部； 2. 不适用于测试墙体破坏荷载大于 400kN 的墙体
3	切制抗压试件法	1. 属取样检测，直接在墙体上测试，测试结果综合反映了材料质量和施工质量； 2. 试件尺寸与标准抗压试件相同；直观性、可比性强； 3. 设备较重，现场取样时有水污染； 4. 取样部位有较大局部破损；需切割，搬运试件； 5. 检测结果不需要换算	1. 检测普通砖和多孔砖砌体的抗压强度； 2. 火灾、环境侵蚀后的砌体剩余抗压强度	取样部位每侧的墙体宽度不小于 1.5m，且应为墙体长度方向的中部或受力较小处
4	原位单剪法	1. 属取样检测，直接在墙体上测试，测试结果综合反映了材料质量和施工质量； 2. 直观性强； 3. 检测部位有较大局部破损	检测各种砖砌体的抗剪强度	测点选在窗下墙部位，且承受反作用力的墙体应有足够长度

续表

序号	检测方法	特点	用途	限制条件
5	原位双剪法	1. 属原位检测，直接在墙体上测试，测试结果综合反映了材料质量和施工质量； 2. 直观性强； 3. 设备较轻便； 4. 检测部位局部破损	检测烧结普通砖和烧结多孔砖砌体的抗剪强度	—
6	推出法	1. 原位检测，直接在墙体测试，测试结果综合反映了材料质量和施工质量； 2. 设备较轻便； 3. 检测部位局部破损	检测烧结普通砖、烧结多孔砖、蒸压灰砂砖或蒸压粉煤灰砖墙体的砂浆强度	当水平灰缝的砂浆饱满度低于65%时，不宜选用
7	剪压法	1. 属取样检测； 2. 仅需利用一般混凝土试验室的常用设备； 3. 取样部位局部损伤	检测烧结普通砖和烧结多孔砖墙体中的砂浆强度	—
8	砂浆片剪切法	1. 属取样检测； 2. 专用的砂浆测强仪及其标定仪，较为轻便； 3. 测试工作较简便； 4. 取样部位局部损伤	检测烧结普通砖和烧结多孔砖墙体中的砂浆强度	—
9	砂浆回弹法	1. 属原位无损检测，测区选择不受限制； 2. 回弹仪有定型产品，性能较稳定，操作简便； 3. 检测部位的装修面层仅局部损伤	1. 检测烧结普通砖和烧结多孔砖墙体中的砂浆强度； 2. 主要用于砂浆强度均质性检查	1. 不适用于砂浆强度小于2MPa的墙体； 2. 水平灰缝表面粗糙难以磨平时，不得采用
10	点荷法	1. 属于取样检测； 2. 测试工作较简便； 3. 取样部位局部损伤	检测烧结普通砖和烧结多孔砖墙体中的砂浆强度	不适用于砂浆强度小于1.2MPa的墙体

当检测对象为整栋建筑物或建筑物一部分时，应将其划分为一个或若干个可独立进行分析的结构单元，每一结构单元应划分为若干个检测单元。检测单元是指每一楼层且总量不大于250m^{3}的材料品种和强度等级均相同的砌体。每一检测单元内，不宜少于6个测区，应将单个构件（单片墙体、柱）作为一个测区。当一个检测单元不足6个构件时，应将每个构件作为一个测区。采用原位轴压法、扁顶法、切制抗压试件法检测，当选择6个测区确有困难时，可选取不少于3个测区测试，但宜结合其他非破损检测方法进行强度推定。每一测区应随机布置若干测点。各种检测办法的测点数，应符合下列要求：

（1）原位轴压法、扁顶法、原位单剪法、筒压法，测点数不应少于1个；

（2）原位双剪法、推出法，测点数不应少于3个；

（3）砂浆片剪切法、砂浆回弹法、点荷法、砂浆片局压法、烧缩砖回弹法，测点数不应少于5个。

对既有建筑物或应委托方要求仅对建筑物局部或个别部位检测时，测区和测点数可减少，但一个检测单元的测区数不宜少于3个。

6.4.1 砌筑块材检测

砌筑块材检测主要包括砌筑块材的强度、尺寸偏差、外观质量、抗冻性能、块材品种等项目。一般情况下，砌筑块材的强度可采用取样法、回弹法、取样结合回弹的方法或钻芯法检测。在砌体结构上截取块材，由抗压试验确定砌块强度是最能反映块材强度的检测方法。但由于受到现场与结构自身等条件限制，通常采用回弹法等非破损检测方法来检测块材抗压强度。本节主要介绍砌筑块材的检测要求及烧结砖回弹法。

1. *砌筑块材的检测要求*

(1) 砌筑块材强度的检测，应将块材品种相同、强度等级相同、质量相近、环境相似的砌筑构件划为一个检测批，每个检测批砌体的体积不宜超过 $250m^3$。

(2) 需依据砌筑块材和砌筑砂浆强度确定砌体强度时，砌筑块材强度的检测位置应与砌筑砂浆强度的检测位置对应。

(3) 除有特殊检测目的外，不应选择受到灾害影响或环境侵蚀作用的块材作为试样或回弹测区。

(4) 砖和砌块尺寸的检测时，每个检测批可随机抽检 20 块块材，现场检测可仅抽检外露面。单个块材尺寸的评定指标按现行相应产品标准确定。

(5) 砖和砌块外观质量检查主要包括缺棱掉角、裂纹、弯曲等。现场检测时可检查砖或块材的外露面，检查方法和评定指标应按现行相应产品标准确定。若砌筑块材外观质量不符合要求，可根据不符合要求的程度降低砌筑块材抗压强度；砌筑块材的尺寸为负偏差时，应以实测构件的截面尺寸作为构件安全性验算和构造评定参数。

2. *烧结砖回弹法检测*

烧结砖回弹法适用于推定烧结普通砖砌体或烧结多孔砖砌体中砖的抗压强度，但不适用于表面已风化或遭受冻害、环境侵蚀的情况。检测时用回弹仪测试砖表面硬度，换算成砖的抗压强度。其基本原理与混凝土强度检测的回弹法相同。烧结砖回弹法属原位无损检测，检测部位的装修面层仅有局部损伤，测区选择不受限制，适用范围为 6～30MPa。

(1) 检测要求

将结构划分为若干个检测单元，每个检测单元随机选择 10 个测区，每个测区面积不宜小于 $1.0m^2$。每个测区应随机选择 10 块条面向外的砖作为测位供回弹测试。选择的砖块与墙边缘的距离应大于 250mm。每个测位（每块砖）的测面上应均匀布置 5 个弹击点。弹击点应避开砖表面的缺陷。相邻两弹击点间的间距不应小于 20mm，弹击点离砖边缘不应小于 20mm。每个弹击点只能弹击 1 次，回弹值读数应估读至 1。测试时回弹仪应始终处于水平状态，其轴线应垂直于砖表面。

(2) 数据分析

第 i 测区第 j 测位的抗压强度换算值按下式计算：

烧结普通砖：

$$f_{1ij}=2\times10^{-2}R^2-0.45R+1.25 \tag{6-49}$$

烧结多孔砖：

$$f_{1ij}=1.70\times10^{-3}R^{2.48} \tag{6-50}$$

式中　f_{1ij}——第 i 测区第 j 个测位的抗压强度换算值，MPa；

R——第 i 测区第 j 个测位的平均回弹值。

测区的砖抗压强度平均值按下式计算：

$$f_{1i}=\frac{1}{10}\sum_{j=1}^{n1}f_{1ij} \tag{6-51}$$

式中　f_{1i}——第 i 测区的抗压强度平均值，MPa。

（3）强度推定

根据《砌体工程现场检测技术标准》GB/T 50315—2011 中强度推定的方法，每一检测单元的砖强度平均值 $f_{1,\mathrm{m}}$、标准值 s 和变异系数 δ，按下列各式计算：

$$f_{1,\mathrm{m}}=\frac{1}{n_2}\sum_{i=1}^{n_2}f_{1i} \tag{6-52}$$

$$s=\sqrt{\frac{\sum_{i=1}^{n_2}(f_{1,\mathrm{m}}-f_{1i})^2}{n_2-1}} \tag{6-53}$$

$$\delta=\frac{s}{f_{1\mathrm{m}}} \tag{6-54}$$

式中　$f_{1,\mathrm{m}}$——同一检测单元的砖强度平均值，MPa；

s——同一检测单元的砖强度标准值，MPa；

n_2——同一检测单元的测区数。

当采用回弹法检测烧结砖抗压强度时，每一检测单元砖的抗压强度等级，应符合以下要求：

1）当变异系数 $\delta\leqslant 0.21$ 时，应按表 6-7 与表 6-8 中抗压强度平均值 $f_{1,\mathrm{m}}$ 与标准值 $f_{1\mathrm{k}}$ 推定每一检测单元砖的抗压强度等级。每一检测单元的砖抗压强度标准值，应按下式计算：

$$f_{1\mathrm{k}}=f_{1,\mathrm{m}}-1.8s \tag{6-55}$$

式中　$f_{1\mathrm{k}}$——同一检测单元的砖抗压强度标准值，MPa。

2）当变异系数 $\delta>0.21$ 时，应按抗压强度平均值 $f_{1,\mathrm{m}}$，以测区为单位统计的抗压强度最小值 $f_{1i,\min}$ 推定每一测区砖的抗压强度等级。

烧结普通砖抗压强度等级的推定（单位：MPa）　　　**表 6-7**

抗压强度推定等级	抗压强度平均值 $f_{1,\mathrm{m}}\geqslant$	变异系数 $\delta\leqslant 0.21$	变异系数 $\delta>0.21$
		抗压强度标准值 $f_{1\mathrm{k}}\geqslant$	抗压强度的最小值 $f_{1,\min}\geqslant$
MU25	25.0	18.0	22.0
MU20	20.0	14.0	16.0
MU15	15.0	10.0	12.0
MU10	10.0	6.5	7.5
MU7.5	7.5	5.0	5.5

烧结多孔砖抗压强度等级的推定（单位：MPa） **表 6-8**

抗压强度推定等级	抗压强度平均值 $f_{1,m} \geqslant$	变异系数 $\delta \leqslant 0.21$	变异系数 $\delta > 0.21$
		抗压强度标准值 $f_{1k} \geqslant$	抗压强度的最小值 $f_{1,min} \geqslant$
MU30	30.0	22.0	25.0
MU25	25.0	18.0	22.0
MU20	20.0	14.0	16.0
MU15	15.0	10.0	12.0
MU10	10.0	6.5	7.5

6.4.2 砌筑砂浆的检测

砌筑砂浆的检测项目主要包括砂浆强度、品种、抗冻性和有害元素含量等。砌筑砂浆强度宜采用取样方法检测，如推出法、筒压法、砂浆片剪切法、点荷法等；砌筑砂浆强度的匀质性可采用非破损的方法检测，如回弹法、射钉法、贯入法、超声法、超声回弹综合法等。当这些方法用于检测既有建筑砌筑砂浆强度时，宜配合取样检测方法。

1. 推出法

推出法是采用推出仪从墙体上水平推出单块丁砖，测得水平推力及推出砖下的砂浆饱满度，以此推定砌筑砂浆的抗压强度。该方法适用于推定 240mm 厚烧结普通砖、烧结多孔砖、蒸压灰砂砖或蒸压粉煤灰砖墙体中的砌筑砂浆强度，所测砂浆强度宜为 1～15MPa。检测时，应将推出仪安放在墙体孔洞内。如图 6-24 所示，推出仪应由钢制部件、传感器、推出力峰值测定仪等组成。

（1）检测要求

测点宜均匀布置在墙上，并避开施工预留洞口；被推丁砖的承压面可采用砂轮磨平，并清理干净；被推丁砖下的水平灰缝厚度应为 8～12mm；测试前，对被推丁砖编号并详细记录墙体外观情况。

（2）测试步骤

1）取出被推丁砖上部的两块顺砖。如图 6-24（a）所示，用冲击钻在 A 点打出约 40mm 的孔洞；用锯条自 A 至 B 锯开灰缝；将扁铲打入上一层灰缝，取出两块顺砖；用锯条锯切被推丁砖两侧的竖向灰缝，直至下皮砖顶面；开洞及清缝时，不得扰动被推丁砖。

2）安装推出仪。用尺测量前梁两端与墙面距离，使其误差小于 3mm。传感器作用点，在水平方向应位于被推丁砖中间，铅垂方向应距被推丁砖下表面以上 15mm 处。

3）加载试验。旋转加荷螺杆对试件施加荷载，加荷速度宜控制在 5kN/min。当被推丁砖和砌体间发生相对位移时，试件破坏，记录推出力 N_{ij}。

4）取下被推丁砖，用百格网测试砂浆饱满度 B_{ij}。

（3）数据整理

1）单个测区的推出力平均值按下式计算：

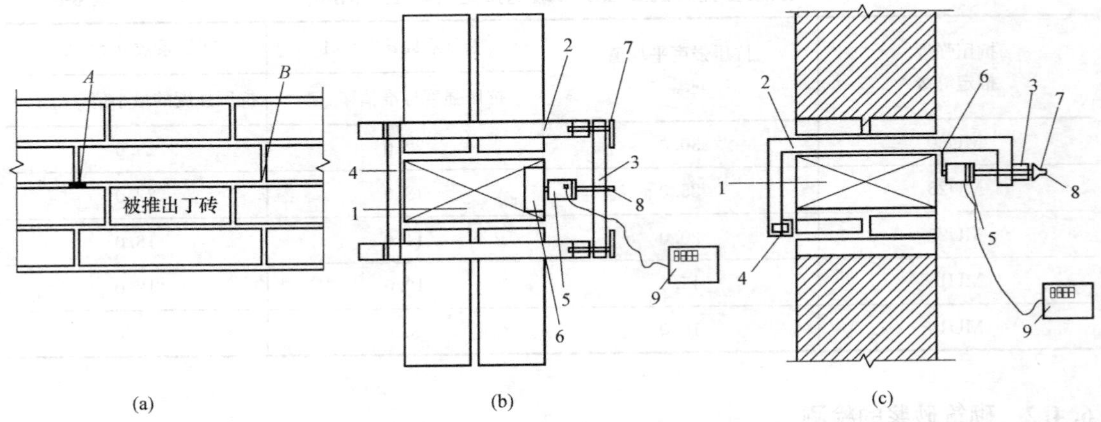

图 6-24　推出仪及测试安装

(a) 试件加工步骤示意；(b) 平剖面；(c) 纵剖面

1—被推出丁砖；2—支架；3—前梁；4—后梁；5—传感器；6—垫片；7—调平螺丝；8—传力螺杆；9—推出力峰值测定仪

$$N_i = \xi_{3i} \frac{1}{n_1} \sum_{j=1}^{n_1} N_{ij} \tag{6-56}$$

式中　N_i——第 i 个测区的推出力平均值，精确至 0.01kN；

N_{ij}——第 i 个测区第 j 块测试砖的推出力峰值，kN；

ξ_{3i}——砖品种的修正系数，对烧结普通砖，取 1.00，对蒸压灰砂砖，取 1.14。

2）测区的砂浆饱满度平均值按下式计算：

$$B_i = \frac{1}{n_1} \sum_{j=1}^{n_1} B_{ij} \tag{6-57}$$

式中　B_i——第 i 个测区的砂浆饱满度平均值，以小数计；

B_{ij}——第 i 个测区第 j 块测试砖下的砂浆饱满度实测值，以小数计。

3）测区的砂浆强度平均值按式下式计算：

$$f_{2i} = 0.3(N_i/\xi_{4i})^{1.19} \tag{6-58}$$

$$\xi_{4i} = 0.45B_i^2 + 0.9B_i$$

式中　f_{2i}——第 i 个测区的砂浆强度平均值，MPa；

ξ_{4i}——推出法的砂浆强度饱满度修正系数，以小数计。

当测区的砂浆饱满度平均值小于 0.65 时，不宜按上式计算砂浆强度，而宜选用其他方法推定砂浆强度。

2. 筒压法

筒压法适用于推定烧结普通砖或烧结多孔砖砌体中砌筑砂浆的强度，但不适用于高温、长期浸水、遭受火灾、环境侵蚀等情况。检测时应从砖墙中抽取砂浆试样，并在试验室内进行筒压荷载测试，将测试得到的筒压比换算为砂浆强度。筒压法所测试的砂浆品种包括中砂、细砂配制的水泥砂浆，特细砂配制的水泥砂浆，中砂、细砂配制的水泥石灰混合砂浆，中砂、细砂配制的水泥粉煤灰砂浆，石灰石质石粉砂与中砂、细砂混合配制的水泥石灰混合砂浆和水泥砂浆。砂浆强度范围为 2.5～20MPa。

（1）测试设备

如图 6-25 所示，承压筒可用普通碳素钢或合金钢自行制作，也可用测定轻骨料筒压强度的承压筒代替。

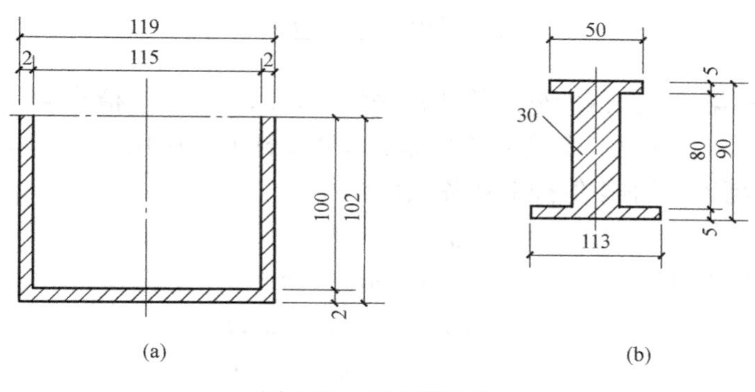

图 6-25　承压筒构造

（a）承压筒剖面；（b）承压盖剖面

（2）检测步骤及要求

在每一测区，应从距墙表面 20mm 以内的水平灰缝中凿取约 4000g 砂浆，砂浆片（块）最小厚度不小于 5mm。各个测区的砂浆样品应分别放置并编号。使用手锤击碎样品时，应筛取 5～15mm 的砂浆颗粒约 3000g，在 105±5℃温度下烘干至恒重，冷却至室温后备用。

每次取烘干样品约 1000g，置于孔径 5mm、10mm、15mm（或边长 4.75mm、9.5mm、16mm）标准筛所组成的套筛中，用机械摇筛 2min 或手工摇筛 1.5min；应制备三个试样，称取粒级 5～10mm（4.75～9.0mm）和 10～15mm（9.0～16mm）的砂浆颗粒各 250g，混合均匀后作为一个试样。每个试样分两次装入承压筒，每次宜装 1/2，且应在水泥跳桌上跳振 5 次；第二次装料并跳振后，应整平表面。无水泥跳桌时，可按砂、石紧密体积密度的测试方法颠击密实。

将装试样的承压筒置于试验机上，再次检查承压筒内的砂浆试样表面是否平整；盖上承压盖，按 0.5～1.0kN/s 加荷速度或 20～40s 内均匀加荷至规定的筒压荷载值，然后卸荷。对于不同品种砂浆的筒压荷载值，水泥砂浆、石粉砂浆应为 20kN；特细砂水泥砂浆应为 10kN；水泥石灰混合砂浆、粉煤灰砂浆应为 10kN。加载过程若出现承压盖倾斜状况，应立即停止测试，并检查承压盖是否受损（变形），以及承压筒内砂浆试样表面是否平整。出现承压盖受损（变形）情况时，应更换承压盖，并重新制备试样。

将施压后的试样倒入由孔径 5（4.75）mm 和 10（9.5）mm 标准筛组成的套筛中时，装入摇筛机摇筛 2min 或人工摇筛 1.5min，并筛至每隔 5s 的筛出量基本相符。称量各筛筛余试样的重量，并精确至 0.1g。各筛的分计筛余量和底盘剩余量的总和，与筛分前的试样重量相比，相对差值不得超过试样重量的 0.5%。

（3）数据整理

1）标准试样的筒压比按下式计算：

$$h_{ij}=\frac{t_1+t_2}{t_1+t_2+t_3} \tag{6-59}$$

式中 h_{ij}——第 i 个测区中第 j 个试样的筒压比；

t_1、t_2、t_3——分别为孔径 5（4.75）mm、10（9.5）mm 筛的分计筛余量和底盘中剩余量，g。

2）测区的砂浆筒压比按下式计算：

$$h_i=\frac{(h_{1i}+h_{2i}+h_{3i})}{3} \tag{6-60}$$

式中 h_i——第 i 个测区的砂浆筒压比平均值，以小数计，精确至 0.01；

h_{1i}、h_{2i}、h_{3i}——分别为第 i 个测区 3 个标准砂浆试样的筒压比。

3）测区的砂浆强度平均值按下列各式计算：

水泥砂浆：
$$f_{2i}=34.58{h_i}^{2.06} \tag{6-61}$$

水泥石灰混合砂浆：
$$f_{2i}=6.1h_i+11{h_i}^2 \tag{6-62}$$

粉煤灰砂浆：
$$f_{2i}=2.52-9.4h_i+32.8{h_i}^2 \tag{6-63}$$

石粉砂浆：
$$f_{2i}=2.7-13.9h_i+44.9{h_i}^2 \tag{6-64}$$

3. *点荷法*

点荷法适用于推定普通烧结砖或多孔砖砌体中的砌筑砂浆强度，检测时应从砖墙中抽取砂浆片试样，采用试验机或专用仪器测试其点荷载值，然后换算为砂浆强度。每个测点处宜取出两个砂浆大片，一片用于检测，一片备用。

（1）检测方法及要求

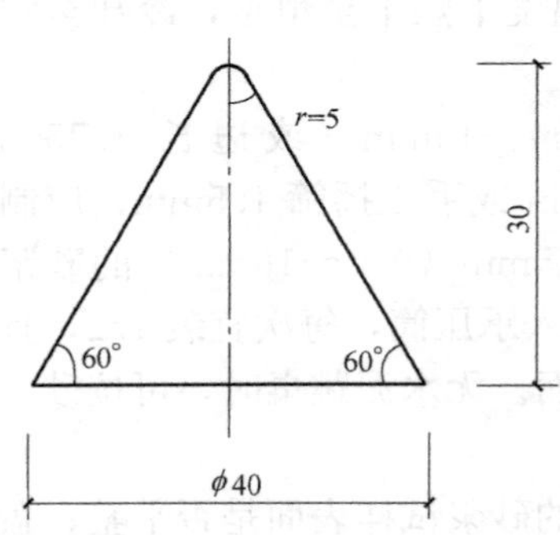

图 6-26 加荷头端部尺寸示

采用小吨位压力试验机（最小读数盘值宜为 50kN 以内）和自制加荷头装置作为试验设备。铁制加荷头装置为内角为 60°的圆锥体，如图 6-26 所示，锥底直径为 40mm，高度为 30mm；锥体头部是半径为 5mm 的截球体，锥球高度为 3mm，其他尺寸可自定。加荷头应为 2 个，其与试验机的连接方法可根据试验机具体情况确定，宜将连接件与加荷头设计为一个整体附件。

从每个测点处剥离出砂浆大片，厚度为 5～12mm，预估荷载作用半径为 15～25mm，大面应平整，但其边缘不要求非常规则。在砂浆试件上画出作用点，量测其厚度，精确至 0.1mm。在小吨位压力试验机上下压板上分别安装上下加荷头，两加荷头应对齐；将砂浆试件水平放置，上下加荷头对准预先画好的作用点，并使上加荷头轻轻压紧试件，然后缓慢匀速施加荷载至试件破坏。记录荷载值，精确至 0.1kN。将破坏后的试件拼接成原样，测量荷载实际作用点中心到试件破坏线边缘的最短距离，即荷载作用半径，精确至 0.1mm。

（2）数据整理

砂浆试件的抗压强度换算值 f_{2ij}，应按式下列各式计算：

$$f_{2ij}=(33.3\xi_{4ij}\xi_{5ij}N_{ij}-1.1)^{1.09} \tag{6-65a}$$

$$\xi_{4ij}=1/(0.05\gamma_{ij}+1) \tag{6-65b}$$

$$\xi_{5ij}=1/[0.03t_{ij}(0.1t_{ij}+1)+0.4] \tag{6-65c}$$

式中 N_{ij}——点荷载值，kN；

ξ_{4ij}——荷载作用半径修正系数；

ξ_{5ij}——试件厚度修正系数；

γ_{ij}——荷载作用半径，mm；

t_{ij}——试件厚度，mm。

测区的砂浆抗压强度平均值按下式计算：

$$f_{2i}=\frac{1}{n_1}\sum_{j=1}^{n_1}f_{2ij} \tag{6-66}$$

4. *砂浆抗压强度的推定*

根据《砌体工程现场检测技术标准》GB/T 50315—2011 中的强度推定方法，每一检测单元的砂浆强度平均值 $f_{2,\mathrm{m}}$、标准值 s 和变异系数 δ 按下列各式计算：

$$f_{2,\mathrm{m}}=\frac{1}{n_2}\sum_{i=1}^{n_2}f_{2i} \tag{6-67}$$

$$s=\sqrt{\frac{\sum_{i=1}^{n_2}(f_{2,\mathrm{m}}-f_{2i})^2}{n_2-1}} \tag{6-68}$$

$$\delta=\frac{s}{f_{2\mathrm{m}}} \tag{6-69}$$

式中 $f_{2,\mathrm{m}}$——同一检测单元的砂浆强度平均值，MPa；

s——同一检测单元的砂浆强度标准值，MPa；

n_2——同一检测单元的测区数。

（1）对在建或新建砌体结构，当需推定砌筑砂浆抗压强度值时按下列公式计算：

1）当测区数 n_2 不小于 6 时，应取下列公式中的较小值：

$$f'_2=0.91f_{2,\mathrm{m}} \tag{6-70}$$

$$f'_2=1.18f_{2,\mathrm{min}} \tag{6-71}$$

式中 f'_2——砌筑砂浆抗压强度推定值，MPa；

$f_{2,\mathrm{min}}$——同一检测单元测区砂浆抗压强度的最小值，MPa。

2）当测区数 n_2 小于 6 时按下式计算：

$$f'_2=f_{2,\mathrm{min}} \tag{6-72}$$

（2）对既有砌体结构，当需推定砌筑砂浆抗压强度值时按下列公式计算：

1）当测区数 n_2 不小于 6 时，取下列公式中的较小值：

$$f'_2=f_{2,\mathrm{m}} \tag{6-73}$$

$$f'_2=1.33f_{2,\mathrm{min}} \tag{6-74}$$

2）当测区数 n_2 小于 6 时，按下式计算：

$$f'_2=f_{2,\mathrm{min}} \tag{6-75}$$

当砌筑砂浆强度检测结果小于 2.0MPa 或大于 15MPa 时，不宜给出具体检测值，仅给出检测值范围 $f_2<2.0$MPa 或 $f_2>15.0$MPa。

6.4.3 砌体抗压强度检测

砌体强度可采用取样法或现场原位法检测。取样法是从砌体中截取试件在试验室测定试件强度。原位法是在现场测试砌体强度。取样检测应遵循下列规定：

（1）取样检测不得造成结构或构件安全问题；

（2）试件尺寸和强度测试方法应符合《砌体基本力学性能试验方法标准》GB/T 50129—2011的规定；

（3）取样操作宜采用无振动的切割方法，试件数量应根据检测目的确定；

（4）测试前应对试件局部损伤进行修复，严重损伤的样品不得作为试件。

1. *原位轴压法*

原位轴压法适用于推定240mm厚普通砖或多孔砖砌体的抗压强度。采用该方法进行检测时，砌体不受扰动，可全面考虑砖材和砂浆变异及砌筑质量等因素对砌体抗压强度的影响，对于结构改建、抗震修复加固、灾害事故分析以及对既有砌体结构进行可靠性评定等尤为适用。此外，该方法以局部破损应力作为砌体强度推算依据，结果较为可靠，而且对砌体造成的局部损伤易于修复，属于微破损试验方法。

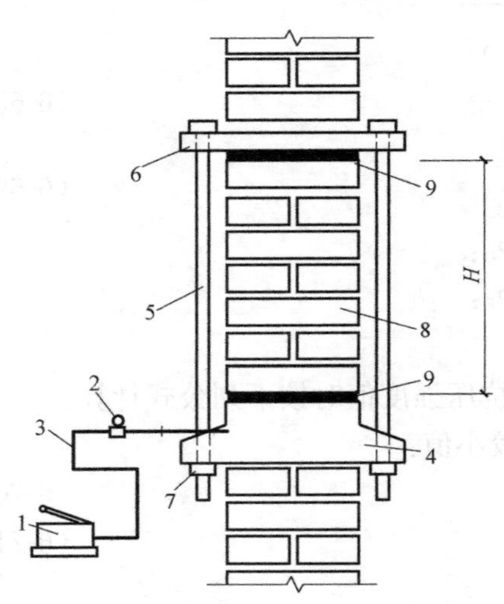

图6-27　原位轴压法的试验装置

1—手动油泵；2—压力表；3—高压油管；4—扁式千斤顶；5—钢拉杆（4根）；6—反力板；7—螺母；8—槽间砌体；9—砂垫层

试验装置由扁式加载器、自平衡反力架和液压加载系统组成，如图6-27所示。测试时先在测试部位垂直方向按试样高度上下两端各开凿一个相当于扁式加载器尺寸的水平槽，在槽内各嵌入一扁式加载器，并用自平衡拉杆固定。也可一个用加载器，而另一个用特制的钢板代替。通过加载系统对试体分级加载，直至试件受压开裂破坏，求得砌体极限抗压强度。此外，也可在被测试体上下端各开240mm×240mm方孔，内嵌一自平衡加载架及扁千斤顶直接对砌体加载。

（1）检测步骤及要求

测试部位应具有代表性，宜选在墙体中部距楼（地）面1m左右高度处；槽间砌体每侧墙体宽度不应小于1.5m。同一墙体上测点不宜多于1个，且宜选在沿墙体长度的中间部位；多于1个时，其水平净距不得小于2.0m。测试部位不得选在挑梁下、应力集中部位及墙梁的墙体计算高度范围内。

在测点上开凿水平槽孔时，上、下水平槽孔应对齐，水平槽的尺寸应符合表6-9的要求。普通砖砌体，槽间砌体高度应为7皮砖；多孔砖砌体，槽间砌体高度应为5皮砖。开槽时，应避免扰动四周砌体；槽间砌体的承压面应平整。在槽孔间安放原位压力机时，在上槽内的下表面和扁式千斤顶的顶面，应均匀铺设湿细砂或石膏垫层，厚度可取10mm。应将反力板置于上槽孔，扁式千斤顶置于下槽孔，安放四根钢拉杆，并应使两个承压板上下对齐，沿对角两两均匀拧紧螺母并调整平行度；四根钢拉杆上下螺母间的净距误差不大于2mm。

正式测试前，为检查测试系统的灵活性和可靠性，以及上下压板和砌体受压面接触是否均匀密实，应进行试加载测试，荷载值可取预估破坏荷载的10%。

水平槽尺寸　　表 6-9

名称	长度(mm)	厚度(mm)	高度(mm)
上水平槽	250	240	70
下水平槽	250	240	≥110

正式测试时应分级加荷。每级荷载可取预估破坏荷载的10%，并应在1～1.5min内均匀加完，然后恒载2min。加荷至预估破坏荷载的80%后，按原定加荷速度连续加荷，直至槽间砌体破坏。当槽间砌体裂缝急剧扩展，油压表指针明显回退时，槽间砌体达到极限状态。测试过程中，若发现上下压板与砌体承压面因接触不良，致使槽间砌体呈局部受压或偏心受压状态时，应停止测试，并调整测试装置，重新测试，无法调整时应更换测点。

（2）数据分析

槽间砌体的抗压强度按下式计算：

$$f_{uij}=\frac{N_{uij}}{A_{ij}} \tag{6-76}$$

式中　f_{uij}——第 i 个测区第 j 个测点槽间砌体的抗压强度，MPa；

N_{uij}——第 i 个测区第 j 个测点槽间砌体的受压破坏荷载值，N；

A_{ij}——第 i 个测区第 j 个测点槽间砌体的受压面积，mm^2。

按下列公式将槽间砌体抗压强度换算为标准砌体抗压强度：

$$f_{mij}=\frac{f_{uij}}{x_{1ij}} \tag{6-77}$$

$$x_{1ij}=1.25+0.60s_{0ij}$$

式中　f_{mij}——第 i 个测区第 j 个测点的标准砌体抗压强度换算值，MPa；

x_{1ij}——原位轴压法的无量纲的强度换算系数；

s_{0ij}——测点上部墙体的压应力，可按墙体实际所承受的荷载标准值计算，MPa。

测区的砌体抗压强度平均值按下式计算：

$$f_{mi}=\frac{1}{n_1}\sum_{j=1}^{n_1}f_{mij} \tag{6-78}$$

式中　f_{mi}——第 i 个测区的砌体抗压强度平均值，MPa；

n_1——第 i 个测区的测点数。

2. *扁顶法*

如图 6-28 所示，扁顶法的试验装置由扁式液压加载器及液压加载系统组成。试验时在待测砌体部位按所取试样高度在上下两端垂直于主应力方向沿水平灰缝将砂浆掏空，形成两个水平空槽，将扁式加载器的液囊放入灰缝空槽内。当扁式加载器进油时，因液囊膨胀而对砌体产生压力，随着压力的增加，试件受载增大，由压力表的读数可测定施加压力的大小。将扁式加载器的压应力值修正后，即得到砌体的抗压强度。此外，若在被试砌体部位布置应变测点进行应变量测时，采用扁顶法还可测量砌体的应力-应变曲线和砌体原始主应力值，推定墙体受压工作应力和砌体弹性模量。采用扁顶法时的数据分析方法与原位轴压法相同。

（1）测试墙体受压工作应力

在选定的墙体上标出水平槽位置，并牢固粘贴两对变形测量的脚标，如图 6-28（a）所示。脚标应位于水平槽正中并跨越该槽；普通砖砌体脚标间的距离应相隔 4 条水平灰缝，宜取 250mm；多孔砖砌体脚标间的距离应相隔 3 条水平灰缝，宜取 270～300mm。使用手持应变仪或千分表在脚标上测量砌体变形的初读数时，应测量 3 次取平均值。

水平槽的尺寸应略大于扁顶尺寸，开凿时不应损伤测点部位的墙体及变形测量脚标。槽四周应清理平整。在槽内安装扁顶时，扁顶上下两面宜垫尺寸相同的钢垫板，并应连接测试设备的油路，进行试加荷载测试。正式测试时应分级加荷。每级荷载应为预估破坏荷载值的 5%，并应在 1.5～2min 内均匀加完，恒载 2min 后读取变形值。当变形值接近开槽前的读数时，应适当减小加荷级差，直至实测变形值达到开槽前的读数，然后卸载。

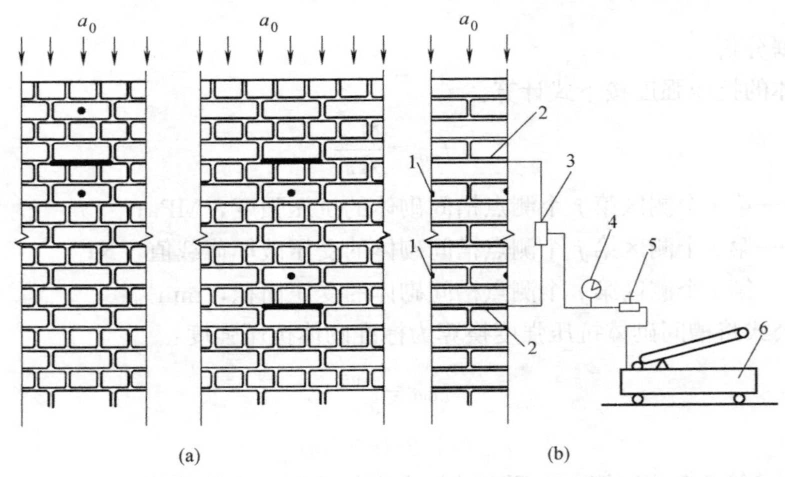

图 6-28　扁顶法测试装置与变形测点布置

（a）测试受压工作应力；（b）测试受压弹性模量、抗压强度

1—变形测点脚标；2—扁式液压千斤顶；3—三通接头；4—压力表；5—溢流阀；6—手动油泵

（2）测试砌体抗压强度和弹性模量

在完成墙体受压工作应力测试后，应开凿第二条水平槽，上下槽应相互平行、对齐。当选用 250mm×250mm 扁顶时，普通砖砌体两槽间的距离应相隔 7 皮砖；多孔砖砌体两槽间的距离应相隔 5 皮砖；当选用 250mm×380mm 扁顶时，普通砖砌体两槽间的距离应相隔 8 皮砖；多孔砖砌体两槽间的距离应相隔 6 皮砖。

正式测试时应分级加荷。每级荷载可取预估破坏荷载的 10%，并应在 1～1.5min 内均匀加完，然后恒载 2min。加荷至预估破坏荷载 80%后，按原定加荷速度连续加荷，直至槽间砌体破坏。当槽间砌体裂缝急剧扩展和增多时，油压表指针明显回退，此时，槽间砌体达到极限状态。当槽间砌体上部压应力小于 0.2MPa 时，应加设反力平衡架后再进行测试；当槽间砌体上部压应力不小于 0.2MPa 时，也宜加设反力平衡架后再进行测试。反力平衡架可由两块反力板和四根钢拉杆组成。

采用扁顶法时需根据测试目的采用不同的试验步骤，应注意以下四点：

1）仅测试墙体受压工作应力时，在测点只开凿 1 条水平灰缝槽，使用 1 个扁顶。

2）测定墙体受压工作应力和砌体抗压强度时，在测点先开凿一条水平槽，使用 1 个扁顶测定墙体受压工作应力；然后开凿第 2 条水平槽，使用 2 个扁顶测定砌体弹性模量和砌体抗压强度。

3）仅测定墙内砌体抗压强度时，同时开凿 2 条水平槽，使用 2 个扁顶。

4）测试砌体抗压强度和弹性模量时，不论 s_0 大小，均宜加设反力平衡架。

6.4.4 砌体抗剪强度检测

一般采用原位双剪法测定砌体的抗剪强度，主要包括原位单砖双剪法和原位双砖双剪法两种。图 6-29 为原位单砖双剪试验示意图，该方法适用于推定各类墙厚的烧结普通砖或多孔砖砌体的抗剪强度，而原位双砖双剪法仅适用于推定 240mm 厚墙的烧结普通砖或多孔砖砌体的抗剪强度。

原位剪切仪的主机为一个附有活动承压钢板的小型千斤顶。检测时，应将原位剪切仪的主机安放在墙体槽孔内，并以一块或两块并列完整的顺砖及其上下两条水平灰缝作为一个测点。检测时，宜选用释放或可忽略受剪面上部压应力 s_0 作用的方案；当上部压应力 s_0 较大且可较准确计算时，也可选用在上部压应力 s_0 作用下的测试方案。

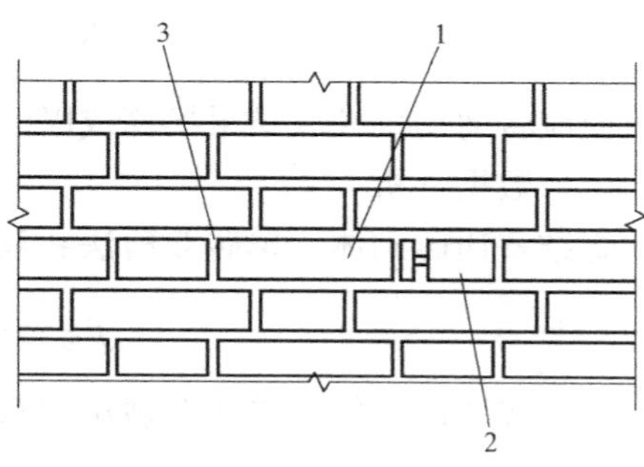

图 6-29 原位单砖双剪试验示意图

1—剪切试件；2—剪切仪主机；3—掏空的竖缝

（1）检测步骤及要求

测区应随机布置 n_1 个测点，对原位单砖双剪法，在墙体两面的测点数量宜接近或相等。试件两个受剪面的水平灰缝厚度应为 8～12mm。门窗洞口侧边 120mm 范围内、后补的施工洞口及经修补的砌体、独立砖柱不应布设测点。同一墙体的各测点之间，水平方向净距不应小于 1.5m，垂直方向净距不应小于 0.5m，且不应在同一水平或纵向位置。

安放原位剪切仪主机的孔洞应开设在墙体边缘远端或中部。当采用带有上部压应力 s_0 作用的测试方案时，应制备出安放主机的孔洞，并清除四周的灰缝。原位单砖双剪试件的孔洞截面尺寸，普通砖砌体不得小于 115mm×65mm；多孔砖砌体不得小于 110mm×110mm。原位双砖双剪试件的孔洞截面尺寸，普通砖砌体不得小于 240mm×65mm，多孔砖砌体不得小于 240mm×110mm，且应掏空、清除剪切试件另一端的竖缝。当采用释放试件上部压应力 s_0 的测试方案时，尚应按图 6-30 所示，掏空试件顶部两皮砖之上的一条水平灰缝，掏空范围应由剪切试件的两端向上按 45°角扩散至灰缝 4，掏空长度应大于 620mm，深度应大于 240mm。试件两端的灰缝应清理干净。开凿清理过程中，严禁扰动试件；发现被推砖块有明显缺棱掉角或上下灰缝有松动现象时，应舍去该试件。被推砖的承压面应平整，不平时应用扁砂轮等工具磨平。

测试时应将剪切仪主机放入开凿好的孔洞中，使仪器的承压板与试件的砖块顶面重合，仪器轴线与砖块轴线吻合。开凿孔洞过长时，在仪器尾部应另加垫块。操作剪切仪，匀速施加水平荷载，直至试件和砌体间产生相对位移，试件达到破坏状态。加荷全过程宜为 1～3min。记录试件破坏时剪切仪测力计的最大读数。当采用无量纲指示仪表的剪切仪

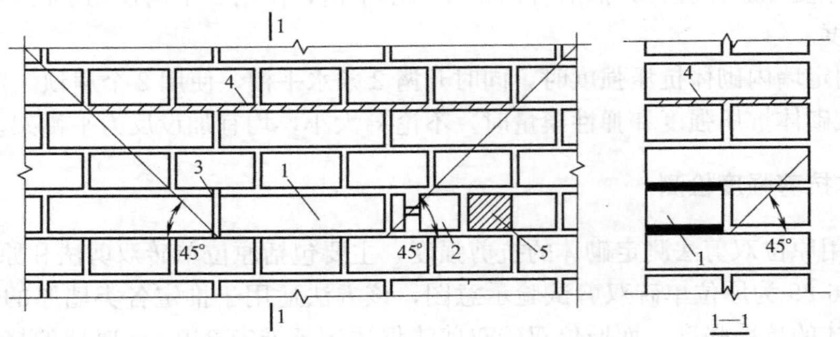

图 6-30 释放 s_0 的测试方案示意图

1—试样；2—剪切仪主机；3—掏空竖缝；4—掏空水平缝；5—垫块

时，尚应将剪切仪校验结果换算成以"N"为单位的破坏荷载。

(2) 数据分析

烧结普通砖砌体，单砖双剪法和双砖双剪法试件沿通缝截面的抗剪强度按下式计算：

$$f_{vij}=\frac{0.32N_{vij}}{A_{vij}}-0.70\sigma_{0ij} \tag{6-79}$$

烧结多孔砖砌体，单砖双剪法和双砖双剪法试件沿通缝截面的抗剪强度按下式计算：

$$f_{vij}=\frac{0.29N_{vij}}{A_{vij}}-0.70s_{0ij} \tag{6-80}$$

式中 A_{vij}——第 i 个测区第 j 个测点单个灰缝受剪截面的面积，mm^2；

σ_{0ij}——该测点上部墙体的压应力，MPa，当忽略上部压应力作用或释放上部压应力时，取为 0。

测区的砌体沿通缝截面的抗剪强度平均值按下式计算：

$$f_{vi}=\frac{1}{n_1}\sum_{j=1}^{n_1}f_{vij} \tag{6-81}$$

式中 f_{vi}——第 i 个测区的砌体沿通缝截面的抗剪强度平均值，MPa。

(3) 砌体抗压与抗剪强度推定

根据《砌体工程现场检测技术标准》GB/T 50315—2011 中的强度推定方法，每一检测单元的砂浆强度平均值 $\overline{x}$、标准值 s 和变异系数 δ 按下列各式计算：

$$\overline{x}=\frac{1}{n_2}\sum_{i=1}^{n_2}f_i \tag{6-82}$$

$$s=\sqrt{\frac{\sum_{i=1}^{n_2}(\overline{x}-f_i)^2}{n_2-1}} \tag{6-83}$$

$$\delta=\frac{s}{\overline{x}} \tag{6-84}$$

式中 $\overline{x}$——同一检测单元的强度平均值，MPa。当检测砌体抗压强度时，$\overline{x}$ 为 f_m；当检测砌体抗剪强度时，$\overline{x}$ 为 $f_{v,m}$；

f_i——测区的强度代表值，MPa。当检测砌体抗压强度时，f_i 为 f_{mi}；当检测砌体抗剪强度时，f_i 为 f_{vi}；

n_2——同一检测单元的测区数；

s——同一检测单元，按 n_2 个测区计算的强度标准值，MPa；

δ——同一检测单元的强度变异系数。

当需推定每一检测单元的砌体抗压强度标准值或砌体沿通缝截面的抗剪强度标准值时，应分别按下列要求进行推定：

1）当测区数 n_2 不小于 6 时，可按下列公式推定：

$$f_{\mathrm{k}}=f_{\mathrm{m}}-k\cdot s \tag{6-85}$$

$$f_{\mathrm{v,k}}=f_{\mathrm{v,m}}-k\cdot s \tag{6-86}$$

式中 f_{k}——砌体抗压强度标准值，MPa；

f_{m}——同一检测单元的砌体抗压强度平均值，MPa；

$f_{\mathrm{v,k}}$——砌体抗剪强度标准值，MPa；

$f_{\mathrm{v,m}}$——同一检测单元的砌体沿通缝截面的抗剪强度平均值，MPa；

k——与 α、C、n_2 有关的强度标准值计算系数，按表 6-9 取值，其中 α 为确定强度标准值所取的概率分布下分位数，取 0.05；c 为置信水平，取 0.60。

计算系数 k **表 6-10**

测区数 n_2	6	7	8	9	10	12	15	18
k	1.947	1.908	1.880	1.858	1.841	1.816	1.790	1.773
测区数 n_2	20	25	30	35	40	45	50	
k	1.764	1.748	1.736	1.728	1.721	1.716	1.712	

2）当测区数 n_2 小于 6 时，按下列公式推定：

$$f_{\mathrm{k}}=f_{\mathrm{m}i,\min} \tag{6-87}$$

$$f_{\mathrm{v,k}}=f_{\mathrm{v}i,\min} \tag{6-88}$$

式中 $f_{\mathrm{m}i,\min}$——同一检测单元中测区砌体抗压强度最小值，MPa；

$f_{\mathrm{v}i,\min}$——同一检测单元中测区砌体抗剪强度最小值，MPa。

对于每一检测单元的砌体抗压强度或抗剪强度，当检测结果的变异系数 d 分别大于 0.2 或 0.25 时，应分析造成离散性较大的原因，若因混入不同样本所致，宜分别进行统计。

6.4.5 砌筑质量、构造、变形与损伤

砌筑质量检测主要包括砌筑方法、灰缝质量、砌体偏差和留槎及洞口等项目。砌体结构的构造检测主要包括砌筑构件的高厚比、梁垫、壁柱、预制构件的搁置长度、大型构件端部的锚固措施、圈梁、构造柱或芯柱、砌体局部尺寸及钢筋网片和拉结筋等项目。砌体结构的变形与损伤检测主要包括裂缝、倾斜、基础不均匀沉降、环境侵蚀损伤、灾害损伤及人为损伤等项目。

（1）砌筑方法检测

主要检测上下错缝，内外搭砌等是否符合要求。

（2）灰缝质量检测

灰缝质量检测主要包括灰缝厚度、饱满程度和平直程度等项目。其中灰缝厚度的代表值应按 10 皮砖砌体高度折算。灰缝的饱满程度和平直程度，按现行《砌体结构工程施工质量验收规范》GB 50203—2011 规定的方法进行检测。

（3）砌体偏差检测

砌体偏差检测包括砌筑偏差和放线偏差。砌筑偏差中的构件轴线位移和构件垂直度的检测方法和评定标准，可按现行《砌体结构工程施工质量验收规范》GB 50203—2011 的规定执行。对于无法准确测定构件轴线绝对位移和放线偏差的既有结构，可测定构件轴线的相对位移或相对放线偏差。

（4）配筋砌体中的钢筋检测

配筋砌体中的钢筋检测主要包括钢筋位置、直径、数量等项目。钢筋位置和数量宜采用非破损的雷达法或电磁感应法进行检测，必要时可凿洞进行钢筋直径或数量验证。砌体中拉结筋的间距，应取 2～3 个连续间距的平均间距作为代表值。

（5）砌体构造检测

对于砌筑构件的高厚比，其厚度值应取构件厚度实测值；跨度较大的屋架和梁支承面下的垫块和锚固措施，可采取剔除表面抹灰的方法检测；预制钢筋混凝土板的支承长度，可采用剔凿楼面面层及垫层的方法检测；跨度较大门窗洞口混凝土过梁的设置状况，可通过测定过梁钢筋状况判定，也可采取剔凿表面抹灰的方法检测；砌体墙梁的构造，可采取剔凿表面抹灰和用尺量测的方法检测；圈梁、构造柱或芯柱的设置，可通过测定钢筋状况判定；圈梁、构造柱或芯柱的混凝土施工质量检测按混凝土检测的相关规定进行。

（6）裂缝检测

对于结构或构件上的裂缝，应测定裂缝位置、长度、宽度和数量。必要时应剔除构件抹灰，确定砌筑方法、留槎、洞口、线管及预制构件对裂缝的影响。对于仍在发展的裂缝应进行定期观测，提供裂缝发展速度的数据。

（7）损伤检测

对砌体结构的损伤进行检测时，应确定损伤对砌体结构安全性的影响。对于不同原因造成的损伤，其检测内容不同。对环境侵蚀引起的损伤，应确定侵蚀源、侵蚀程度和速度；对冻融损伤，应测定冻融损伤深度、面积；对火灾等造成的损伤，应确定灾害影响区域和受灾害影响的构件，确定影响程度；对于人为损伤，应确定损伤程度。

（8）变形检测

对于砌筑构件或砌体结构的倾斜，可采用经纬仪、激光定位仪、三轴定位仪或吊锤的方法检测，且宜区分倾斜中砌筑偏差造成的倾斜、变形造成的倾斜和灾害造成的倾斜等。基础不均匀沉降可采用水准仪检测；当需要确定基础沉降的发展情况时，应在砌体结构上布置测点进行观测，观测操作应遵守现行《建筑变形测量规范》JGJ 8—2016 的相关规定；砌体结构的基础累计沉降差，可参照首层基准线推算。

6.5 结构现场荷载试验

6.5.1 概述

结构现场荷载试验被认为是最能够直观反映结构整体性能的方法。实际工程中，现场荷载试验得到的结果能够直接说明结构在正常使用条件下的性能。而对于结构在承载能力极限状态下的性能，则只能通过两种方法获得，其一是对结构进行破坏性试验，直接得到结构的极限承载能力，但试验结构也因承载能力耗尽而不复存在，因此，不适用于已建结构；其二是通过非破损检测和荷载试验，掌握材料的基本性能和结构整体性能，根据检测和试验所获取的信息，建立结构计算模型，分析得到结构的极限承载能力。在此过程中，结构荷载试验的作用主要是确定结构传力路径、边界条件、连接条件和结构在弹性范围内的性能。此外，当结构性能难以通过分析计算确定是否满足规定要求时，结构荷载试验是对结构性能进行综合评定的最可行方法。

现场静载试验主要包括以下几种情况：

(1) 新建结构在采用了新工艺、新材料或新的结构形式后，通过静载试验验证结构性能，总结分析与设计方法；

(2) 新建结构在建设过程中，由于质量事故或其他原因，对结构性能存在疑问时，也常进行现场静载试验；

(3) 有的结构构件，如预应力混凝土圆孔板，按照建设过程中结构构件质量检验的要求，也需进行现场静载试验；

(4) 对已建结构进行静载试验，得到结构整体性能的有关数据，验证结构或构件的正常使用性能是否满足设计规范要求，以便能够更加准确地对结构可靠性做出评估。

对建筑结构进行现场静载试验的基本要求是避免对结构造成超出其正常使用条件下可能出现的损伤。因此，最大试验荷载一般为结构设计取用的荷载标准值。考虑结构构件质量控制的要求，有时也将结构设计的荷载标准值乘以 1.05～1.10 的检验系数。对于新建结构或构件质量检验，结构检验系数可取为大于 1.0 的数值，对于已建结构或存在不同程度破损的结构，结构检验系数应小于 1.0，但一般不小于 0.7。如果结构已存在较严重的破损，则不宜进行结构现场荷载试验。

结构现场静载试验的对象多为梁板结构，多采用重物加载。当试验荷载较小时，可采用砖、沙包、袋装水泥等重物堆载。试验前，对试验堆载的重物进行称量，荷载误差不宜大于 1%。当试验结构或构件可能产生较大变形时，为避免堆载的重物产生拱效应，应将重物分区堆载。此外，砌筑临时水池，利用水的重量加载也是常见的一种静力加载方式。采用该加载方式时，若楼面为现浇钢筋混凝土整体式结构，可不采取防渗措施，对于装配式楼面结构，可在楼板上铺一层防水薄膜。

静载试验应采用分级加载，在每一级荷载作用下，测量结构的变形和应变，观察裂缝的出现等。达到预定的试验荷载值后，根据试验要求，保持荷载一段时间，然后逐级卸载，全部卸载后，量测结构的残余变形。

6.5.2 现场静载试验的观测内容和方法

现场静载试验的观测内容主要包括位移、倾角、应变和可能出现的裂缝。现场测试时多采用机械式仪表，常用测量仪表和测量方式如下：

(1) 百分表：测量梁板构件的竖向挠度，构件的水平位移或构件间的相对位移；

(2) 手持式应变仪：在试验结构上选择应变测试位置，粘贴两个带有定位孔的小铁片，定位孔间的距离为 200～250mm，手持式应变仪用来测量定位孔间的距离变化，根据该距离的变化，可计算测试位置的应变；

(3) 水准管式倾角仪：测量结构或构件的倾角或扭转角变化；

(4) 刻度放大镜：测量裂缝宽度；

(5) 精密经纬仪或全站仪：测量结构或构件的水平位移或结构整体倾斜；

(6) 精密水平仪：测量结构的沉降。

近年来，出现了不少自供电或直流供电的新型传感器，此类传感器采用一体化设计，将传感、放大、显示等功能高度集成在微小的体积内，对环境变化不敏感，精度高，抗干扰能力强，正逐渐取代机械式仪表。

由于结构现场静载试验的荷载比较小，结构反应也相对较小。因此，位移和应变测点的布设应优先考虑结构最大反应。对于位移测试和应变测试，应优先考虑位移测试。在建筑楼面进行结构静载试验时，可采用两种方式测量竖向位移。一种方式是将百分表固定在一个独立的刚性支架上，用百分表直接量测楼面板或梁的挠度；另一种方式是采用钢丝吊锤，将位移测点引到地面或下一层楼面，然后用百分表测量吊锤的位移。对于较宽的梁，宜在梁底两侧布置位移测点，测量可能出现的梁体扭转。

6.5.3 现场静载试验的组织和实施

结构现场静载试验的组织和实施主要包括以下几个方面：

(1) 现场调查与勘察

在进行试验之前，应对试验结构进行全面调查与勘察。调查勘察包括初步调查和详细调查。初步调查主要获取与结构有关的技术资料，如设计图纸、竣工验收记录、使用情况、用户在使用过程中发现的问题、荷载分析等，并对结构进行目测调查。在初步调查的基础上，根据具体情况再制定详细调查方案。详细调查包括材料强度和内部缺陷的非破损检测、结构变形测量、裂缝和外部缺陷调查等。在调查中，应特别注意荷载试验区域的结构外部缺陷调查。对于混凝土结构，试验前应仔细检查结构的裂缝，对裂缝位置和宽度做好记录并在结构上标注；对于钢结构，应重点检查节点和连接部位。

(2) 制定加载方案

在现场调查勘察的基础上制定荷载试验方案。主要内容包括最大试验荷载值和加载区域的确定、荷载种类的选择、荷载称量方式、加载过程、卸载过程以及试验中止条件。通常可将最大试验荷载分为 5～6 级进行加载，最后一级荷载增量一般不超过最大试验荷载的 10%。每级荷载保持的时间为 10～15min，达到最大试验荷载后，保持荷载 30min。卸载可分为 2～3 级，全部荷载卸除后 45min，观测结构最大反应测点的残余变形，必要时可在卸载后 12～18h 再次观测变形恢复量。试验中止条件主要是考虑试验过程中可能出现的意外情况，例如，在最大试验荷载作用之前裂缝宽度或变形超过容许值，或结构出现局部破坏征兆，或基础出现过大的沉降，或结构产生的变形不能稳定而持续增长等。当出现此类情况时，应及时中止试验并卸除荷载，对已获取的试验数据进行分析后，再决定是否继续进行试验或结束试验。

(3) 安全与防护措施

在制定试验方案时应对试验各阶段提出明确的安全和防护措施。现场静载试验过程中，安全防护的对象主要是试验工作人员和仪器设备。安全防护措施主要包括指定专人担任现场试验安全员，设置防止结构或构件发生倒塌破坏、结构失稳破坏的支架，避免堆载过于集中，安全用电，确保安全可靠的工作平台或脚手架，在试验区域设置标识并疏散无关人员，正确使用加载设备等。

6.6 结构可靠性鉴定

结构的可靠度随时间推移会逐渐降低，正常设计、施工和使用的结构，还必须正常维护才能最大限度地发挥其社会效益和经济效益。结构可靠性鉴定成为其中必不可少的一个环节。通过现场调查和试验检测，可得到结构材料的基本力学性能，有限的结构隐蔽工程数据（如混凝土结构的实际配筋及保护层厚度），结构的荷载条件和荷载历史，结构构件的连接关系，结构缺陷和破损，地基不均匀沉降的迹象，现场静载试验结果以及设计、施工、监理等技术资料和信息，结构可靠性鉴定就是根据获取的这些信息对可靠度进行估计。

已建结构的可靠度问题，实际上就是结构的安全使用寿命问题，也可以看作是结构在下一个目标使用年限内的失效概率问题。也就是确定已建结构在安全度不显著降低情况下的结构使用年限。按照现行《民用建筑可靠性鉴定标准》GB 50292—2015，结构可靠性鉴定采用多级综合评定方法。结构安全性和正常使用性的鉴定评级，按构件、子单元、鉴定单元分为三个层次，在每个层次中，按四个安全性等级和三个使用性等级对鉴定对象进行评定。根据结构安全性和正常使用性的鉴定评级，再给出结构可靠性鉴定评级。结构安全性、使用性和可靠性鉴定均按构件、子单元、鉴定单元三个层次进行。构件是结构可靠性鉴定的基本单元。这里所指的构件可以是单个的构件，如一根简支梁或结构楼层中的一根柱；也可以是结构构件相对独立的一种组合，如一榀屋架；还可以是结构的一个节段或区段，如同一楼层受力条件相同的一段墙体。子单元由构件组成。《民用建筑可靠性鉴定标准》GB 50292—2015 将整个结构体系分为地基基础、上部承重结构和围护结构系统三个子单元。鉴定单元由子单元组成。根据被鉴定建筑物的结构体系和受力特点不同，可将建筑物划分为一个或若干个鉴定单元。例如，一栋建筑物用伸缩缝分隔为两部分，就可划分为两个鉴定单元；主体建筑和辅助建筑，也可划分为不同的鉴定单元。

在钢结构构件安全性鉴定中，包括承载能力、构造连接和不适于继续承载的变形三个检查项目，对于混凝土结构和砌体结构构件，还应增加裂缝检查项目。对混凝土结构构件的连接和构造同样分为四个等级进行评定，主要依据设计规范中有关构造和连接规定在现场调查基础上进行。得到各检查项目的评定等级后，取其中最低的一级作为该构件的安全性等级。

对于不适于继续承载的变形项目，按下列两条规定进行：

(1) 对屋架和托架的挠度，当实测值大于计算跨度的 1/400，验算其承载能力时，应考虑位移产生的附加应力的影响，且承载能力项目的最高评定等级不应高于 b_0 级。若评为 b_0 级，还要求对构件挠度进行一段时期的观测。对其他受弯构件的挠度或施工偏差造成的侧向弯曲，根据挠度的大小进行评级。

(2) 对柱的水平位移或倾斜，当实测值大于规定限值时，分两种情况进行评级。当柱的位移与整个结构有关时（不是由柱本身的缺陷或破损引起），取上部结构的该项目评定等级；当柱的位移或倾斜由柱本身的原因引起时，在承载能力项目评定中，应考虑柱的位移进行验算评定。若柱的变形处于不稳定发展过程，该项目应评为 d_0级。

对于不适于继续承载的裂缝项目，应分别检查受力裂缝和非受力裂缝。对于受力裂缝，根据构件所处环境和构件类别，区分主要构件和一般构件，按裂缝宽度是否超过鉴定标准的规定值进行评级。对于过宽的非受力裂缝，也认为其不适于继续承载。钢筋严重锈蚀产生的裂缝以及因混凝土受压而产生的裂缝，均应将该项目直接评为 d_0级。

子单元的安全性鉴定评级是民用建筑安全性的第二层次鉴定评级。对于上部承重结构，应根据结构所含各种构件的安全性等级、结构整体性等级以及结构侧向位移等级确定。即子单元的安全性鉴定评级由三个项目组成。其中，第一层次评定的构件安全性等级，根据被评为不同等级（a_0，b_0，c_0，d_0）的构件数量，确定各主要构件和一般构件的安全性等级。根据结构布置、支撑系统、圈梁构造和结构间的联系，确定结构整体性等级。根据结构侧向位移的大小，依据鉴定标准评定结构侧向位移等级。根据上述项目的评定结果，确定上部承重结构子单元的鉴定评级。在得到各子单元的鉴定评级后，就可继续进行鉴定单元的鉴定评级。

《工业建筑可靠性鉴定标准》GB 50144—2008 对工业建筑的可靠性鉴定也做出了相应的规定，其基本原则与《民用建筑可靠性鉴定标准》GB 50292—2015 一致，其中更多考虑了工业结构的特点。

思　考　题

6-1　简述结构检测的主要内容及工作程序。

6-2　简述混凝土结构检测的主要内容。

6-3　简述混凝土强度检测及裂缝检测的主要方法。

6-4　简述回弹法检测混凝土强度的工作原理。

6-5　简述混凝土结构中钢筋检测的主要内容。

6-6　简述钢结构检测的主要内容。

6-7　简述采用超声法检测钢材及焊缝缺陷的工作原理。

6-8　简述砌体结构检测的主要内容。

6-9　简述砌体强度检测的主要方法及适用范围。

6-10　简述现场荷载试验的主要观测内容。

6-11　简述结构构件安全性鉴定的一般步骤。

第 7 章　结构试验的数据处理

内容提要： 本章主要介绍结构试验数据的误差分析方法，数据整理、换算与表达方法。

能力要求： 理解误差的分类、数据的整理与换算，掌握误差分析方法以及试验数据的表达方法。

7.1　测量误差

7.1.1　误差的分类

结构试验中采集到的数据是原始数据，而对原始数据进行整理换算、统计分析和归纳演绎，进而得到可反映结构性能的数据、公式、图像、表格、数学模型的过程称为数据处理。由于结构试验采集到的原始数据不仅量大且存在误差甚至错误，因此，必须进行数据处理才能得到可靠的试验结果。

结构试验中被测对象的值是客观存在的，称为真值，而每次测量得到的值则为实测值或测量值。真值与测量值之间的差值为测量误差，简称误差。根据测量误差产生的原因与性质，可将测量误差分为系统误差、随机误差和过失误差三种。

1. 系统误差

系统误差是由某些固定原因造成，在整个测量过程中始终有规律地存在，且绝对值与符号保持不变或按某一规律变化。其来源主要包括以下几个方面：

（1）方法误差。由所采用的测量方法或数据处理方法不完善造成。例如，采用了某些简化测量方法或近似计算方法，而忽略了某些因素对测量结果的影响，以致产生误差。

（2）工具误差。由测量仪器或工具本身的不完善造成。例如，仪表刻度不均匀，百分表无效行程等。

（3）环境误差。由环境变化造成。例如，测量过程中的温度、湿度变化等。

（4）操作误差。由试验人员操作不当造成。例如，仪器未校准、安装或调整不当等。

（5）主观误差。由测量人员的主观因素造成。例如，测量人员习惯性读数偏高或偏低等。

系统误差的大小可用准确度表示，准确度高则表示系统误差小。查明造成系统误差的原因，找出其变化规律，就可在测量中采取可行的措施以减小误差，或在数据处理时对测量结果进行修正。

2. 随机误差

随机误差是由一些随机的偶然因素造成，在整个测量过程并非一直存在，且大小与符号变化无常。产生随机误差的原因主要包括测量仪器、测量方法和环境条件等，例如，电源电压的波动、环境温度、湿度和气压的微小波动，磁场干扰，仪器的微小变化，操作人员操作上的微小差别等。随机误差是无法避免的，即使是一个很有经验的测量者，使用很精密的仪器，很仔细地操作，且对同一对象进行多次测量，其结果也不会完全一致，而是有高有低。不过，如果进行大量测量，可以发现随机误差的分布符合一定的统计规律，一般认为其服从正态分布，可用正态分布曲线来描述。

随机误差的大小可用精密度表示，精密度高则表示随机误差小。对随机误差进行统计分析，或增加测量次数，找出其统计特征值，就可在数据处理时对测量结果进行修正。

3. 过失误差

过失误差是由测量人员粗心大意，不按操作规程操作等原因造成。例如，读错仪表刻度、记录和计算错误等。过失误差一般数值较大，且常与事实明显不符，必须将其从试验数据中剔除，并分析出现的原因，采取措施以防再次出现。

7.1.2 误差计算

对误差进行统计分析时，同样需要计算算术平均值、标准误差和变异系数这三个重要的统计特征值。若进行 n 次测量，得到 n 个测量值 $x_i(i=1, 2, \cdots, n)$，有 n 个测量误差 a_i $(i=1, 2, 3, \cdots, n)$，则误差的平均值可表示为：

$$\overline{a}=\frac{1}{n}(a_1+a_2+\cdots+a_n) \tag{7-1}$$

$$a_i=x_i-\overline{x} \tag{7-2}$$

$$\overline{x}=\frac{1}{n}\sum_{i=1}^{n}x_i \tag{7-3}$$

误差的标准差为：

$$\sigma=\sqrt{\frac{1}{n-1}\sum_{i=1}^{n}a_i^2} \tag{7-4a}$$

或

$$\sigma=\sqrt{\frac{1}{n-1}\sum_{i=1}^{n}(x_i-\overline{x})^2} \tag{7-4b}$$

变异系数为：

$$c_v=\frac{\sigma}{\overline{a}} \tag{7-5}$$

7.1.3 误差传递

在对试验结果进行数据处理时，常需通过若干个直接测量值计算某些物理量的值，可用下面的函数形式表示：

$$y=f(x_1,x_2,\cdots,x_m) \tag{7-6}$$

式中 x_i——$(i=1, 2, \cdots, m)$ 为直接测量值；

y——所要计算物理量的值。

若直接测量值 x_i 的最大绝对误差为 $\Delta x_i(i=1, 2, \cdots, m)$，则物理量 y 的最大绝对误差 Δy 和最大相对误差 δy 分别为：

$$\Delta y=\left|\frac{\partial f}{\partial x_1}\right|\Delta x_1+\left|\frac{\partial f}{\partial x_2}\right|\Delta x_2+\cdots+\left|\frac{\partial f}{\partial x_m}\right|\Delta x_m \tag{7-7}$$

$$\delta y=\frac{\Delta y}{|y|}=\left|\frac{\partial f}{\partial x_1}\right|\frac{\Delta x_1}{|y|}+\left|\frac{\partial f}{\partial x_2}\right|\frac{\Delta x_2}{|y|}+\ldots+\left|\frac{\partial f}{\partial x_m}\right|\frac{\Delta x_m}{|y|} \tag{7-8}$$

对一些常用的函数形式，可得到以下实用的误差估计计算公式。

(1) 代数和

$$y=x_1\pm x_2\pm\cdots\pm x_m \tag{7-9}$$

$$\Delta y=\Delta x_1+x_2+\cdots+x_m \tag{7-10}$$

$$\delta y=\frac{\Delta y}{|y|}=\frac{\Delta x_1+\Delta x_2+\cdots+\Delta x_m}{|x_1+x_2+\cdots+x_m|} \tag{7-11}$$

(2) 乘法

$$y=x_1\cdot x_2 \tag{7-12}$$

$$\Delta y=|x_2|\Delta x_1+|x_1|\Delta x_2 \tag{7-13}$$

$$\delta y=\frac{\Delta y}{|y|}=\frac{\Delta x_1}{|x_1|}+\frac{\Delta x_2}{|x_2|} \tag{7-14}$$

(3) 除法

$$y=x_1/x_2 \tag{7-15}$$

$$\Delta y=\left|\frac{1}{x_2}\right|\Delta x_1+\left|\frac{x_1}{x_2^2}\right|\Delta x_2 \tag{7-16}$$

$$\delta y=\frac{\Delta y}{|y|}=\frac{\Delta x_1}{|x_1|}+\frac{\Delta x_2}{|x_2|} \tag{7-17}$$

(4) 幂函数

$$y=x^{\alpha}(\alpha\text{ 为任意实数}) \tag{7-18}$$

$$\Delta y=|\alpha\cdot x^{\alpha-1}|\Delta x \tag{7-19}$$

$$\delta y=\frac{\Delta y}{|y|}=\left|\frac{\alpha}{x}\right|\Delta x \tag{7-20}$$

(5) 对数

$$y=\ln x \tag{7-21}$$

$$\Delta y=\left|\frac{1}{x}\right|\Delta x \tag{7-22}$$

$$\delta y=\frac{\Delta y}{|y|}=\frac{\Delta x}{|x\ln x|} \tag{7-23}$$

如 x_1，x_2，…，x_m 为随机变量，他们各自的标准误差为 σ_1，σ_2，…，σ_m，令 $y=f(x_1, x_2, \cdots, x_m)$ 为随机变量的函数，则 y 的标准误差 σ 为：

$$\sigma=\sqrt{\left(\frac{\partial f}{\partial x_1}\right)^2\sigma_1^2+\left(\frac{\partial f}{\partial x_2}\right)^2\sigma_2^2+\cdots+\left(\frac{\partial f}{\partial x_m}\right)^2\sigma_m^2} \tag{7-24}$$

7.2 误差的鉴别技术

结构试验中的误差是系统误差、随机误差和过失误差的组合，三者同时存在。对误差进行鉴别、检验，其目的是尽可能地消除系统误差，剔除过失误差，并处理随机误差，使试验数据更接近真实值。随机误差虽然具有随机性，但其又服从正态分布统计规律。因此，可依据正态分布理论对随机误差的大小进行估计，以便确定测量值的误差范围。

7.2.1 系统误差的检验及修正

由于产生系统误差的原因较多，且比较复杂，因此，系统误差不易被发现，其规律难以掌握，也难以全部消除其影响。从数值上看，常见的系统误差有“固定的系统误差”和“变化的系统误差”两类。

固定的系统误差是在整个测量数据中始终存在着的一个大小与符号保持不变的偏差。产生固定系统误差的原因主要有测量方法或测量工具方面的缺陷等。固定的系统误差往往不能通过同一条件下的多次重复测量来发现，只能用几种不同的测量方法或同时用几种测量工具进行测量比较时，才能发现其存在原因及规律，并加以消除，例如仪表仪器的初始零点飘移等。

变化的系统误差可分为累积变化、周期性变化与按复杂规律变化三种。当测量次数相当多时，可由偏差的频率直方图来判别；若偏差的频率直方图和正态分布曲线相差甚远，即可判断测量数据中存在着系统误差。当测量次数不够多时，可将测量数据的偏差按测量先后次序依次排列，若数值大小基本上呈现有规律地朝一个方向变化（增大或减小），即可判断测量数据有积累的系统误差；具体地，若将前一半偏差之和与后一半偏差之和相减，两者之差不为零或不近似为零，即可判断测量数据有积累的系统误差。将测量数据的偏差按测量先后次序依次排列，如其符号基本上呈现有规律的交替变化，即可认为测量数据中有周期性变化的系统误差。对变化规律复杂的系统误差，可按其变化现象，进行各种试探性修正，以寻找其规律与原因；也可改变或调整测量方法，改用其他测量工具来减小或消除这一类系统误差。

7.2.2 随机误差处理

一般认为随机误差服从正态分布，其分布密度函数（即正态分布密度函数）可表示为：

$$y=\frac{1}{\sqrt{2\pi}\cdot\sigma}\cdot e^{-\frac{x_i-x}{2\sigma^2}} \tag{7-25}$$

式中，x_i-x为随机误差，x_i为实测值（减去其他误差），x为真值。实际试验时，常用$x_i-\overline{x}$代替x_i-x，$\overline{x}$为平均值或其他近似的真值。

由正态分布的概率密度函数曲线特点可知，标准误差σ越大，曲线越平坦，误差值分布越分散，精确度越低；反之，σ越小，曲线越陡，误差值分布越集中，精确度越高。

误差落在某一区间内的概率$P(x_i-x\leqslant a_i)$见表 7-1。

与某一误差范围对应的概率 **表 7-1**

误差限 a_i	0.32σ	0.67σ	σ	1.15σ	1.96σ	2σ	2.58σ	3σ
概率 P(%)	25	50	68	75	95	95.4	99	99.7

一般情况下，99.7%的概率已可认为是代表测量次数的全体，所以将3σ称作极限误差；当某一测量数据的误差绝对值大于3σ时，即可认为其误差已不是随机误差，该测量数据属于不正常数据。

7.2.3 异常数据的舍弃

结构试验中有时会遇到个别测量值的误差较大，且难以合理解释，那么，这些数据就是所谓的异常数据，应把它们从试验数据中剔除，通常认为其中含有过失误差。

根据误差的统计规律，绝对值越大的随机误差，其出现的概率越小；随机误差的绝对值不会超过某一范围。因此可以选择一个范围来对各个数据进行鉴别，如果某个数据的偏差超出此范围，则认为该数据中包含有过失误差，就予以剔除。常用的判别范围和鉴别方法如下：

（1）3σ 方法

由于随机误差服从正态分布，误差绝对值大于 3σ 的概率仅为 0.3%，即 300 多次才可能出现一次。因此，当某个数据的误差绝对值大于 3σ 时，应剔除该数据。实际试验中，可用偏差代替误差，σ 按式（7-4a）或式（7-4b）计算。

（2）肖维纳（Chauvenet）方法

进行 n 次测量，误差服从正态分布，以概率$\frac{1}{2n}$设定判别范围$[-\alpha\cdot\sigma,\ +\alpha\cdot\sigma]$，当某一数据的误差绝对值大于 $\alpha\cdot\sigma$（$|x_i-\overline{x}|>\alpha\cdot\sigma$），即误差出现的概率小于$\frac{1}{2n}$时，就剔除该数据。差别范围由下式设定：

$$\frac{1}{2n}=1-\int_{-\alpha}^{\alpha}\frac{1}{\sqrt{2\pi}}\mathrm{e}^{-\frac{t^2}{2}}\cdot\mathrm{d}t \tag{7-26}$$

即认为异常数据出现的概率小于$\frac{1}{2n}$。

（3）格拉布斯（Grubbs）方法

格拉布斯是以 t 分布为基础，根据数理统计理论按危险率 α（指剔错的概率，在工程问题中置信度一般取 95%，$\alpha=5\%$）和子样容量 n（即测量次数 n）求得临界值 $T_0(n,\alpha)$（表 7-2）。如某个测量数据 x_i 的误差绝对值满足式（7-27）时，即应剔除该数据。

$$|x_i-\overline{x}|>T_0(n,\alpha)\cdot S \tag{7-27}$$

式中，S 为子样的标准差。

T_0（n，α） **表 7-2**

n	α		n	α	
	0.05	0.01		0.05	0.01
3	1.15	1.16	11	2.30	2.48
4	1.46	1.49	12	2.28	2.55
5	1.67	1.75	13	2.33	2.61
6	1.82	1.94	14	2.37	2.66
7	1.94	2.10	15	2.41	2.70
8	2.03	2.22	16	2.44	2.75
9	2.11	2.32	17	2.48	2.78
10	2.18	2.41	18	2.50	2.82

续表

n	α		n	α	
	0.05	0.01		0.05	0.01
19	2.53	2.85	25	2.66	3.01
20	2.56	2.88	30	2.74	3.10
21	2.58	2.91	35	2.81	3.18
22	2.60	2.94	40	2.87	3.24
23	2.62	2.96	50	2.96	3.34
24	2.64	2.99	100	3.17	3.59

7.3　试验数据的整理、换算与表达

剔除不可靠或不可信数值和统一数据精度的过程称为试验数据的整理。通过基础理论或专业知识用整理后的试验数据计算另一物理量的过程称为试验数的换算。根据试件受力和变形的情况对试验数据进行分类整理，采用适当的方式表达试验结果，以便完善、准确地理解和分析试件的工作性能称为试验数据的表达，其表达方式主要包括表格方式、图像方式和函数方式三种。

7.3.1　试验数据的整理

在数据采集时，由于各种原因，会得到一些错误的信息。例如，仪器参数设置错误而造成出错，人工读数的错误，人工记录时的笔误，环境因素造成的数据失真，测量仪器缺陷或布置有误造成的数据错误，或者测量过程受到干扰造成的错误等。这些数据错误一般都可以通过复核仪器参数等方法进行整理，加以改正。

试验采集得到的数据有时杂乱无章，不同仪器得到的数据位数长短不一，应该根据试验要求和测量精度，按照国家标准《数值修约规则与极限数值的表示和判定》GB/T 8170—2008 的规定进行修约。数据修约时应遵循下列规则：

（1）四舍五入，即拟舍弃数字的最左一位数字小于 5 时，则舍去，即保留的各位数字不变。例如，将 12.1378 修约到一位小数，得 12.1；拟舍弃数字的最左一位数字大于 5，或者是 5，但其后跟有关非全部为 0 的数字，则进 1，即保留的末位数字加 1。例如，将 10.78 和 10.513 修约成两位有效位数，均得 11；拟舍弃数字的最左一位数为 5，而右边无数字或皆为 0 时，若所保留的末位数字为奇数（1，3，5，7，9）则进 1，为偶数（2，4，6，8，0）则舍弃。例如，将 33500 和 34500 修约成两位有效位数，均得 34×10^3。

（2）负数修约时，先将其绝对值按上述规则修约，然后在修约值前加上负号。例如，将−0.03650 和−0.03552 修约到 0.001，均得−0.036。

（3）拟修约数值应在确定修约位数后一次修约获得结果，不得按上述规则连续修约。例如，将 15.4546 修约到 1，正确的做法为 15.4546→15，错误的做法为 15.4546→15.455→15.46→15.5→16。

7.3.2 试验数据的换算

经过整理的数据还需进行换算才能得到所要求的物理量。例如，把采集到的应变换算成应力，把位移换算成挠度、转角、应变等，把应变式传感器测得的应变换算成相应的力、位移、转角等，均可由试验值及相应的理论知识进行换算。例如，当由试验应变值换算应力时，应根据试件材料的应力-应变关系和应变测点的布置进行，如材料属于线弹性体，可按照材料力学的相关公式（表 7-3）进行，公式中的弹性模量 E 和泊松比 ν 应先考虑采用实际测定的数值，若无实际测定值时，也可采用有关资料提出的数值。

此外，考虑到结构及设备重量的影响，还应对数据进行修正。需要注意的是，由试验数据经换算得到的数据仍是试验数据，而不是理论数据。

测点应变与应力的换算公式 **表 7-3**

受力状况	测点布置	主应力 σ_1、σ_2 及 σ_1 和 0°轴线的夹角 θ
单向应力		$\sigma_1=E_{\varepsilon1}$ $\theta=0$
平面应力 （主应力方向已知）	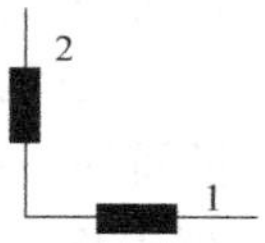	$\sigma_1=\frac{E}{1-\nu^2}(\varepsilon_1+\nu\varepsilon_2)$ $\sigma_2=\frac{E}{1-\nu^2}(\varepsilon_2+\nu\varepsilon_1)$ $\theta=0$
平面应力	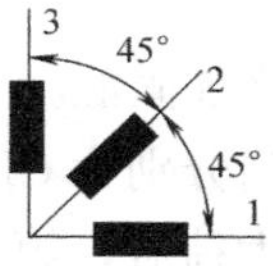	$\sigma^{1}_{2}=\frac{E}{2}\left[\frac{\varepsilon_1+\varepsilon_3}{1-\nu}\pm\frac{1}{1+\nu}\sqrt{2(\varepsilon_1-\varepsilon_2)^2+2(\varepsilon_2-\varepsilon_3)^2}\right]$ $\theta=\frac{1}{2}\mathrm{arc\ tan}\left(\frac{2\varepsilon_2-\varepsilon_1-\varepsilon_3}{\varepsilon_1-\varepsilon_3}\right)$
	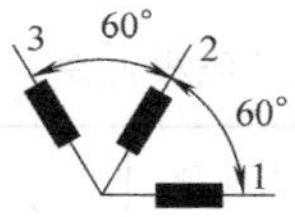	$\sigma^{1}_{2}=\frac{E}{3}\left[\frac{\varepsilon_1+\varepsilon_2+\varepsilon_3}{1-\nu}\pm\frac{1}{1+\nu}\right.$ $\left.\sqrt{2[(\varepsilon_1-\varepsilon_2)^2+(\varepsilon_2-\varepsilon_3)^2+(\varepsilon_3-\varepsilon_1)^2]}\right]$ $\theta=\frac{1}{2}\mathrm{arc\ tan}\left[\frac{\sqrt{3}(\varepsilon_2-\varepsilon_3)}{2\varepsilon_1-\varepsilon_2-\varepsilon_3}\right]$
	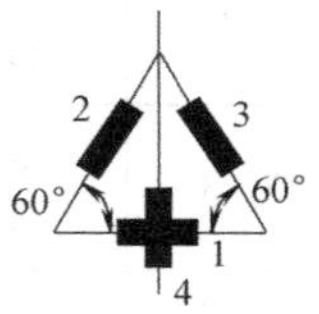	$\sigma^{1}_{2}=\frac{E}{2}\left[\frac{\varepsilon_1+\varepsilon_4}{1-\nu}\pm\sqrt{(\varepsilon_1-\varepsilon_4)^2+\frac{4}{3}(\varepsilon_2-\varepsilon_3)^2}\right]$ $\theta=\frac{1}{2}\mathrm{arc\ tan}\left[\frac{2(\varepsilon_2-\varepsilon_3)}{\sqrt{3}(\varepsilon_1-\varepsilon_4)}\right]$ 校核公式：$\varepsilon_1+3\varepsilon_4=2(\varepsilon_2+\varepsilon_3)$
平面应力	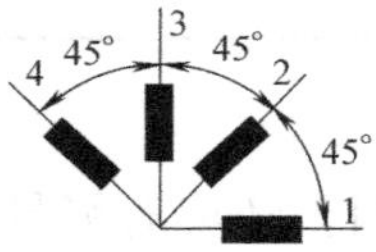	$\sigma^{1}_{2}=\frac{E}{2}\left[\frac{\varepsilon_1+\varepsilon_2+\varepsilon_3+\varepsilon_4}{2(1-\nu)}\pm\frac{1}{1+\nu}\sqrt{2[(\varepsilon_1-\varepsilon_3)^3+(\varepsilon_4-\varepsilon_2)]^2}\right]$ $\theta=\frac{1}{2}\mathrm{arc\ tan}\left[\frac{\varepsilon_2-\varepsilon_4}{\varepsilon_1-\varepsilon_3}\right]$ 校核公式：$\varepsilon_1+\varepsilon_3=\varepsilon_2+\varepsilon_4$

续表

受力状况	测点布置	主应力 σ_1、σ_2及σ_1和0°轴线的夹角 θ
三向应力 （主应力方向已知）	2 1 3	$\sigma_1=\frac{E}{(1+\nu)(1-2\nu)}[(1-\nu)\varepsilon_1+\nu(\varepsilon_2+\varepsilon_3)]$ $\sigma_2=\frac{E}{(1+\nu)(1-2\nu)}[(1-\nu)\varepsilon_2+\nu(\varepsilon_3+\varepsilon_1)]$ $\sigma_3=\frac{E}{(1+\nu)(1-2\nu)}[(1-\nu)\varepsilon_3+\nu(\varepsilon_1+\varepsilon_2)]$

7.3.3 试验数据的表达

1. *表格方式*

表格方式是常用的试验数据表达方式，可简洁地给出实测的多个物理量与某一个物理量间的对应关系。按其内容和格式可分为汇总表格与关系表格两类。汇总表格是把试验结果中的主要内容或试验中的某些重要数据汇集于一表之中，便于一目了然地浏览主要试验结果，起到摘要和结论的作用，表中的行与行、列与列之间一般没有必然关系；关系表格是把相关的数据按一定格式列于表中，表中列与列、行与行之间都有一定关系，其作用是使有一定关系的若干个变量的数据更加清楚地表示出变量间的关系和规律，如荷载列、位移列、应变列等。其中，按列布置变量数据的表格称为列表格，较为常用；若情况需要，也可按行布置变量数据，形成行表格。

表 7-4 为一汇总表格，表中所示为 4 个 CFRP 网格加固混凝土结构界面拉拔试件的主要特点及试验结果。第 1 列为试件编号，第 2、3、4 列分别为 CFRP 网格筋的类型、间距和网格数，第 5 列为界面剂的使用情况，第 6 列为最大荷载，第 7 列为破坏模式，第 8 列为备注。汇总表可根据需要布置行列，行列可不对齐，重要的是能清楚地表示主要内容。

CFRP 网格加固混凝土界面拉拔试验结果汇总 **表 7-4**

试件编号	CFRP 网格类型	网格间距（mm）	网格数	是否使用界面剂	最大荷载（kN）	破坏模式	备注
S13W	CR13	100	3×2	是	62.27	界面剥离，砂浆破坏	试件 S13W 比 S13N 的砂浆破坏严重
S13N				否	45.83	界面剥离，砂浆破坏	
S8W50	CR8	50	4×4	是	34.72	纵筋被拔出	试件 S8W100 比 S8W50 的纵筋拔出现象明显
S8W100		100	2×2		28.12	纵筋拔出	

表格的主要组成部分及基本要求如下：

① 每个表格都应该有名称，若有一个以上表格时，还应有编号。表名和编号通常放在表的顶上。

② 表格形式应根据内容和要求决定，在满足基本要求的情况下，可对细节作变动。

③ 无论何种表格，每列均须有列名，以表示该列数据的意义和单位。列名放在每列头部，列名均放在第一行对齐，若第一行空间不够，可把列名的部分内容放在表格下面的注解中。应尽量把主要数据列或自变量列放在靠左边的位置。

④ 表格中的内容应尽量完全，能完整地说明问题。

⑤ 表格中的符号与缩写应采用标准格式，表中数字应整齐、准确。

⑥ 若需对表格中的内容加以说明，可在表格下面、紧挨表格加以注解，但不要把注解放在其他任何地方，以免混淆。

⑦ 应突出重点，把主要内容放在醒目位置。

2. 图像方式

图像表达方式主要包括曲线图、直方图、馅饼图、形态图等，其中最常用的是曲线图与形态图。

（1）曲线图

曲线图可直观显示两个或两个以上变量间的关系变化过程，或显示若干个变量数据沿某一区域的分布情况，还可以显示变化过程或分布范围中的转折点、最高点、最低点以及周期变化规律。对于定性分析和总体规律分析来说，曲线图是最合适的表达方法。

图 7-1 为某钢桁架-RC 管柱混合结构模型拟动力试验研究得到的不同加载工况下的顶点侧移角时程曲线。可以看出，随着地震动峰值加速度（*PGA*）的增大，在加载后期，峰值出现时刻后移，这说明结构已有较为明显的损伤，刚度退化，周期变长。

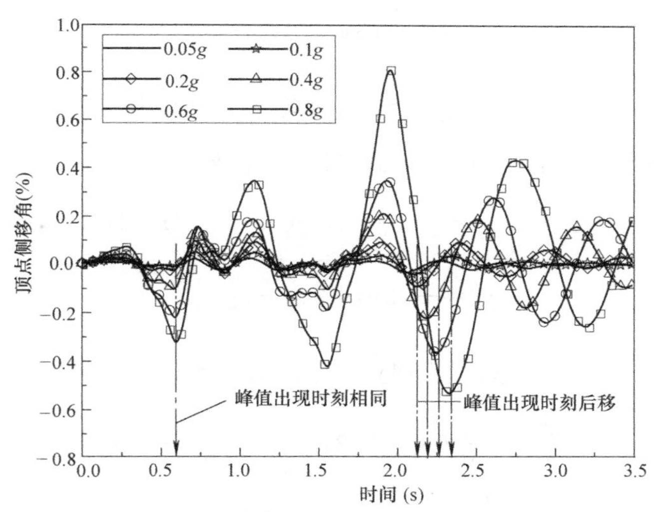

图 7-1　某钢桁架-RC 管柱混合结构拟动力试验得到的顶点侧移角时程曲线

曲线图的主要组成部分和基本要求如下：

① 每个曲线图均须有图名，若有一个以上的曲线图时，还应有编号。图名和图号通常放在图的底部。

② 每个曲线应有一个横坐标和至少一个纵坐标，每个坐标都应有名称；坐标形式、比例和长度可根据数据范围决定，但应使整个曲线图清楚，准确地反映数据规律。

③ 通常取横坐标作为自变量，纵坐标作为因变量，自变量通常只有一个，因变量可有若干个；一个自变量与一个因变量可组成一条曲线，一个曲线图中可有多条曲线。

④ 有多条曲线时，可用不同线形（实线、虚线、点画线和点线等）或用不同的标记（○、口、Δ、+、×等）加以区别，也可用文字说明区别。

⑤ 曲线须以试验数据为依据，对记录得到的连续曲线（如 X-Y 函数记录仪记录的曲线，光线示波器记录的振动曲线等），可直接采用或修整后采用；对试验时非连续记录得到的数据和把连续记录离散化得到的数据，可用直线或曲线顺序相连，并应尽可能标出试验数据点。

⑥ 若需对曲线图中的内容加以说明，可在图中或图名下加注解。

由于各种原因，试验直接得到的曲线上会出现毛刺、振荡等，影响试验结果的分析。对这种情况，可采用直线、二次抛物线或三次抛物线的滑动平均法，对试验曲线进行修匀、光滑处理。如某结构试验曲线的数据见表 7-5。其中 x 为自变量，y 为按等距 Δx 测量得到的数据，用直线的滑动平均法，可得到新的 y'_i值，用（x_i，y'_i）顺序相连，可得到一条较光滑的曲线。取三点滑动平均，y'_i可由式（7-28）～式（7-30）计算。

试验曲线的数据 **表 7-5**

x	x_0	$x_1=x_0+\Delta x$	…	$x_i=x_0+i\Delta x$	…	$x_m=x_0+m\cdot\Delta x$
y	y_0	y_1	…	y_i	…	y_m

$$y'_i=\frac{1}{3}(y_{i-1}+y_i+y_{i+1}) \qquad (i=1,2,\cdots,m-1) \tag{7-28}$$

$$y'_0=\frac{1}{6}(5y_0+2y_1-y_2) \tag{7-29}$$

$$y'_m=\frac{1}{6}(-y_{m-2}+2y_{m-1}+5y_m) \tag{7-30}$$

取五点滑动平均，y'_i由式（7-31）～式（7-35）计算。

$$y'_i=\frac{1}{5}(y_{i-2}+y_{i-1}+y_i+y_{i+1}+y_{i+2}) \qquad (i=2,3,\cdots,m-2) \tag{7-31}$$

$$y'_0=\frac{1}{5}(3y_0+2y_1+y_2-y_4) \tag{7-32}$$

$$y'_1=\frac{1}{10}(4y_0+3y_1+2y_2+y_3) \tag{7-33}$$

$$y'_{m-1}=\frac{1}{10}(y_{m-3}+2y_{m-2}+3y_{m-1}+4y_m) \tag{7-34}$$

$$y'_m=\frac{1}{5}(-y_{m-4}+y_{m-2}+2y_{m-1}+3y_m) \tag{7-35}$$

（2）形态图

结构试验时将各种难以用数值表示的形态用图像表示，例如混凝土结构的裂缝情况、钢结构的曲屈失稳状态、结构的变形状态与破坏状态等就是形态图。形态图可用来表示结构的损伤情况、破坏形态等，是其他表达方法所不能代替的。

形态图包括照片与手工画图两种，照片形式的形态图可真实反映实际情况，但有时易将一些不需要的细节包含在内；手工画的形态图可对实际情况进行概括和抽象，能突出重点，更好地反映本质情况，制图时，可根据需要作整体或局部图，还可将各侧面的形态图连成展开图。此外，制图还应考虑各类结构的特点、结构的材料、结构的形状等。

图 7-2 为 4 个型钢混凝土变柱 T 型节点在低周反复荷载作用下的裂缝分布情况。基于试验现象，将不同类型的裂缝绘制于一幅图上，能够更直观概括总结节点破坏形态。可以看出 4 个试件的梁、柱及节点区主要存在 7 种裂缝类型，其中，1 型裂缝为垂直裂缝，属于出现在梁上的弯曲裂缝，是最早出现的一批裂缝，加载前期随着荷载增加而不断增多，加载后期趋于稳定；2 型裂缝为水平裂缝，属于出现在柱上的弯曲裂缝，该批裂缝紧接着 1 型裂缝出现，出现的时间随着柱轴压比的增大而延后，随不断加载而增多与延长；3 型裂缝为斜裂缝，属于出现在柱变截面处的弯剪裂缝，该类裂缝在加载后期随节点剪跨比的不同而发展程度不同，节点剪跨比越大，裂缝越明显；4 型裂缝为斜裂缝，包括弯剪斜裂缝及较短小的腹剪斜裂缝，出现在节点下部，该类裂缝的出现略早于 5 型裂缝，随荷载的增加而迅速增多、加宽；5 型裂缝为斜裂缝，属于节点中部的腹剪斜裂缝，该类裂缝出现在 70%极限荷载左右，是由节点核心区剪切变形所导致的斜裂缝，随荷载的增加而不断增多并贯通；6 型裂缝为垂直裂缝，属于节点区无梁侧的剪切黏结裂缝，出现在极限荷载附近，并随着继续加载而不断发展；7 型裂缝属于节点无梁侧下部混凝土被压酥的一片区域，对应于 4 型裂缝中弯剪裂缝的剪压区，属于最后出现的一类裂缝。

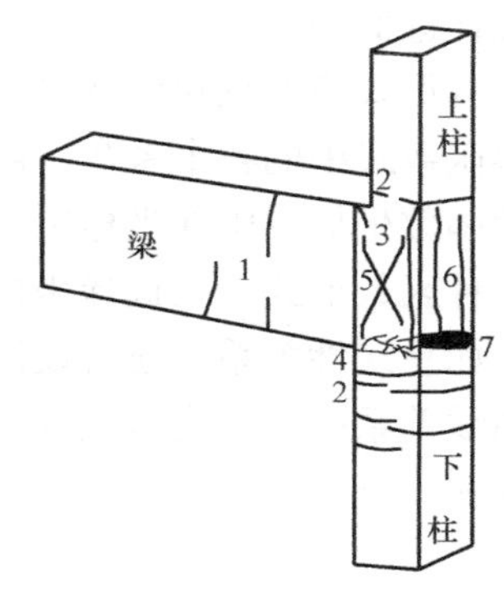

图 7-2　低周反复加载试验型钢混凝土变柱 T 型节点裂缝类型

(3) 直方图和馅饼图

直方图的作用之一是统计分析，通过绘制某个变量的频率直方图和累积频率直方图来判断其随机分布规律。为研究某个随机变量的分布规律，首先要对该变量进行大量观测，然后按照以下步骤绘制直方图：

1) 从观测数据中找出最大值和最小值；

2) 确定分组区间和组数，区间宽度为 Δx，算出各组的中值；

3) 根据原始记录，统计各组内测量值出现的频数 m_i；

4) 计算各组的频率 $f_i(f_i = m_i/\sum m_i)$ 和累积频率；

5) 绘制频率直方图和累积频率直方图，以观测值为横坐标，以频率密度 ($f_i/\Delta x$) 为纵坐标，在每一分组区间，绘制以区间宽度为底、频率密度为高的矩形，这些矩形所组成的阶梯形称为频率直方图；再以累积频率为纵坐标，绘出累积频率直方图。从频率直方图和累积频率直方图的基本趋向，可判断该随机变量的分布规律。

直方图的另一个作用是数值比较，把大小不同的数据用不同长度的矩形来代表，可得到一个更加直观的比较。

馅饼图是通过大小不同的扇形面积来代表不同的数据，从而对各数据进行直观比较。

3. 函数方式

用函数形式表示试验数据间存在的关系可将试验结果更精确、完善地表达。由于试验数据间的关系非常复杂，一般情况下难以找到一个真正反映这种关系的函数，但可以找到一个最佳近似函数。

函数形式应能反映各变量间的关系，有了一定的函数形式，才能进一步利用数学手段来求得函数式中的各个系数。函数形式可从试验数据的分布规律中得到，通常是将试验数据作为函数坐标点画在坐标纸上，根据这些函数点的分布或由这些点连成的曲线的趋向，确定一种函数形式。在选择坐标系和坐标量时，应尽量使函数点的分布或曲线的趋向简单明了，如呈线性关系；还可设法通过变量代换，将原来关系不明确的转变为明确的，将原来呈曲线关系的转变为呈线性关系。常用的函数形式及相应的线性转换见表 7-6。还可采用多项式，见式（3-36）。

$$y=a_0+a_1x+a_2x^2+\cdots+a_nx^n \tag{7-36}$$

常见函数形式以及相应的线性变换 **表 7-6**

序号	图形及特征	名称及方程
1	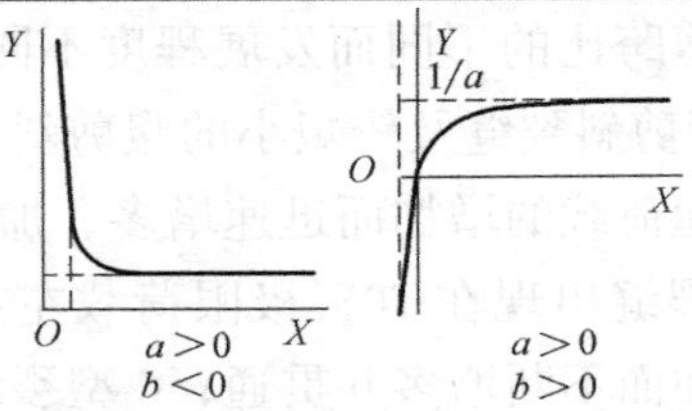 $a>0$，$b<0$；$a>0$，$b>0$（渐近线 $1/a$）	双曲线 $\frac{1}{Y}=a+\frac{b}{X}$ 令 $Y'=\frac{1}{Y}, X'=\frac{1}{X}$，其中 $Y'=a+bX'$
2	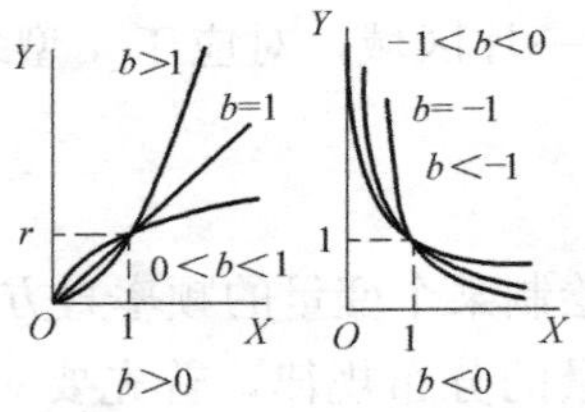 $b>0$（$b>1$，$b=1$，$0<b<1$）；$b<0$（$-1<b<0$，$b=-1$，$b<-1$）	幂函数曲线 $Y=rX^b$ 令 $Y'=\lg Y, X'=\lg X, a=\lg r$，则 $Y'=a+bX'$
3	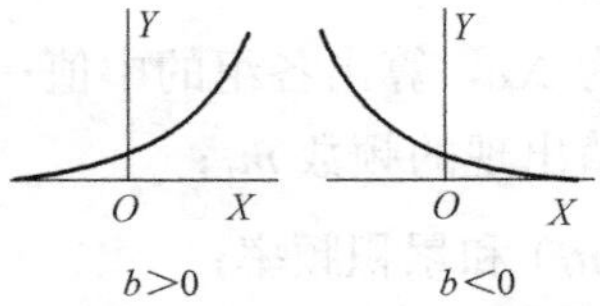 $b>0$；$b<0$	指数函数曲线 $Y=re^{bx}$ 令 $Y'=\ln Y, a=\ln r$，则 $Y'=a+bX$
4	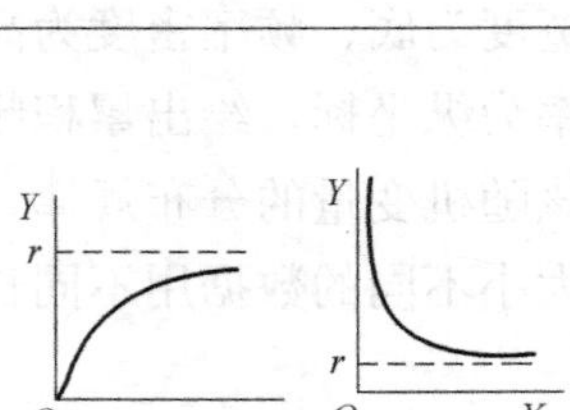 $b<0$；$b>0$	指数函数曲线 $Y=re^{\frac{b}{x}}$ 令 $Y'=\ln Y, X'=\frac{1}{x}, a=\ln r$，则 $Y'=a+bX'$

续表

序号	图形及特征	名称及方程
5	$b>0$　$b<0$	对数曲线 $Y=a+b\lg X$ 令 $X'=\lg X$，则 $Y=a+bX'$
6	$1/a$	S 型曲线 $Y=\dfrac{1}{a+be^{-x}}$ 令 $Y'=\dfrac{1}{Y}$，$X'=e^{-x}$，则 $Y'=a+bX'$

研究结构构件的恢复力特性，可采用如图 7-3 所示函数形式。若研究的问题有两个或两个以上自变量，可选择二元或多元函数。

确定函数形式时，应考虑试验结构的特点以及试验内容的范围与特性，如是否经过原点，是否水平或垂直，或沿某一方向的渐进线、极值点的位置等，这些特征对确定函数形式很有帮助。严格来说，所确定的函数形式只是在试验结果范围内才有效，只能在试验结果范围内使用；若要把所确定的函数形式推广至试验结果范围以外，应有充分的依据。

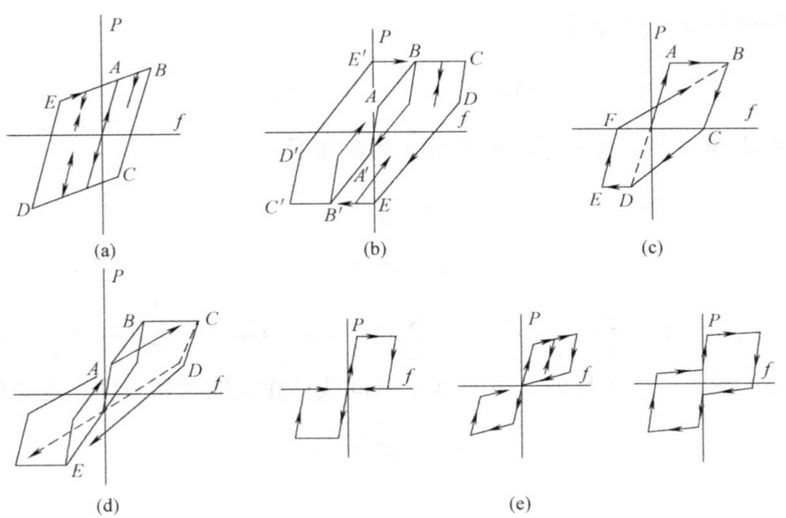

图 7-3　结构的恢复力模型

(a) 双线型模型；(b) 三线型模型；(c) Clough 模型；(d) D-TRI 模型；(e) 滑移型模型

7.4 回归分析

确定试验数据间的函数关系需要完成两项工作：一是确定函数形式；二是确定函数表达式中的相关系数。在确定了适用于某一试验结果的函数形式之后，应通过数学方法确定其系数，以使这一函数与试验结果尽可能相符。其中，回归分析方法最为常用。

假定试验结果为（x_i，y_i；$i=1$，2，3，…，n），用一函数来模拟 x_i 与 y_i 之间的关系，这个函数中有待定系数 a_j（$j=1$，2，3，…，m），可表达为：

$$y=f(x,a_j;1,2,\cdots,m) \tag{7-37}$$

式中　a_j——回归系数。

确定回归系数应遵循的原则是：将所求得的系数代入函数式计算得到的数值应与试验结果呈最佳近似。通常采用最小二乘法来确定回归系数 a_j，即由函数式得到的回归值与试验值的偏差平方之和 Q 最小，从而确定回归系数 a_j。Q 可表示为 a_j 的函数：

$$Q=\sum_{i=1}^{n}[y_i-f(x_i,a_j;j=1,2,\cdots,m)]^2 \tag{7-38}$$

式中　x_i，y_j——试验结果。

根据微分学的极值定理，要使 Q 为最小的条件是将 Q 对 a_j 求导并令其为零，即

$$\frac{\partial Q}{\partial a_j}=0 \quad (j=1,2,3,\cdots,m) \tag{7-39}$$

求解以上方程组，就可解得使 Q 值为最小的回归系数 a_j。

7.4.1 一元线性回归分析

假定试验结果 x_j 与 y_j 间存在线性关系，可得直线方程如下：

$$y=a+bx \tag{7-40}$$

相对的偏差平方之和 Q 为：

$$Q=\sum_{i=1}^{n}(y_i-a-bx_i)^2 \tag{7-41}$$

将 Q 对 a 和 b 求导，并令其等零，可解得 a 和 b 如下：

$$b=\frac{L_{xy}}{L_{xx}} \tag{7-42}$$

$$a=\overline{y}-b\overline{x} \tag{7-43}$$

式中，$\overline{x}=\frac{1}{n}\sum_{i=1}^{n}x_i$；$\overline{y}=\frac{1}{n}\sum_{i=1}^{n}y_i$；$L_{xx}=\sum_{i=1}^{n}(x_i-\overline{x})^2$；$L_{xy}=\sum_{i=1}^{n}(x_i-\overline{x})(y_i-\overline{y})$。

设 γ 为相关系数，用来反映变量 x 和 y 之间线性相关的密切程度，定义如下：

$$\gamma=\frac{L_{xy}}{\sqrt{L_{xx}L_{yy}}} \tag{7-44}$$

式中，$L_{yy}=\sum_{i=1}^{n}(y_i-\overline{y})^2$。显然 $|\gamma|\leqslant1$，当 $|\gamma|=1$，称为完全线性相关，此时所有的数据点（x_i，y_i）都在直线上；当 $|\gamma|=0$，称为完全线性无关，此时数据点分布无规则；

$|\gamma|$越大，线性关系越好；$|\gamma|$很小时，线性关系很差，此时再用一元线性回归方程来代表 x 与 y 间的关系就不合理了。

表 7-7 为对应于不同的 n 和显著性水平 α 下的相关系数起码值，当$|\gamma|$大于表中相应的值，所得到的直线回归方程才有意义。

相关系数检验表　　表 7-7

$n-2$	α		$n-2$	α	
	0.05	0.01		0.05	0.01
1	0.997	1.000	21	0.413	0.526
2	0.95	0.990	22	0.404	0.515
3	0.878	0.959	23	0.396	0.505
4	0.81	0.917	24	0.388	0.960
5	0.754	0.874	25	0.981	0.487
6	0.707	0.834	26	0.374	0.478
7	0.566	0.798	27	0.367	0.470
8	0.632	0.765	28	0.361	0.463
9	0.602	0.735	29	0.355	0.456
10	0.576	0.708	30	0.349	0.449
11	0.553	0.684	35	0.325	0.418
12	0.532	0.661	40	0.304	0.393
13	0.514	0.641	45	0.288	0.372
14	0.497	0.623	50	0.273	0.354
15	0.482	0.606	60	0.250	0.325
16	0.468	0.590	70	0.232	0.302
17	0.456	0.575	80	0.217	0.283
18	0.444	0.561	90	0.205	0.267
19	0.433	0.549	100	0.195	0.254
20	0.423	0.537	200	0.138	0.181

7.4.2　非线性回归分析

若试验结果 x_i 和 y_i 间的关系不是线性关系，可利用表 7-7 进行变量代换，转换成线性关系，再求出函数式中的系数。如假设试验结果为：

$$y=a_0+a_1x+a_2x^2 \tag{7-45}$$

由于涉及 x 的平方项，就属于一元非线性回归问题，当进行变量代换时，令 $x_1=x$，$x_2=x^2$，则上式变为：

$$y=a_0+a_1x_1+a_2x_2 \tag{7-46}$$

此时问题便转化为二元线性回归分析问题。

另外，当试验结果不是线性关系时，也可直接进行非线性回归分析，其基本思路与线性回归分析大体相同，也可采用最小二乘法。但首先要构造误差函数，回归系数应使误差函数取极小值，以此为条件，得到一个方程组，求解该方程组即可得到回归系数。对变量 x 和 y 进行相关性检验，可用下列的相关指数 R^2 来表示：

$$R^2 = 1 - \frac{\sum (y_i - y)^2}{\sum (y_i - \overline{y})^2} \tag{7-47}$$

式中 $y=f(x_i)$ ——把 x_i 代入回归方程得到的函数值；

y_i——试验结果；

$\overline{y_i}$——试验结果 y_i 的平均值。

相关指数 R^2 的平方根 R 也可称为相关系数，但其与前述线性相关系数不同。相关指数 R^2 和 R 是表示回归方程或回归曲线与试验结果拟合的程度，R^2 和 R 趋近于 1 时，表示回归方程的拟合程度好；R^2 和 R 趋向零时，表示回归方程的拟合程度不好。

7.4.3 多元线性回归分析

当所研究的问题中存在两个或两个以上自变量时，应采用多元回归分析。设试验结果为（x_{1i}，x_{2i}，…，x_{mi}，y_i，$i=1$，2，…，n），其中自变量为 x_{ji}（$j=1$，2，3，…，m），y 与 x_j 间的关系可表达为：

$$y=a_0+a_1x_1+a_2x_2+\cdots+a_mx_m \tag{7-48}$$

式中 a_j（$j=1$，2，3，…，m）——回归系数，可通过最小二乘法确定。

思 考 题

7-1 试说明为何要对试验采集到的原始数据进行处理，并简述数据处理的主要内容与步骤。

7-2 简述误差分析的作用及意义。

7-3 简述误差的类别、特点及产生原因。

7-4 简述试验数据的主要表达方式。

7-5 简述在采用函数方式表达试验数据时需完成的两项工作。

7-6 简述确定回归系数应遵循的原则。

7-7 何为最小二乘法？

第 8 章　现代结构试验测量技术

内容提要： 本章介绍了结构试验中的大型结构试验机、地震模拟振动台、风洞试验系统、火灾试验系统，基于网络的远程协同结构试验技术，以及现代测试技术及发展。

能力要求： 了解结构试验中相关大型结构试验机、地震模拟振动台、风洞试验系统、火灾试验系统，以及基于网络的远程协同结构试验技术。

8.1　概　　述

国内外高新科技不断发展，极大地推动了结构试验技术水平提高。当前，结构试验在作用方式上，已从传统的静态、准静态试验逐步发展到拟动力、动力试验；在空间尺度上，从常规尺度试验向微细观材性试验和大型足尺结构试验拓展。现代结构试验的量测需求，推动了传统的结构试验量测技术与各种新兴技术的结合，并不断完善和创新。近年来，虚拟仪器技术、联网实验技术、分布式应变测试技术、数字图像测量技术和近景摄影测量技术等一大批新型测试技术得到发展和使用。

8.2　先进的大型结构试验装备

8.2.1　大型结构试验机

大型结构试验机是研究足尺结构及构件的破坏机理和服务于工程设计的重要试验设备，其对推动土木工程领域的科学研究具有不可替代的作用，国外 20 世纪 60 年代开始，便掀起大型结构试验机的建设风潮。日本早在 1958 年就开始大量新建大型结构试验机，拥有量居世界首位，立式试验机从 10000～30000kN，已知岛津制作所为日本大学和土木研究所制造的岛津 30000kN 结构压力试验机为最大，卧式试验机从 1000kN 发展到 100000kN，典型代表为安装在住友工业中央技术研究所的住友金属 100000kN 结构拉伸试验机，这也是当时世界上最大的卧式结构拉伸试验机。

国际上的大型结构试验机还包括美国 MTS 公司研制的 YAW7107 系列电液伺服压剪试验机，最大负荷 10000kN，MTS311 系列大型载荷框架，承载力有 10000、15000、20000、30000kN 四种，以及 15000kN 反力地板一体化载荷框架等。此外还有瑞士 Amsler 公司为联邦材料试验所生产的 20000kN 压力试验机，美国 Baldwin 公司 22700kN 万能试验机及为国家标准局生产的 54000kN 万能试验机，西德 Schenck 公司 100000kN 拉力试验机、柏林材料检验局的 20000kN 试验机，以及斯图加特大学国立材料试验室 100000kN 液压伺服拉力试验机。

随着我国基本建设的不断发展，新材料、新结构、新体系的不断涌现，科研领域对大型结构试验装备需求日益提高，许多高校及科研单位的实验室也先后配备了大型结构试验设备，具体见表 8-1 及图 8-1～图 8-4。这些设备使得足尺、高强的试件和结构破坏性试验、多维加载试验得以实现。

国内科研院所大型结构试验机建设情况 **表 8-1**

序号	所属单位	试验机名称	负荷能力(kN)	试验空间尺寸长×宽×高
1	大连理工大学	电液伺服压力试验机	10000	—
2	华中科技大学	电液伺服加载系统	20000	—
3	同济大学	大型多功能结构试验机系统	10000	4m×2m×5m
4	同济大学	结构试验全方位通用加载系统(GLPS)	30000	最高 6.1m
5	清华大学	大型结构多功能空间加载装置	20000	6m×6m×8m
6	香港理工大学	大型多功能结构试验系统	10000	—
7	北京工业大学	大型多功能联合加载试验系统	40000	6m×4m×8m
8	北京工业大学	大型多功能联合加载试验系统	72000	—
9	中国台湾地区国家地震工程研究中心	多轴向试验系统(MATS)	60000	最高 5m
10	天山红水试验机有限公司	电液伺服大型多功能压剪试验机	30000	最高 300mm
11	南京工业大学	压剪试验机	10000	—
12	上海应用技术学院	电液伺服大型多功能结构试验系统	10000	—
13	南通大学	大型多功能结构试验系统	10000	—
14	北京佛力系统公司	橡胶支座压剪电液伺服试验系统	20000	—
15	上海交通大学	大型结构试验系统	10000	—
16	天山红水试验机有限公司	高强度宽板拉伸试验机	50000	5m×2.2m×0.12m
17	株洲时代新材料科技股份有限公司	电液伺服桥梁支座试验机	52000	2m×2m×1.15m
18	西南交通大学	桥梁橡胶支座多功能试验机	120000	—
19	吉林大学	超大型动静态多功能试验机	120000	4m×2m×10m
20	中国建筑股份有限公司技术中心	万吨级多功能结构试验系统	108000	最高 10m
21	中南大学	大型结构多功能空间加载装置	20000	6m×6m×8m
22	沈阳建筑大学	大型多功能结构试验机系统	10000	4m×2m×5m
23	深圳大学	大型多功能结构试验机系统	10000	4m×2m×5m

图 8-1 北京工业大学 40000kN 大型多功能联合加载试验系统

图 8-2 北京工业大学 72000kN 大型多功能联合加载试验系统

图 8-3 同济大学 10000kN 大型多功能加载试验系统

图 8-4 上海应用技术大学 10000kN 大型多功能加载试验系统

8.2.2 地震模拟振动台试验系统

工程结构的抗震性能研究一般通过数值计算和试验测试进行，二者相辅相成。但由于强震时结构处于复杂的压弯剪扭受力状态，材料的动态、强非线性本构特征使得准确的数学模型无法建立，此时试验研究显得更为直接可靠。当前，结构抗震试验通常分为 3 类：拟静力、拟动力和地震模拟振动台试验。其中，拟静力试验则通过低周往复加载来评估结构和构件的基本抗震性能，无法模拟实际地震作用；拟动力试验能够近似模拟实际地震作用和结构破坏状态，但加载周期远远大于实际地震，无法模拟动态过程，材料的动力性能无法体现。振动台试验直接模拟地震发生过程，与实际最为符合，但振动台试验受到设备吨位、试验场地等影响，往往采用结构缩尺模型，因而只能关注宏观破坏现象。研究者常常通过拟静力和拟动力试验来研究构件和子结构的细节破坏，而借助地震模拟振动台试验从整体上把握结构的抗震性能。因此，拟静力、拟动力和地震模拟振动台试验各具优势和特色，综合 3 种试验能够较完美地研究建筑物抗震性能、破坏机制和破坏特征等。

地震模拟振动台从发展顺序上来看，主要有机械式、电磁式和电液伺服式。机械式振动台多数只能进行正弦波试验；电磁式振动台可随意复现波形，但位移较小，仅±25mm；电液伺服振动台是当前的主流，可实现低频大位移和三向六自由度控制。目前世界上有数百座地震模拟振动台设备，主要集中在中国、日本、美国。振动台建造最早的是多震国日本，已经建造 50 余座，主要由日本三菱公司、日立制作所和美国 MTS 公司承建，其中最具代表性的是国立防灾科学技术研究所（NIED）的 15m×20m 的三向六自由度巨型振动台，已经完成数个足尺原型试验。美国目前也有数十座振动台，多数由 MTS 公司承建，1971 年世界第一台水平和垂直双向同动的 6.1m×6.1m 地震模拟振动台在加州大学伯克利分校建造。2003 年美国纽约州立大学建成世界上第一套双台阵系统，同年美国内华达大学建成 3 台阵系统，这两个台阵系统均被列入美国的“NEES”计划。

20 世纪 60 年代起，我国开始建造振动台，当前随着我国基本建设的大力发展，振动台建设也进入快速发展时期，不论数目还是指标都逐步接近日本水平。我国地震模拟振动台的发展与其他产业发展所走的道路大致相同，即引进、吸收、研发。当前采购主要集中在美国 MTS 和英国 Servotest 两家公司。MTS 公司在液压伺服设备方面居世界顶尖水准，同济大学最早于 1983 年购买了双向四自由度 4m×4m 的振动台，于 1990 年升级为三向六自由度，并于 2011 年新建了双向四自由度 4m×6m 台面 4 台阵系统，如图 8-5 所示。此外，MTS 设备采购单位还有西南交通大学 8m×10m＋6m×3m 2 台阵试验系统、北京建筑科学研究院的 6m×6m 振动台，重庆大学的 6m×6m 振动台，西安建筑科技大学的

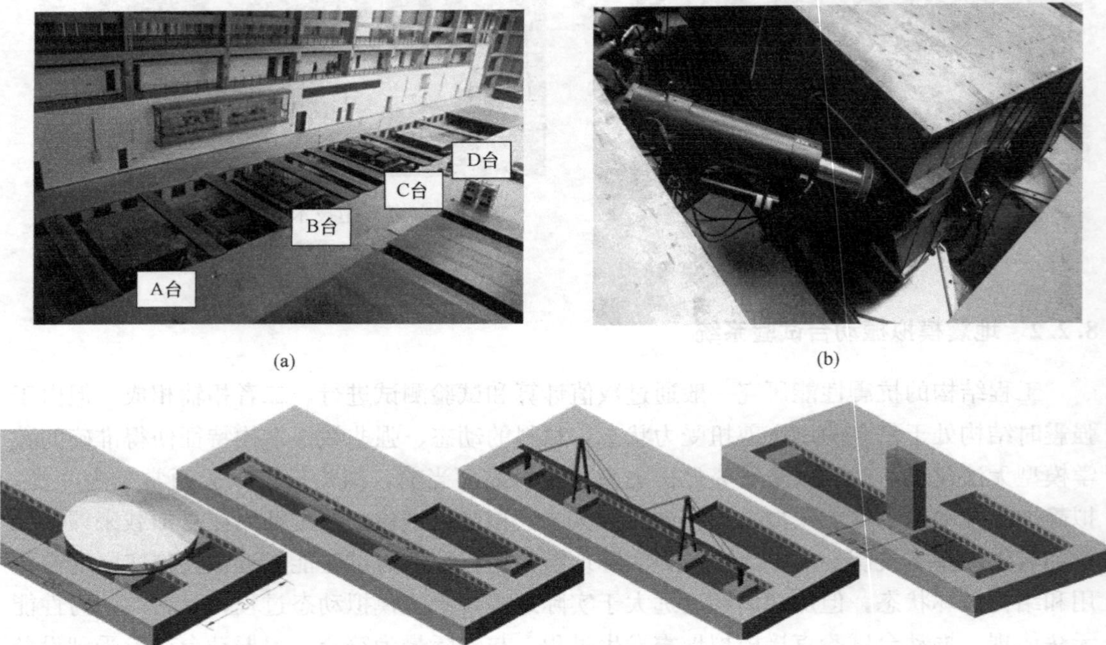

(a)　　(b)

(c)

图 8-5　同济大学 4 台阵地震模拟振动台系统

(a) 试验台阵；(b) 台面及作动器；(c) 振动台工作模式

4m×4m 振动台，北京工业大学的 3m×3m 振动台。东南大学旧实验室的振动台选择购买 MTS 公司激振和控制系统自行组装，效果良好。

Servotest 公司的振动台由于性价比较高，目前在国内已完成数十台套的振动台以及振动台阵系统安装，包括中南大学 4m×4m 4 台阵系统（图 8-6）、福州大学的一大（4m×4m）两小（2.5m×2.5m）3 台阵系统、河海大学 5.4m×5.4m 2 台阵三向六自由度水下振动台（图 8-7）、中国地震局工程力学研究所 5m×5m+3m×3m 2 台阵试验系统（图 8-8）、重庆交通科研设计院的 3m×6m 2 台阵系统以及华南理工大学、山东建筑大学、兰州理工大学、昆明理工大学、成都理工大学、河北工业大学等高校的单台面地震模拟振动台系统。

图 8-6　中南大学 4 台阵地震模拟振动台系统

(a) 振动台台面；(b) 水平和竖向作动器；(c) 油源、泵和电柜；(d) 控制室 PULSAR 系统

值得一提的是，北京工业大学近年来建成了 9 子台台阵系统，该地震模拟振动台系统是国内自主研发的大型振动台台阵系统，由 9 个 1m×1m 的单台组成，每个子台由刚性台面、支承导向装置、激振系统和底座组成。可将任意子台进行积木式组合，对桥梁、管道、输电线路等细长结构和网壳等柔性结构进行多维多点的地震波输入试验，也可将若干子台组成一个大台进行大尺寸模型试验。目前台阵系统可由 16 套激振器和所需的连杆进行组合来实现多种形式、不同位置布局的地震模拟振动台台阵试验。该系统最多可进行 35m×16m 尺度的大型结构试验。目前已完成了国家体育馆双向张弦梁结构屋盖、奥运羽毛球馆新型弦支穹顶在内的 30 余大型试验，取得了较理想的试验效果。

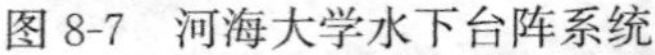

图 8-7　河海大学水下台阵系统

图 8-8　中国地震局台阵系统

另外，东南大学（扩建为 6m×9m 三向六自由度，与原台形成台阵）、大连理工大学、湖南大学、长沙理工大学、苏州科技大学（6m×8m 三向六自由度）、广州大学（8m×10m 三向六自由度）、长安大学（2m×2m 3 台阵三向六自由度）、天津大学（水下振动台阵）都有新建或扩建地震模拟振动台计划。初步估计，中国近 5 年内会增加地震模拟振动台 20～30 座，已经超过现有振动台的总和，振动台建造进入快速发展期。同时，从新建台子或台阵可以看到新建振动台各具特色，有各自不同的试验优势，目前发展趋势主要有以下特征：①台阵化，满足大跨结构和桥梁结构试验要求；②大型化，满足大缩尺甚至足尺试验要求；③多功能化，利用台阵系统能够拼装成大型振动台，可大大提升振动台性能；④多向多自由度化，目前振动台均不再局限于单向单自由度；⑤特色化，如满足高频振动、水下试验等特殊试验要求。

8.2.3　风洞试验系统

风洞实验室是以人工的方式产生并且控制气流，用来模拟飞行器或实体周围气体的流动情况，并可量度气流对实体的作用效果以及观察物理现象的一种管道状试验设备，风洞主要由洞体、驱动系统和测量控制系统组成，各部分的形式因风洞类型而不同。

风洞种类繁多，有不同的分类方法。风洞中的气流速度一般用试验气流的马赫数（M 数）来衡量。风洞一般根据流速的范围分类：$M<0.3$ 的风洞称为低速风洞，这时气流中的空气密度几乎无变化；在 $0.3\leqslant M<0.8$ 范围内的风洞称为亚音速风洞，这时气流的密度在流动中已有所变化；$0.8\leqslant M<1.2$ 范围内的风洞称为跨音速风洞；$1.2\leqslant M<5$ 范围内的风洞称为超音速风洞；$M\geqslant 5$ 的风洞称为高超音速风洞。风洞也可按用途、结构形式、试验时间等分类。

风洞试验是飞行器研制工作中的一个不可缺少的组成部分。它不仅在航空和航天工程的研究和发展中起着重要作用，随着工业空气动力学的发展，在交通运输、房屋建筑、风能利用等领域更是不可或缺。譬如结构物的风力荷载和振动、建筑物通风、空气污染、风力发电、环境风场、复杂地形中的流况、防风设施的功效等。这些问题皆可以利用几何相似的原理，将地形、地物以缩尺模型放置于风洞中，再以仪器量测模型所受之风力或风速。一些研究也指出风洞试验的结果与现地风场的观测结果相近，故风洞试验是研究许多风工程问题最常用的方法。风洞试验数据也可用来验证数值模型的有效性，找到合适的模式参数。

为使试验结果准确，试验时的流动必须与实际流动状态相似，即必须满足相似定律的要求。由于风洞尺寸和动力的限制，在一个风洞中同时模拟所有的相似参数是很困难的，通常是按所要研究的课题，选择一些影响最大的相似参数进行模拟。

此外，风洞试验段的流场品质，如气流速度分布均匀度、平均气流方向偏离风洞轴线的大小、沿风洞轴线方向的压力梯度、截面温度分布的均匀度、气流的湍流度和噪声级等必须符合一定的标准，并定期进行检查测定。

世界上公认的第一个风洞是英国人韦纳姆（E. Mariotte）于 1869～1871 年建成。风洞的大量出现是在 20 世纪中叶。目前，全世界的风洞总数已达千余座，最大的低速风洞是美国国家航空航天局艾姆斯中心的国家全尺寸设备（NFSF），试验段尺寸为 24.4m×36.6m；雷诺数最高的大型跨音速风洞是美国兰利中心的国家跨音速设备（NTF），它是一座试验段尺寸为 2.5m×2.5m 的低温风洞，采用了喷注液氮的技术，用以降低试验气体温度，从而使风洞试验的雷诺数达到或接近飞行器的实际飞行值。现代最大的高马赫数、高雷诺数气体活塞式风洞还配有先进的测量显示仪器和数据采集处理系统。风洞的发展趋势是进一步增加风洞的模拟能力和提高流场品质，消除跨音速下的洞壁干扰，发展自修正风洞。

到目前为止，我国已经拥有低速、高速、超高速以及激波、电弧等风洞。位于川西山区的中国空气动力发展与研究中心装备有亚洲最大风洞群，已累计完成风洞试验 50 余万次，获得各级科技进步成果奖 1403 项，是中国规模最大、综合实力最强的国家级空气动力试验、研究和开发中心，其综合试验能力跻身世界先进行列。该中心先后建成以低速风洞和亚、跨、超和高超声速风洞 52 座，拥有 8 座“世界级”风洞设备；建成峰值运算速度达每秒 10 万亿次的计算机系统；风洞试验、数值计算和模型飞行试验三大手段齐备，能够进行从低速到 24 倍声速，从水下、地面到 94km 高空范围，覆盖气动力、气动热、气动物理、气动光学等领域的空气动力试验。从“歼-10”、“枭龙”战机和“神舟”系列飞船，到磁悬浮、“和谐号”高速列车；从高达 300 多米的东方明珠塔，到横跨 30 多公里海面的杭州湾跨海大桥，都在这里进行过风洞试验。

同济大学土木工程防灾国家重点实验室风洞实验室建于 1987 年，拥有 6 座大、中、小配套的边界层风洞。其中 TJ-3 风洞试验段尺寸宽 15m、高 2m、长 14m，其风速范围是 1.0～17.6m/s 连续可调，是国内最大的边界层风洞，居世界同类风洞第二位，可以进行跨度超过 2000m 的超大跨桥梁的全桥气弹模型风洞试验、大跨屋盖结构风荷载试验及环境、扩散等试验。TJ-2 风洞为多功能的建筑与汽车风洞，试验段宽 3m、高 2.5m、长 15m，风速范围 1～68m/s 连续可调，是一座适合于建筑结构、车船空气动力学及其他领域试验的风洞。TJ-1 风洞为直流式边界层风洞，试验段宽 1.8m、高 1.8m、长 12m，风速范围 1.0～30m/s 连续可调，可以进行桥梁节段模型试验及单体高层建筑、高耸结构的试验及缆索风雨振试验。TJ-4 风洞是一座回流式边界层风洞，试验段宽 0.8m、高 0.8m、长 5.0m，风速范围 1.0～30m/s 连续可调。配备了粒子图像速度场仪（PIV），可用于风工程和空气动力学机理性问题的研究。TJ-5 风洞是国内首个龙卷风模拟装置，是一种回流式模拟器。试验平台为开口式，可研究龙卷风特性及其对结构的影响。TJ-6 风洞是国内首个多风扇主动控制风洞。风洞试验段宽 1.5m、高 1.8m、长 10m，适用于具有较高紊流度、积分尺度，以及非平稳、强切变特性的特殊气流的模拟。此外，实验室配有先进的测力、测压、测速、测振仪器、流场显示及数据采集系统和计算机工作站，供科学研究和生产试验用。

此外，西南交通大学于 2008 年建成目前世界最大的边界层风洞 XNJD-3 风洞，试验段尺寸为宽 22.5m、高 4.5m、长 36m，断面尺寸位居世界第一，风速范围为 1～16.5m/s，主要技术指标达到世界先进水平。跨径 770m＋2023m＋770m 的特大悬索桥 1915 恰纳卡莱大桥的风洞试验在该风洞完成，超过日本明石海峡大桥（主跨 1991m）而刷新桥梁跨径世界纪录。舟山连岛工程、港珠澳大桥、沪通公铁两用长江大桥、杨四港长江大桥、平潭海峡公铁两用大桥、印尼苏马拉都大桥、中国香港 Stone Cutters 大桥、马来西亚槟城二桥、美国 Gerald Desmond 大桥、马尔代夫中马友谊大桥等均在 XNJD-3 风洞完成了风工程相关测试。我国还有哈尔滨工业大学风洞实验室、汕头大学风洞实验室、吉林大学风洞实验室、湖南大学风洞实验室、北京交通大学风洞实验室、大连理工大学风洞实验室、长安大学风洞实验室、石家庄铁道大学风洞实验室、中南大学风洞实验室等，主要用于土木工程相关的科研测试工作。

8.2.4 火灾试验系统

火灾试验系统主要为研究工程结构火灾情况下的力学性能提供试验测试，主要测试设备包括抗火试验炉、高温力学材性试验机、量热仪、燃烧测试仪等设备。可进行建筑物、桥梁、隧道等土木工程结构的抗火性能试验测试，土建材料的高温性能研究，结构火灾损伤检测与评估等。

国内典型的工程结构抗火实验室有同济大学工程结构抗火实验室，拥有大型水平构件抗火试验炉、中小型构件抗火试验炉、高温力学材性试验机、FTT 锥形量热仪、FTT 单体燃烧测试仪、建筑材料燃烧性能系列测试设备、隧道及地下工程火灾多功能试验平台等试验设备，并配置了电液伺服加载系统、英国艾美创非接触式应变位移测量系统、英国数力强应变位移温度测试系统等，主要设备见图 8-9。可进行结构材料的高温力学性能测试、大中小型构件的抗火性能试验、建筑材料的燃烧性能测试等试验，是目前国内高校中结构抗火试验能力最强的实验室之一。哈尔滨工业大学结构抗火实验平台包括 3 个试验炉，即建筑材料高温试验炉、梁板火灾试验炉和墙柱火灾试验炉，如图 8-10 所示，主要研究结构材料与结构构件在高温或火灾作用下或作用后的承载力、变形、破坏模式等力学行为。其中，梁板火灾试验炉和墙柱火灾试验炉是国内炉体规模最大的试验设备。

中国科学技术大学火灾科学国家重点实验室是国内火灾科学基础研究领域唯一的国家级研究机构，分设建筑火灾、森林火灾、工业火灾、火灾化学、光电技术、计算机模拟与

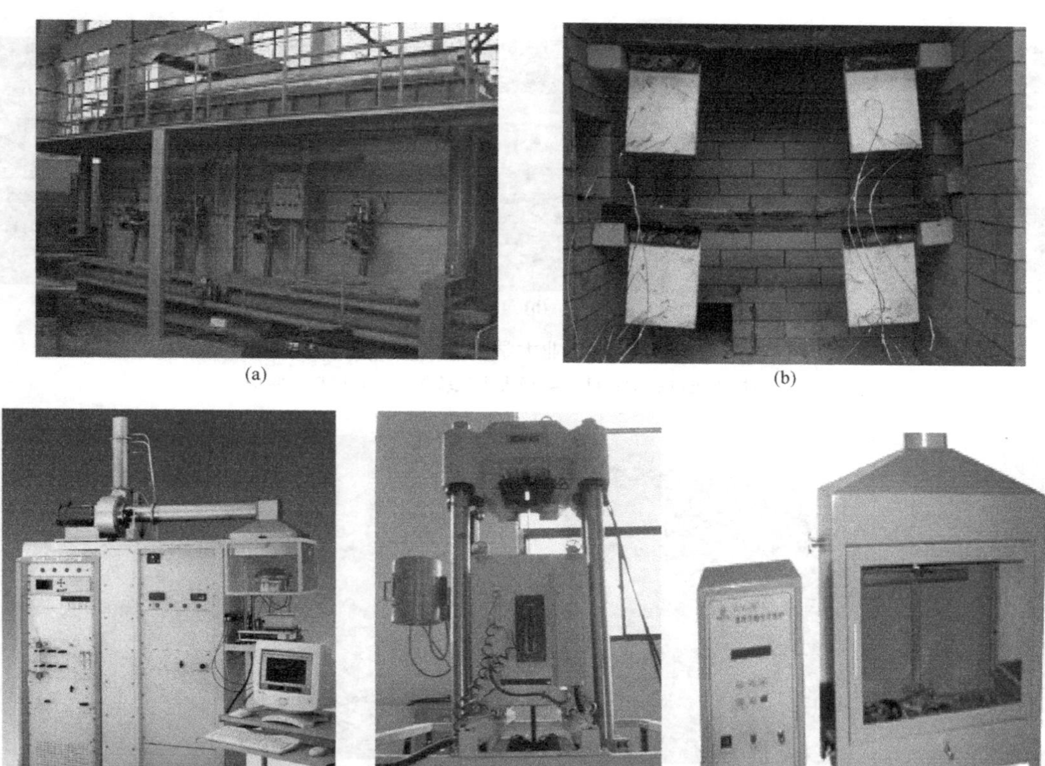

图 8-9　同济大学主要火灾试验设备

(a) 水平构件抗火试验炉；(b) 小型构件抗火试验炉；(c) FTT 双柜式锥形量热仪；
(d) 高温材料特征万能试验机；(e) 建材可燃性试验炉

理论分析 6 个研究室。大空间火灾实验厅总体尺寸为 30.6m（长）×18.4m（宽）×30.6m（高），内部净尺寸为 22.4m×12.0m×27.0m，可进行可燃物热解及着火规律、室内火蔓延规律及突变（轰燃、回燃、滚燃等）形成机理、建筑（如大空间、高层、隧道、地铁等）内的火灾发展及烟气流动规律与控制技术、紧急条件下人员疏散规律、建筑火灾安全评估及性能化设计方法等的研究和测试。

此外，清华大学、华中科技大学、华南理工大学、中南大学、江苏科技大学、兰州理工大学、南京工业大学等国内数十所高校和科研院所装备了火灾炉等火灾试验系统，为土木工程抗火相关科研和生产鉴定性试验提供了可能。

8.2.5　其他试验系统

随着我国基本建设的发展，除地震模拟振动台、风洞试验系统、火灾试验系统等，大型离心机、大型多功能泥石流模拟系统、大型爆炸罐试验系统、大型结构碰撞试验系统等试验装备也相继投入运行（图 8-11），使研究人员和工程师能够通过结构试验更准确掌握结构性能，改善结构防灾抗灾能力，发展结构设计理论。

(a) (b) (c)

图 8-10 哈尔滨工业大学主要火灾试验设备

(a) 墙柱火灾试验炉；(b) 梁板火灾试验炉；(c) 材料试验炉

(a) (b)

(c) (d)

图 8-11 其他灾害实验系统

(a) TLJ-500 大型岩土离心机系统；(b) 大型多功能泥石流模拟系统；

(c) 大型爆炸罐试验系统；(d) 大型结构碰撞试验系统

8.3 基于网络的远程协同结构试验技术

随着计算机网络的日益普及，各种基于计算机网络的应用系统也在蓬勃发展中。近年来，国际上出现了远程结构试验的研究动向。计算机的普及、互联网技术的发展和应用为这一领域的研究提供了必要的物质基础。目前，远程协同结构试验研究已经成为国际结构工程研究的前沿领域，其目标是建立一种网络化的研究资源，通过网络将地理上分布于各个地区的试验资源进行共享，建立新一代的试验研究系统。世界上许多国家（地区）已经开展了基于 Internet 的远程协同结构试验研究，并已经取得了很大进展。同时，多国开始了远程国际平台协同试验。

8.3.1 美国的 NEES 计划

NEES 是美国国家科学基金委员会投入八千万美元的巨额研究经费资助建立的地震工程网络模拟系统。NEES 计划的目标，是要建立一种网络化的研究资源，通过网络将地理上分布于各个地区的资源进行共享，建立新一代的具有远程观测和协同控制能力的试验研究系统。这一国家性的资源将把地震工程研究的重点从当前的倚重于物理试验转变到寻求试验方法、计算方法、理论、数据库以及模型模拟的整合。

NEES 将成为一个试验设备、计算资源和工具、协作通信技术和工具、诊断数据库系统的集成系统，并全面发展以支持从事地震工程研究和教育的团体成员合作。NEES 将提供先进的试验设备和能力，使研究人员能进行试验以及验证更为复杂、综合性更高的理论分析和数值计算模型，从而改善抗震设计。图 8-12 显示了 NEES 网络系统的概念和构想。

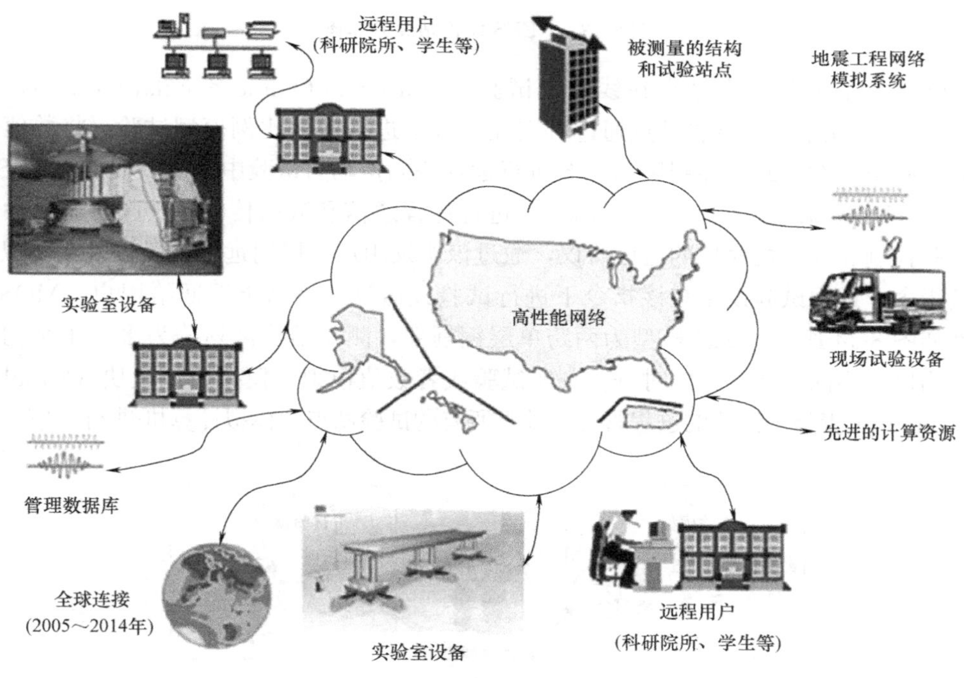

图 8-12 NEES 网络系统

NEES 系统由分布于美国各地的子实验室组成，目前公布了 14 个大学将加入到 NEES 网格，包括 6 个大型实验室系统、3 个振动台、3 个野外试验和监测设施、1 个岩土离心试验机、1 个海啸波浪水池，其分布如图 8-13 所示。每个实验室都致力于发展某一特定的试验设备和设施，并通过 NEESGrid 这一网络系统联系起来，以达到资源共享，因此 NEESGrid 在整个系统中起着神经中枢的作用。远程协同拟动力试验只是其系统功能的一部分，它的发展主要经历了两个阶段，即 MOST 试验阶段和 Fast-MOST 试验阶段。

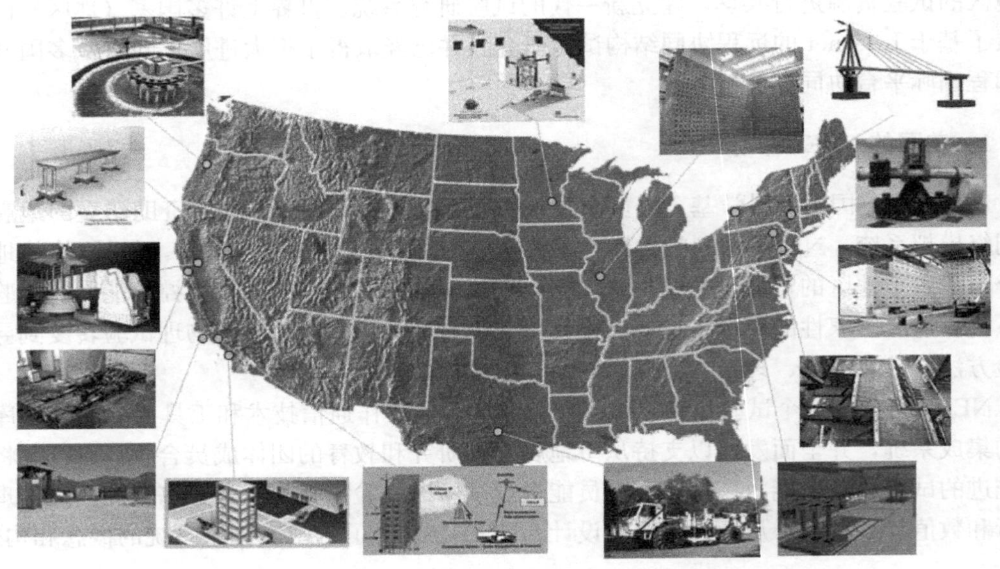

图 8-13　NEES 设备站点分布图

MOST 试验阶段：多站点在线仿真试验（Multi-Site Online Simulation Test，简称 MOST），是在几个异地试验站点通过可交互式方法进行的大比例模型试验，将数值仿真和真实试验结合在一起。在利用 NEES 进行远程协同拟动力试验中，主要使用 NEESGrid NTCP（Teleoperations Control Protocol）进行远程通信和数据传输，NTCP 是一种用于远程试验控制和计算机模拟的通信协议，通过该协议用户可以向远程试验设备或模拟计算机发送指令，远程试验设备在该指令下进行试验或运算并将结果返回给用户。MOST 试验构件如图 8-14 所示，试验模型为两跨单层钢框架，测试结构被划分为多个子结构，每个子结构位于不同的地点，同时进行真实试验或者数值模拟。模拟协调模块（Simulation Coordinator）负责整个试验的进程管理，并与所有的试验站点和模拟计算机进行通信。许多

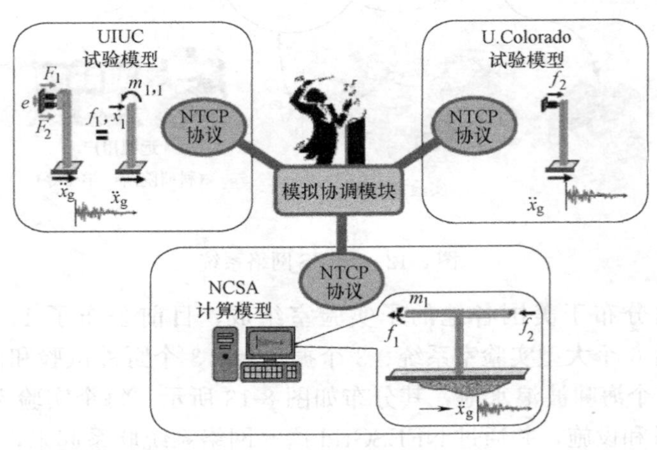

图 8-14　MOST 试验构架

大型结构可利用该试验技术进行测试，因此具有单个实验室无法达到的试验能力。试验框架的左柱和右柱分别在 UIUC（美国伊利诺伊大学厄巴纳-香槟分校）、U. Colorado（美国科罗拉多大学）进行试验，其余计算子结构部分在 NCSA（美国国家超级计算机应用中心）进行数值模拟。

Fast-MOST 试验阶段：在 MOST 试验中，存在许多不足之处，特别是试验过程中网络通信时间相对过长，因此对 NTCP 作了如下改进：

（1）重新使用 Java 语言编写了模拟协调中心程序，将 Master 部分与模拟协调中心部分作为两个模块放在同一个程序中，把 Proposal 命令与 Execute 命令合并为一个 Proposal and Execute 命令，以减少控制器与模拟协调中心之间命令的循环次数。

（2）使用多线程通信模式与多个远程站点进行数据通信。使得模拟协调中心与远程站点之间所花费的通信时间由原来的各个站点通信时间总和变为花费时间最长的站点所用的时间，大大减少了这部分的网络通信时间。

（3）为了解决试验过程中因网络通信延时、停电等原因造成的试验暂停、中断等问题，引入了 Event Driven Distributed Controller 机制，使这一问题得以改善。

Fast-MOST 试验模型为一个六跨的桥梁结构（图 8-15），桥梁的五个桥墩代表五个子结构，分别分布在 NEES 内部的五个站点，桥面为计算子结构。其中，桥墩 1 和 4 分别在 Berkeley（美国加州大学伯克利分校）及 Buffalo（美国纽约州立大学布法罗分校）进行试验；其余桥墩分别在 Boulder（美国科罗拉多大学波尔得分校）、UIUC（美国伊利诺伊大学厄巴纳-香槟分校）、Lehigh（美国里海大学）进行模拟。试验中仅考虑桥梁结构的纵向地震反应，不考虑桥墩的轴向变形，并假定桥面与桥墩的连接为铰接。最终进行 1500 步试验，所用的时间由原来的 5.5 小时减少到 0.3 小时，大大提高了网络通信效率。

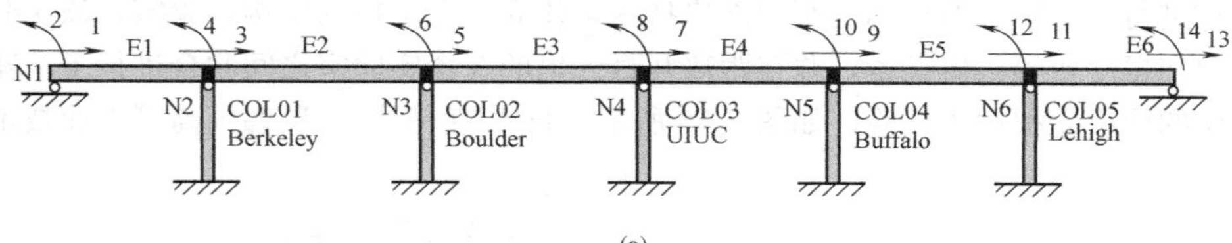

(a)

(b)

(c)

图 8-15 Fast-MOST 试验模型

（a）桥梁模型及子结构划分；（b）Berkeley 子结构；（c）Buffalo 子结构

8.3.2 欧洲“减轻地震风险的欧洲网络”

欧洲建立名为“减轻地震风险的欧洲网络”（European Network for Seismic Risk Mitigation）的协同研究系统，简记 EUROSEISMICNET。欧洲网络的目标是集合全欧洲在地震工程领域所有方面的研究和开发力量，并从欧洲各国相互学习减灾防灾经验中获得社会效益和经济效益。欧洲网络认为，网络的活动（Activities）包括灾害学研究、防灾体系脆弱性评估、降低防灾体系的脆弱程度、资产评估、地震损失模拟、风险评估、信息接口、不确定性的处理等。这些活动涉及的学科领域有地震学、岩土工程、结构工程、试验方法和试验装备、社会学、经济学、建筑学和城市规划、信息技术、电子工程等。欧洲网络的核心成员有 17 所大学和研究机构，包括法国、英国、意大利、希腊、德国、西班牙、南斯拉夫、比利时等。

8.3.3 日本和韩国的远程试验网络

作为一个地震多发国家，日本对地震工程和防震减灾研究领域进行了大力度支持。2005 年 1 月 15 日，日本防灾科学技术研究所建成了目前世界上最大的地震模型振动台，名为 E-Defense，并在兵库县三木市组建了“兵库抗震工程研究中心”。

E-Defense 全称为“实体三维震动破坏试验振动台”。其中，E 是英文 Earth 的缩写；“实体”指试验时采用真实房屋，使试验结果更加准确；“三维”指振动台能模拟三个方向六个自由度的地震动作用。E-Defense 振动台由实验楼、控制楼、油压设备、实验准备楼和三维振动台等组成。振动台台面尺寸为 15m×20m，最大试验质量可达 1200t，最大加速度可达 0.9g，最大速度 200cm/s，最大位移 100cm，足以模拟最大的地震动，整个造价达到 30 多亿人民币。

在韩国，名称为 KOCED（KOrean Construction Engineering Development）的研究项目正在进行，该项目的目标是利用网格技术来建立一个虚拟的结构实验室，该实验室包含了风洞和振动台等科研设备，并在距离几百公里的 3 个实验室之间联合进行了一座基础隔震桥梁的网络化拟动力试验，如图 8-16 所示。日本京都大学和韩国高等工业技术学院

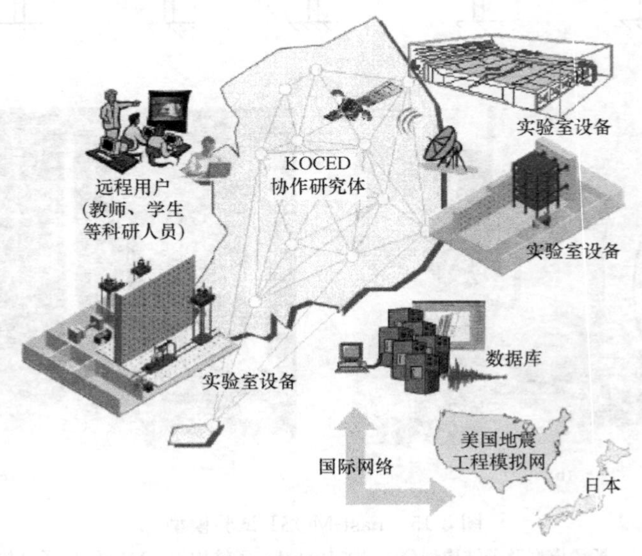

图 8-16　KOCED 计划

进行了跨国的拟动力模拟试验，论证了未来国际化协同试验的发展潜力和可行性。

8.3.4 中国的远程国际平台协同试验

1. 中国 NetSLab 网络平台

在国家自然科学基金资助下，湖南大学、清华大学和哈尔滨工业大学在 2004 年开始合作研究，开发和建立远程协同试验系统，为地震工程研究者提供共享的网络试验资源，网络平台是远程协同试验系统的关键部分之一，用来提供数据模型和通信协议，实现远程数据传输和控制。湖南大学开发了用于远程协同拟动力试验的网络平台 NetSLab（Networked Structural Laboratories），利用高速发展的互联网通信技术将异地分布的单一结构实验室连接起来联合开展远程协同试验研究，达到共享试验资源、提高综合试验能力的目的，如图 8-17 所示。

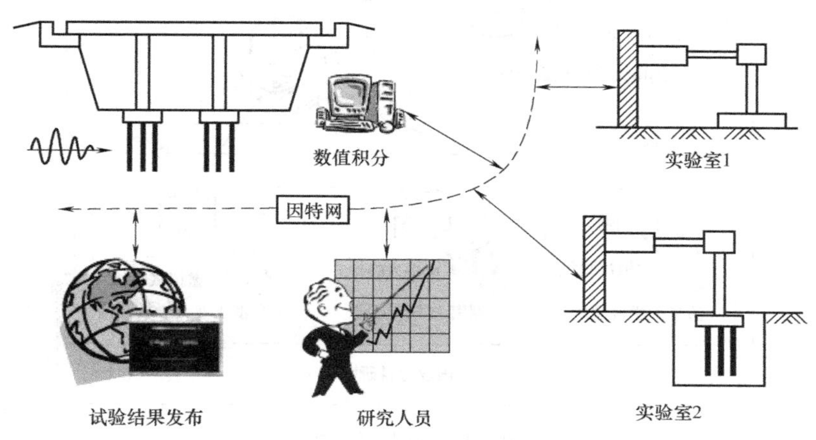

图 8-17 NetSLab 网络平台结构

从计算机系统的角度来看，NetSLab 平台任务的本质就是一些数据的解释、表示、转换、传输和分发的过程。NetSLab 作为一个分布式开放性的网络数据处理系统，其功能分为前台和后台两部分。前台是用户界面，直接与各类用户交互，接受用户输入的命令，显示用户所要求的结果；后台则类似于一个“黑匣子”具体处理用户的输入输出命令，完成各种具体操作以及试验数据在网络上的交换与集成。NetSLab 的开发选用 Unipipe 高层开发平台系统，用数据集成引擎作为基础，其基本功能是完成在复杂环境下多通道上的数据自动组织、传输、分发以及在各种协议和格式上的自动转换，它的主要模块和接口框架见图 8-18。基于 NetSLab 通信平台及其他构架，湖南大学开发了多个远程协同拟动力试验程序，包括单层结构远程协同试验程序 SDOF-module、考虑扭转影响的远程协同试验模块 Torsion-module 及多层剪切型结构的远程协同试验模块 MDOF-module。

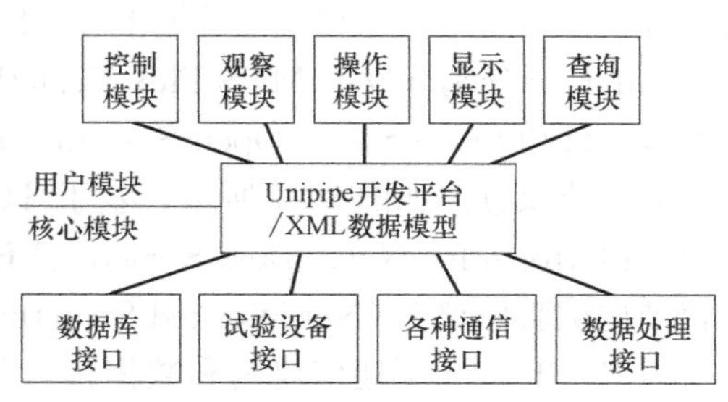

图 8-18 NetSLab 的主要模块和接口

在 NetSLab 平台下，进行了单层框架远程协同试验，控制中心位于美国南加州大学校园网，试验机位于湖南大学校园网，两个虚拟试验机分别位于清华大学和哈尔滨工业大学校园网。用于存储试验结果的数据库和 Web 服务器设置在湖南大学结构试验室。试验的网络拓扑如图 8-19 所示，既满足通信框架 A 的要求，同时也检验了 NetSLab 通信平台在试验中穿越防火墙的能力。控制中心与各试验机之间通过 NetSLab 通信平台进行数据传输，而控制中心和 Oracal 数据库之间采用数据库本身自带的 Client/Server 模式进行数据传输。试验结果初步验证了 SDOF-module 的可行性，检验了程序的稳定性、图形显示功能、数据的输入输出以及使用过程中方便和灵活性等功能，同时还确认了环境的独立性及 NetSLab 的通信能力。

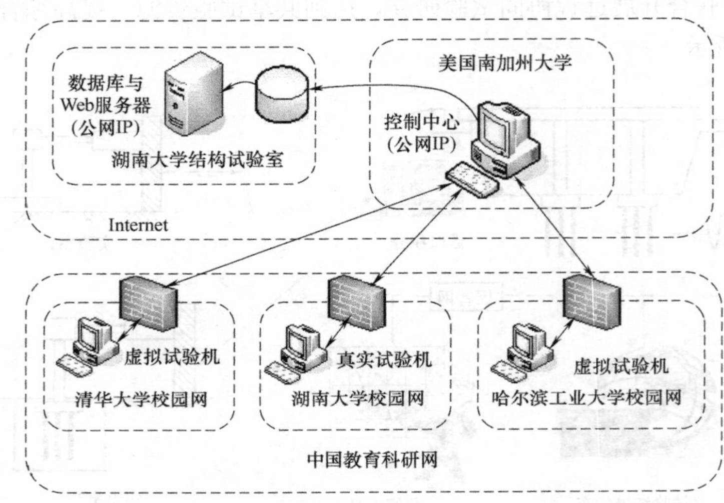

图 8-19　试验网络拓图

2. 中国台湾地区的 ISEE 计划

互联网地震工程模拟系统（Internet-based simulation for Earthquake Engineering，简称 ISEE）是由我国台湾地区地震工程研究中心（NcREE）通过互联网技术建立的地震工程研究平台，这个平台允许全世界的实验室同步观测或作为试验站点参与试验。ISEE 通过远程控制和集成，将地理上分布于我国台湾地区的结构实验室连成一个网络。其数据库方法如图 8-20 所示，在各实验室之间建立一个数据中心（Data Center），用于数据实时交换和共享；建立一个分析引擎（Analysis Engine），从 Data Center 接收测量恢复力，模拟动力分析，再将计算位移发回数据中心（Data Center）；建立一个设备控制系统（Facility Controller），分别开发了 MTS Flex Test IIm 和 MTS407 控制器。ISEE 采用和扩展了数值模拟软件包 Open Sees（Open System for Earthquake Engineering Simulation）。

应用协议方法如图 8-21 所示，基于 TCP/IP 应用协议基础之上，建立网络结构试验平台（Platform for Networked Structural Experiments，简称 PNSE），该平台采用了“网络化结构试验协议”（Net Worked Structural Experiment Protocol，简称 NSEP）。NSEP 协议为 PNSE 定义了通信规则和数据包，服务器和客户端可以通过互联网发送和接收预先定义的数据包来完成相互通信。PNSE 包含三种类型模块：服务器模块（the PNSE server）、命令产生模块（Command Generation Module，简称 CGM）和设备控制模块

(Facility Control Modules，简称 FCM)。对于所有的客户机（包括 CGM 和 FCM）来说，所有信息和数据必须通过服务器来发送和接收。另外，为了简化网络拓扑结构，所有的客户机是不能相互通信和传递数据的。

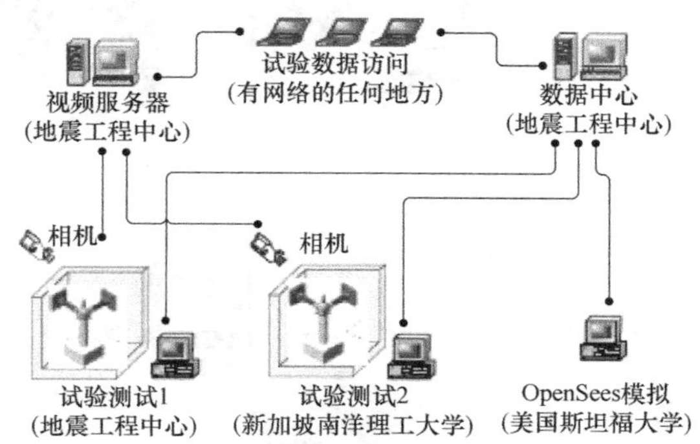

图 8-20　ISEE 数据库方法

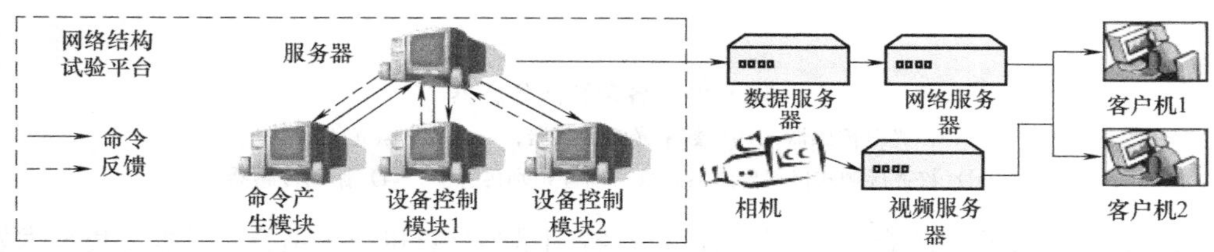

图 8-21　ISEE 系统框架图

8.4　现代测试技术

科学技术的快速发展为测试技术的发展和进步创造了有利条件，同时也不断向测试技术提出了更高的要求，尤其是计算机软件技术和数字处理技术的进步，促使微型传感器、集成传感器和智能传感器取得了迅速发展，加之信息技术和微电子技术的快速发展使测试技术和测试仪器、仪表取得了跨时代的进步，使仪器、仪表向数字化、智能化、网络化、多功能化和小型化方向发展。测试技术中数据处理能力和在线监测、实时分析的能力迅速增强，使仪器仪表的功能得到扩大，精度和可靠性也有了很大提高。

当前，传感器借助微电子技术，具备了信号处理能力，发展出了“智能传感器”，它由微处理器驱动的传感器与仪表套装，有信息检测、信息处理、信息记忆、逻辑思维与判断功能，能为监控系统和操作员提供相关信息，以提高工作效率及减少维护成本。而新型的光纤传感器可以在上千米范围内以毫米级的精度确定混凝土结构裂缝的位置；大量程高精度位移传感器可以在 1000mm 测量范围内，达到（正负）0.01mm 的精度，即 0.001% 的精度；AI 图像识别传感器基于深度学习及大规模图像训练，能够准确识别图片中的物体类别、位置、置信度等综合信息；冲击传感器以高敏感度方式检测是否存在振动以及振动水平是否发生变化，如图 8-22 所示。基于无线通信的智能传感器网络已开始应用于大型工程结构健康监控。

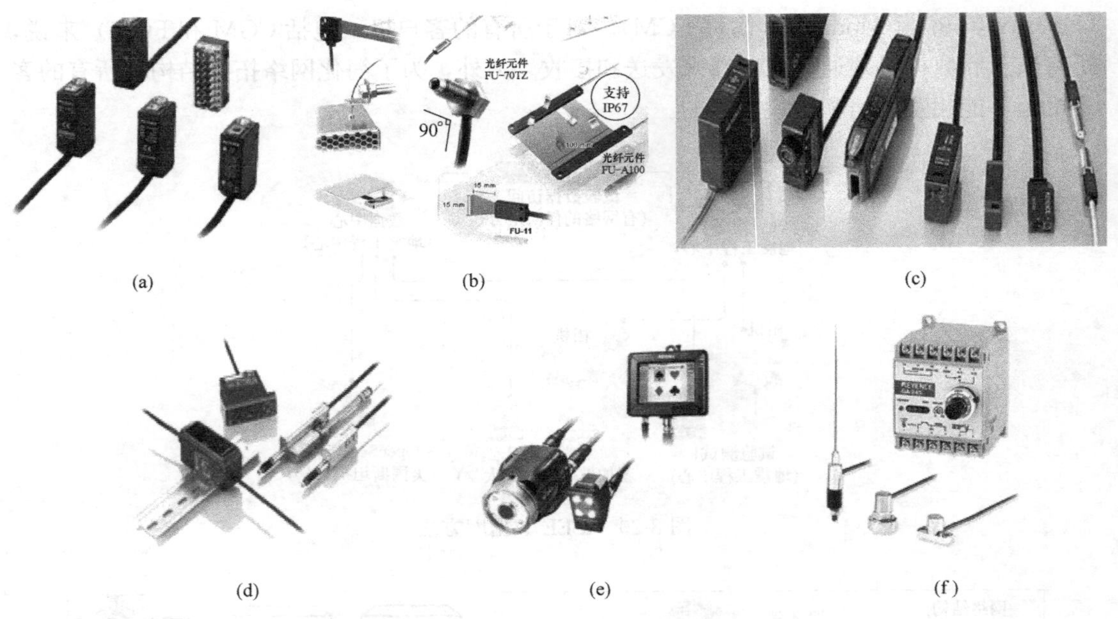

图 8-22　各种智能传感器

(a) 光电传感器；(b) 数字光纤传感器；(c) 数字激光传感器；
(d) 数字接触式位移传感器；(e) 图像识别传感器；(f) 振动传感器

另外，测试仪器的性能也得到极大改进，特别是与计算机技术结合，数据采集技术发展迅速。一般高速数据采集系统中，并行采样系统的采样频率达到 50MHz，并行 8bit 以上；串行采样系统的采样频率达到 200MHz。目前广泛使用的高速数据采集系统采样频率一般在 200～100MS/s，分辨率 16～24bit。对于特殊要求的高速数据采集器，其采样速度可达到 500MS/s，可以清楚地记录结构经受爆炸或高速冲击时响应信号前沿的瞬态特征。

在工程技术领域，工程研究、产品开发、生产监督、质量控制等方面，都离不开测试技术，而传感器技术的发展，更加完善和充实了测试和控制系统。因此随着现代社会的不断进步，测试技术的应用领域更加广泛。未来现代测试技术将向着测试精度更高、测试范围更大、测试功能更强以及测试速度更快等多个方面发展。测试技术的发展涉及传感器技术、微电子技术、控制技术、计算机技术、信号处理技术、精密机械技术理论等众多技术领域，因此现代科学技术的快速发展为测试技术的进步奠定了坚实的基础，只有不断加强测试技术的研究和开发力度，才能提高我国的测试技术水平，拓展测试技术的应用领域，不断为我国科学研究和工程技术发展提供技术服务和有力支撑。

思　考　题

8-1　现代结构试验的发展趋势是什么?

8-2　振动台由哪几部分组成，地震模拟振动台试验的发展趋势是什么?

8-3　风洞由几部分组成，如何分类?

8-4　远程协同试验的发展现状是什么?

附录 A　回弹法检测混凝土强度测区混凝土强度换算表（非泵送混凝土）

平均回弹值 R_m	测区混凝土强度换算值 $f^c_{cu,i}$(MPa)												
	平均碳化深度值 d_m(mm)												
	0	0.5	1.0	1.5	2.0	2.5	3.0	3.5	4.0	4.5	5.0	5.5	≥6.0
20.0	10.3	10.1											
20.2	10.5	10.3	10.0										
20.4	10.7	10.5	10.2										
20.6	11.0	10.8	10.4	10.1									
20.8	11.2	11.0	10.6	10.3									
21.0	11.4	11.2	10.8	10.5	10.0								
21.2	11.6	11.4	11.0	10.7	10.2								
21.4	11.8	11.6	11.2	10.9	10.4	10.0							
21.6	12.0	11.8	11.4	11.0	10.6	10.2							
21.8	12.3	12.1	11.7	11.3	10.8	10.5	10.1						
22.0	12.5	12.2	11.9	11.5	11.0	10.6	10.2						
22.2	12.7	12.4	12.1	11.7	11.2	10.8	10.4	10.0					
22.4	13.0	12.7	12.4	12.0	11.4	11.0	10.7	10.3	10.0				
22.6	13.2	12.9	12.5	12.1	11.6	11.2	10.8	10.4	10.2				
22.8	13.4	13.1	12.7	12.3	11.8	11.4	11.0	10.6	10.3				
23.0	13.7	13.4	13.0	12.6	12.1	11.6	11.2	10.8	10.5	10.1			
23.2	13.9	13.6	13.2	12.8	12.2	11.8	11.4	11.0	10.7	10.3	10.0		
23.4	14.1	13.8	13.4	13.0	12.4	12.0	11.6	11.2	10.9	10.4	10.2		
23.6	14.4	14.1	13.7	13.2	12.7	12.2	11.8	11.4	11.1	10.7	10.4	10.1	
23.8	14.6	14.3	13.9	13.4	12.8	12.4	12.0	11.5	11.2	10.8	10.5	10.2	
24.0	14.9	14.6	14.2	13.7	13.1	12.7	12.2	11.8	11.5	11.0	10.7	10.4	10.1
24.2	15.1	14.8	14.3	13.9	13.3	12.8	12.4	11.9	11.6	11.2	10.9	10.6	10.3
24.4	15.4	15.1	14.6	14.2	13.6	13.1	12.6	12.2	11.9	11.4	11.1	10.8	10.4
24.6	15.6	15.3	14.8	14.4	13.7	13.3	12.8	12.3	12.0	11.5	11.2	10.9	10.6
24.8	15.9	15.6	15.1	14.6	14.0	13.5	13.0	12.6	12.2	11.8	11.4	11.1	10.7
25.0	16.2	15.9	15.4	14.9	14.3	13.8	13.3	12.8	12.5	12.0	11.7	11.3	10.9
25.2	16.4	16.1	15.6	15.1	14.4	13.9	13.4	13.0	12.6	12.1	11.8	11.5	11.0
25.4	16.7	16.4	15.9	15.4	14.7	14.2	13.7	13.2	12.9	12.4	12.0	11.7	11.2
25.6	16.9	16.6	16.1	15.7	14.9	14.4	13.9	13.4	13.0	12.5	12.2	11.8	11.3

续表

平均回弹值 R_m	测区混凝土强度换算值 $f^{c}_{cu,i}$ (MPa)												
	平均碳化深度值 d_m (mm)												
	0	0.5	1.0	1.5	2.0	2.5	3.0	3.5	4.0	4.5	5.0	5.5	≥6.0
25.8	17.2	16.9	16.3	15.8	15.1	14.6	14.1	13.6	13.2	12.7	12.4	12.0	11.5
26.0	17.5	17.2	16.6	16.1	15.4	14.9	14.4	13.8	13.5	13.0	12.6	12.2	11.6
26.2	17.8	17.4	16.9	16.4	15.7	15.1	14.6	14.0	13.7	13.2	12.8	12.4	11.8
26.4	18.0	17.6	17.1	16.6	15.8	15.3	14.8	14.2	13.9	13.3	13.0	12.6	12.0
26.6	18.3	17.9	17.4	16.8	16.1	15.6	15.0	14.4	14.1	13.5	13.2	12.8	12.1
26.8	18.6	18.2	17.7	17.1	16.4	15.8	15.3	14.6	14.3	13.8	13.4	12.9	12.3
27.0	18.9	18.5	18.0	17.4	16.6	16.1	15.5	14.8	14.6	14.0	13.6	13.1	12.4
27.2	19.1	18.7	18.1	17.6	16.8	16.2	15.7	15.0	14.7	14.1	13.8	13.3	12.6
27.4	19.4	19.0	18.4	17.8	17.0	16.4	15.9	15.2	14.9	14.3	14.0	13.4	12.7
27.6	19.7	19.3	18.7	18.0	17.2	16.6	16.1	15.4	15.1	14.5	14.1	13.6	12.9
27.8	20.0	19.6	19.0	18.2	17.4	16.8	16.3	15.6	15.3	14.7	14.2	13.7	13.0
28.0	20.3	19.7	19.2	18.4	17.6	17.0	16.5	15.8	15.4	14.8	14.4	13.9	13.2
28.2	20.6	20.0	19.5	18.6	17.8	17.2	16.7	16.0	15.6	15.0	14.6	14.0	13.3
28.4	20.9	20.3	19.7	18.8	18.0	17.4	16.9	16.2	15.8	15.2	14.8	14.2	13.5
28.6	21.2	20.6	20.0	19.1	18.2	17.6	17.1	16.4	16.0	15.4	15.0	14.3	13.6
28.8	21.5	20.9	20.0	19.4	18.5	17.8	17.3	16.6	16.2	15.6	15.2	14.5	13.8
29.0	21.8	21.1	20.5	19.6	18.7	18.1	17.5	16.8	16.4	15.8	15.4	14.6	13.9
29.2	22.1	21.4	20.8	19.9	19.0	18.3	17.7	17.0	16.6	16.0	15.6	14.8	14.1
29.4	22.4	21.7	21.1	20.2	19.3	18.6	17.9	17.2	16.8	16.2	15.8	15.0	14.2
29.6	22.7	22.0	21.3	20.4	19.5	18.8	18.2	17.5	17.0	16.4	16.0	15.1	14.4
29.8	23.0	22.3	21.6	20.7	19.8	19.1	18.4	17.7	17.2	16.6	16.2	15.3	14.5
30.0	23.3	22.6	21.9	21.0	20.0	19.3	18.6	17.9	17.4	16.8	16.4	15.4	14.7
30.2	23.6	22.9	22.2	21.2	20.3	19.6	18.9	18.2	17.6	17.0	16.6	15.6	14.9
30.4	23.9	23.2	22.5	21.5	20.6	19.8	19.1	18.4	17.8	17.2	16.8	15.8	15.1
30.6	24.3	23.6	22.8	21.9	20.9	20.2	19.4	18.7	18.0	17.5	17.0	16.0	15.2
30.8	24.6	23.9	23.1	22.1	21.2	20.4	19.7	18.9	18.2	17.7	17.2	16.2	15.4
31.0	24.9	24.2	23.4	22.4	21.4	20.7	19.9	19.2	18.4	17.9	17.4	16.4	15.5
31.2	25.2	24.4	23.7	22.7	21.7	20.9	20.2	19.4	18.6	16.1	17.6	16.6	15.7
31.4	25.6	24.8	24.1	23.0	22.0	21.2	20.5	19.7	18.9	18.4	17.8	16.9	15.8
31.6	25.9	25.1	24.3	23.3	22.3	21.5	20.7	19.9	19.2	18.6	18.0	17.1	16.0
31.8	26.2	25.4	24.6	23.6	22.5	21.7	21.0	20.2	19.4	18.9	18.2	17.3	16.2
32.0	26.5	25.7	24.9	23.9	22.8	22.0	21.2	20.4	19.6	19.1	18.4	17.5	16.4
32.2	26.9	26.1	25.3	24.2	23.1	22.3	21.5	20.7	19.9	19.4	18.6	17.7	16.6
32.4	27.2	26.4	25.6	24.5	23.4	22.6	21.8	20.9	20.1	19.6	18.8	17.9	16.8
32.6	27.6	26.8	25.9	24.8	23.7	22.9	22.1	21.3	20.4	19.9	19.0	18.1	17.0

续表

平均回弹值 R_m	测区混凝土强度换算值 $f^{c}_{cu,i}$(MPa)												
	平均碳化深度值 d_m(mm)												
	0	0.5	1.0	1.5	2.0	2.5	3.0	3.5	4.0	4.5	5.0	5.5	≥6.0
32.8	27.9	27.1	26.2	25.1	24.0	23.2	22.3	21.5	20.6	20.1	19.2	18.3	17.2
33.0	28.2	27.4	26.5	25.4	24.3	23.4	22.6	21.7	20.9	20.3	19.4	18.5	17.4
33.2	28.6	27.7	26.8	25.7	24.6	23.7	22.9	22.0	21.2	20.5	19.6	18.7	17.6
33.4	28.9	28.0	27.1	26.0	24.9	24.0	23.1	22.3	21.4	20.7	19.8	18.9	17.8
33.6	29.3	28.4	27.4	26.4	25.2	24.2	23.3	22.6	21.7	20.9	20.0	19.1	18.0
33.8	29.6	28.7	27.7	26.6	25.4	24.4	23.5	22.8	21.9	21.1	20.2	19.3	18.2
34.0	30.0	29.1	28.0	26.8	25.6	24.6	23.7	23.0	22.1	21.3	20.4	19.5	18.3
34.2	30.3	29.4	28.3	27.0	25.8	24.8	23.9	23.2	22.3	21.5	20.6	19.7	18.4
34.4	30.7	29.8	28.6	27.2	26.0	25.0	24.1	23.4	22.5	21.7	20.8	19.8	18.6
34.6	31.1	30.2	28.9	27.4	26.2	25.2	24.3	23.6	22.7	21.9	21.0	20.0	18.8
34.8	31.4	30.5	29.2	27.6	26.4	25.4	24.5	23.8	22.9	22.1	21.2	20.2	19.0
35.0	31.8	30.8	29.6	28.0	26.7	25.8	24.8	24.0	23.2	22.3	21.4	20.4	19.2
35.2	32.1	31.1	29.9	28.2	27.0	26.0	25.0	24.2	23.4	22.5	21.6	20.6	19.4
35.4	32.5	31.5	30.2	28.6	27.3	26.3	25.4	24.4	23.7	22.8	21.8	20.8	19.6
35.6	32.9	31.9	30.6	29.0	27.6	26.6	25.7	24.7	24.0	23.0	22.0	21.0	19.8
35.8	33.3	32.3	31.0	29.3	28.0	27.0	26.0	25.0	24.3	23.3	22.2	21.2	20.0
36.0	33.6	32.6	31.2	29.6	28.2	27.2	26.2	25.2	24.5	23.5	22.4	21.4	20.2
36.2	34.0	33.0	31.6	29.9	28.6	27.5	26.5	25.5	24.8	23.8	22.6	21.6	20.4
36.4	34.4	33.4	32.0	30.3	28.9	27.9	26.8	25.8	25.1	24.1	22.8	21.8	20.6
36.6	34.8	33.8	32.4	30.6	29.2	28.2	27.1	26.1	25.4	24.4	23.0	22.0	20.9
36.8	35.2	34.1	32.7	31.0	29.6	28.5	27.5	26.4	25.7	24.6	23.2	22.2	21.1
37.0	35.5	34.4	33.0	31.2	29.8	28.8	27.7	26.6	25.9	24.8	23.4	22.4	21.3
37.2	35.9	34.8	33.4	31.6	30.2	29.1	28.0	26.9	26.2	25.1	23.7	22.6	21.5
37.4	36.3	35.2	33.8	31.9	30.5	29.4	28.3	27.2	26.6	25.4	24.0	22.9	21.8
37.6	36.7	35.6	34.1	32.3	30.8	29.7	28.6	27.5	26.8	25.7	24.2	23.1	22.0
37.8	37.1	36.0	34.5	32.6	31.2	30.0	28.9	27.8	27.1	26.0	24.5	23.4	22.3
38.0	37.5	36.4	34.9	33.0	31.5	30.3	29.2	28.1	27.4	26.2	24.8	23.6	22.5
38.2	37.9	36.8	35.2	33.4	31.8	30.6	29.5	28.4	27.7	26.5	25.0	23.9	22.7
38.4	38.3	37.2	35.6	33.7	32.1	30.9	29.8	28.7	28.0	26.8	25.3	24.1	23.0
38.6	38.7	37.5	36.0	34.1	32.4	31.2	30.1	29.0	28.3	27.0	25.5	24.4	23.2
38.8	39.1	37.9	36.4	34.4	32.7	31.5	30.4	29.3	28.5	27.2	25.8	24.6	23.5
39.0	39.5	38.2	36.7	34.7	33.0	31.8	30.6	29.6	28.8	27.4	26.0	24.8	23.7
39.2	39.9	38.5	37.0	35.0	33.3	32.1	30.8	29.8	29.0	27.6	26.2	25.0	24.0
39.4	40.3	38.8	37.3	35.3	33.6	32.4	31.0	30.0	29.2	27.8	26.4	25.2	24.2
39.6	40.7	39.1	37.6	35.6	33.9	32.7	31.2	30.2	29.4	28.0	26.6	25.4	24.4

续表

平均回弹值 R_m	测区混凝土强度换算值 $f^{c}_{cu,i}$(MPa)												
	平均碳化深度值 d_m(mm)												
	0	0.5	1.0	1.5	2.0	2.5	3.0	3.5	4.0	4.5	5.0	5.5	≥6.0
39.8	41.2	39.6	38.0	35.9	34.2	33.0	31.4	30.5	29.7	28.2	26.8	25.6	24.7
40.0	41.6	39.9	38.3	36.2	34.5	33.3	31.7	30.8	30.0	28.4	27.0	25.8	25.0
40.2	42.0	40.3	38.6	36.5	34.8	33.6	32.0	31.1	30.2	28.6	27.3	26.0	25.2
40.4	42.4	40.7	39.0	36.9	35.1	33.9	32.3	31.4	30.5	28.8	27.6	26.2	25.4
40.6	42.8	41.1	39.4	37.2	35.4	34.2	32.6	31.7	30.8	29.1	27.8	26.5	25.7
40.8	43.3	41.6	39.8	37.7	35.7	34.5	32.9	32.0	31.2	29.4	28.1	26.8	26.0
41.0	43.7	42.0	40.2	38.0	36.0	34.8	33.2	32.3	31.5	29.7	28.4	27.1	26.2
41.2	44.1	42.3	40.6	38.4	36.3	35.1	33.5	32.6	31.8	30.0	28.7	27.3	26.5
41.4	44.5	42.7	40.9	38.7	36.6	35.4	33.8	32.9	32.0	30.3	28.9	27.6	26.7
41.6	45.0	43.2	41.4	39.2	36.9	35.7	34.2	33.3	32.4	30.6	29.2	27.9	27.0
41.8	45.4	43.6	41.8	39.5	37.2	36.0	34.5	33.6	32.7	30.9	29.5	28.1	27.2
42.0	45.9	44.1	42.2	39.9	37.6	36.3	34.9	34.0	33.0	31.2	29.8	28.5	27.5
42.2	46.3	44.4	42.6	40.3	38.0	36.6	35.2	34.3	33.3	31.5	30.1	28.7	27.8
42.4	46.7	44.8	43.0	40.6	38.3	36.9	35.5	34.6	33.6	31.8	30.4	29.0	28.0
42.6	47.2	45.3	43.4	41.1	38.7	37.3	35.9	34.9	34.0	32.1	30.7	29.3	28.3
42.8	47.6	45.7	43.8	41.4	39.0	37.6	36.2	35.2	34.3	32.4	30.9	29.5	28.6
43.0	48.1	46.2	44.2	41.8	39.4	38.0	36.6	35.6	34.6	32.7	31.3	29.8	28.9
43.2	48.5	46.6	44.6	42.2	39.8	38.3	36.9	35.9	34.9	33.0	31.5	30.1	29.1
43.4	49.0	47.0	45.1	42.6	40.2	38.7	37.2	36.3	35.3	33.3	31.8	30.4	29.4
43.6	49.4	47.4	45.4	43.0	40.5	39.0	37.5	36.6	35.6	33.6	32.1	30.6	29.6
43.8	49.9	47.9	45.9	43.4	40.9	39.4	37.9	36.9	35.9	33.9	32.4	30.9	29.9
44.0	50.4	48.4	46.4	43.8	41.3	39.8	38.3	37.3	36.3	34.3	32.8	31.2	30.2
44.2	50.8	48.8	46.7	44.2	41.7	40.1	38.6	37.6	36.6	34.5	33.0	31.5	30.5
44.4	51.3	49.2	47.2	44.6	42.1	40.5	39.0	38.0	36.9	34.9	33.3	31.8	30.8
44.6	51.7	49.6	47.6	45.0	42.4	40.8	39.3	38.3	37.2	35.2	33.6	32.1	31.0
44.8	52.2	50.1	48.0	45.4	42.8	41.2	39.7	38.6	37.6	35.5	33.9	32.4	31.3
45.0	52.7	50.6	48.5	45.8	43.2	41.6	40.1	39.0	37.9	35.8	34.3	32.7	31.6
45.2	53.2	51.1	48.9	46.3	43.6	42.0	40.4	39.4	38.3	36.2	34.6	33.0	31.9
45.4	53.6	51.5	49.4	46.6	44.0	42.3	40.7	39.7	38.6	36.4	34.8	33.2	32.2
45.6	54.1	51.9	49.8	47.1	44.4	42.7	41.1	40.0	39.0	36.8	35.2	33.5	32.5
45.8	54.6	52.4	50.2	47.5	44.8	43.1	41.5	40.4	39.3	37.1	35.5	33.9	32.8
46.0	55.0	52.8	50.6	47.9	45.2	43.5	41.9	40.8	39.7	37.5	35.8	34.2	33.1
46.2	55.5	53.3	51.1	48.3	45.5	43.8	42.2	41.1	40.0	37.7	36.1	34.4	33.3
46.4	56.0	53.8	51.5	48.7	45.9	44.2	42.6	41.4	40.3	38.1	36.4	34.7	33.6
46.6	56.5	54.2	52.0	49.2	46.3	44.6	42.9	41.8	40.7	38.4	36.7	35.0	33.9

续表

平均回弹值 R_m	测区混凝土强度换算值 $f^c_{cu,i}$(MPa)												
	平均碳化深度值 d_m(mm)												
	0	0.5	1.0	1.5	2.0	2.5	3.0	3.5	4.0	4.5	5.0	5.5	≥6.0
46.8	57.0	54.7	52.4	49.6	46.7	45.0	43.3	42.2	41.0	38.8	37.0	35.3	34.2
47.0	57.5	55.2	52.9	50.0	47.2	45.2	43.7	42.6	41.4	39.1	37.4	35.6	34.5
47.2	58.0	55.7	53.4	50.5	47.6	45.8	44.1	42.9	41.8	39.4	37.7	36.0	34.8
47.4	58.5	56.2	53.8	50.9	48.0	46.2	44.5	43.3	42.1	39.8	38.0	36.3	35.1
47.6	59.0	56.6	54.3	51.3	48.4	46.6	44.8	43.7	42.5	40.0	38.4	36.6	35.4
47.8	59.5	57.1	54.7	51.8	48.8	47.0	45.2	44.0	42.8	40.5	38.7	36.9	35.7
48.0	60.0	57.6	55.2	52.2	49.2	47.4	45.6	44.4	43.2	40.8	39.0	37.2	36.0
48.2		58.0	55.7	52.6	49.6	47.8	46.0	44.8	43.6	41.1	39.3	37.5	36.3
48.4		58.6	56.1	53.1	50.0	48.2	46.4	45.1	43.9	41.5	39.6	37.8	36.6
48.6		59.0	56.6	53.5	50.4	48.6	46.7	45.5	44.3	41.8	40.0	38.1	36.9
48.8		59.5	57.1	54.0	50.9	49.0	47.1	45.9	44.6	42.2	40.3	38.4	37.2
49.0		60.0	57.5	54.4	51.3	49.4	47.5	46.2	45.0	42.5	40.6	38.8	37.5
49.2			58.0	54.8	51.7	49.8	47.9	46.6	45.4	42.8	41.0	39.1	37.8
49.4			58.5	55.3	52.1	50.2	48.3	47.1	45.8	43.2	41.3	39.4	38.2
49.6			58.9	55.7	52.5	50.6	48.7	47.4	46.2	43.6	41.7	39.7	38.5
49.8			59.4	56.2	53.0	51.0	49.1	47.8	46.5	43.9	42.0	40.1	38.8
50.0			59.9	56.7	53.4	51.4	49.5	48.2	46.9	44.3	42.3	40.4	39.1
50.2			60.0	57.1	53.8	51.9	49.9	48.5	47.2	44.6	42.6	40.7	39.4
50.4				57.6	54.3	52.3	50.3	49.0	47.7	45.0	43.0	41.0	39.7
50.6				58.0	54.7	52.7	50.7	49.4	48.0	45.4	43.4	41.4	40.0
50.8				58.5	55.1	53.1	51.1	49.8	48.4	45.7	43.7	41.7	40.3
51.0				59.0	55.6	53.5	51.5	50.1	48.8	46.1	44.1	42.0	40.7
51.2				59.4	56.0	54.0	51.9	50.5	49.2	46.4	44.4	42.3	41.0
51.4				59.9	56.4	54.4	52.3	50.9	49.6	46.8	44.7	42.7	41.3
51.6				60.0	56.9	54.8	52.7	51.3	50.0	47.2	45.1	43.0	41.6
51.8					57.3	55.2	53.1	51.7	50.3	47.5	45.4	43.3	41.8
52.0					57.8	55.7	53.6	52.1	50.7	47.9	45.8	43.7	42.3
52.2					58.2	56.1	54.0	52.5	51.1	48.3	46.2	44.0	42.6
52.4					58.7	56.5	54.4	53.0	51.5	48.7	46.5	44.4	43.0
52.6					59.1	57.0	54.8	53.4	51.9	49.0	46.9	44.7	43.3
52.8					59.6	57.4	55.2	53.8	52.3	49.4	47.3	45.1	43.6
53.0					60.0	57.8	55.6	54.2	52.7	49.8	47.6	45.4	43.9
53.2						58.3	56.1	54.6	53.1	50.2	48.0	45.8	44.3
53.4						58.7	56.5	55.0	53.5	50.5	48.3	46.1	44.6
53.6						59.2	56.9	55.4	53.9	50.9	48.7	46.4	44.9

续表

平均回弹值 R_m	测区混凝土强度换算值 $f^c_{cu,i}$(MPa)												
	平均碳化深度值 d_m(mm)												
	0	0.5	1.0	1.5	2.0	2.5	3.0	3.5	4.0	4.5	5.0	5.5	≥6.0
53.8						59.6	57.3	55.8	54.3	51.3	49.0	46.8	45.3
54.0						60.0	57.8	56.3	54.7	51.7	49.4	47.1	45.6
54.2							58.2	56.7	55.1	52.1	49.8	47.5	46.0
54.4							58.6	57.1	55.6	52.5	50.2	47.9	46.3
54.6							59.1	57.5	56.0	52.9	50.5	48.2	46.6
54.8							59.5	57.9	56.4	53.2	50.9	48.5	47.0
55.0							59.9	58.4	56.8	53.6	51.3	48.9	47.3
55.2							60.0	58.8	57.2	54.0	51.6	49.3	47.7
55.4								59.2	57.6	54.4	52.0	49.6	48.0
55.6								59.7	58.0	54.8	52.4	50.0	48.4
55.8								60.0	58.5	55.2	52.8	50.3	48.7
56.0									58.9	55.6	53.2	50.7	49.1
56.2									59.3	56.0	53.5	51.1	49.4
56.4									59.7	56.4	53.9	51.4	49.8
56.6									60.0	56.8	54.3	51.8	50.1
56.8										57.2	54.7	52.2	50.5
57.0										57.6	55.1	52.5	50.8
57.2										58.0	55.5	52.9	51.2
57.4										58.4	55.9	53.3	51.6
57.6										58.9	56.3	53.7	51.9
57.8										59.3	56.7	54.0	52.3
58.0										59.7	57.0	54.4	52.7
58.2										60.0	57.4	54.8	53.0
58.4											57.8	55.2	53.4
58.6											58.2	55.6	53.8
58.8											58.6	55.9	54.1
59.0											59.0	56.3	54.5
59.2											59.4	56.7	54.9
59.4											59.8	57.1	55.2
59.6											60.0	57.5	55.6
59.8												57.9	56.0
60.0												58.3	56.4

注：1. 碳化深度大于 6.0mm 时按 6.0mm 查表；

2. 本表数据在应用时不得外推（小于 10MPa 或大于 60MPa）；

3. 表中未列数据，可用内插法求得，计算结果精确至 0.1MPa；

4. 数据引自《回弹法检测混凝土抗压强度技术规程》JGJ/T 23—2011。

附录B　测区泵送混凝土强度换算表

平均回弹值 R_m	测区混凝土强度换算值 $f^{c}_{cu,i}$(MPa)												
	平均碳化深度值 d_m(mm)												
	0	0.5	1.0	1.5	2.0	2.5	3.0	3.5	4.0	4.5	5.0	5.5	≥6.0
18.6	10.0												
18.8	10.2	10.0											
19.0	10.4	10.2	10.0										
19.2	10.6	10.4	10.2	10.0									
19.4	10.9	10.7	10.4	10.2	10.0								
19.6	11.1	10.9	10.6	10.4	10.2	10.0							
19.8	11.3	11.1	10.9	10.6	10.4	10.2	10.0						
20.0	11.5	11.3	11.1	10.9	10.6	10.4	10.2	10.0					
20.2	11.8	11.5	11.3	11.1	10.9	10.6	10.4	10.2	10.0				
20.4	12.0	11.7	11.5	11.3	11.1	10.8	10.6	10.4	10.2	10.0			
20.6	12.2	12.0	11.7	11.5	11.3	11.0	10.8	10.6	10.4	10.2	10.0		
20.8	12.4	12.2	12.0	11.7	11.5	11.3	11.0	10.8	10.6	10.4	10.2	10.0	
21.0	12.7	12.4	12.2	11.9	11.7	11.5	11.2	11.0	10.8	10.6	10.4	10.2	10.0
21.2	12.9	12.7	12.4	12.2	11.9	11.7	11.5	11.2	11.0	10.8	10.6	10.4	10.2
21.4	13.1	12.9	12.6	12.4	12.1	11.9	11.7	11.4	11.2	11.0	10.8	10.6	10.3
21.6	13.4	13.1	12.9	12.6	12.4	12.1	11.9	11.6	11.4	11.2	11.0	10.7	10.5
21.8	13.6	13.4	13.1	12.8	12.6	12.3	12.1	11.9	11.6	11.4	11.2	10.9	10.7
22.0	13.9	13.6	13.3	13.1	12.8	12.6	12.3	12.1	11.8	11.6	11.4	11.1	10.9
22.2	14.1	13.8	13.6	13.3	13.0	12.8	12.5	12.3	12.0	11.8	11.6	11.3	11.1
22.4	14.4	14.1	13.8	13.5	13.3	13.0	12.7	12.5	12.2	12.0	11.8	11.5	11.3
22.6	14.6	14.3	14.0	13.8	13.5	13.2	13.0	12.7	12.5	12.2	12.0	11.7	11.5
22.8	14.9	14.6	14.3	14.0	13.7	13.5	13.2	12.9	12.7	12.4	12.2	11.9	11.7
23.0	15.1	14.8	14.5	14.2	14.0	13.7	13.4	13.1	12.9	12.6	12.4	12.1	11.9
23.2	15.4	15.1	14.8	14.5	14.2	13.9	13.6	13.4	13.1	12.8	12.6	12.3	12.1
23.4	15.6	15.3	15.0	14.7	14.4	14.1	13.9	13.6	13.3	13.1	12.8	12.6	12.3
23.6	15.9	15.6	15.3	15.0	14.7	14.4	14.1	13.8	13.5	13.3	13.0	12.8	12.5
23.8	16.2	15.8	15.5	15.2	14.9	14.6	14.3	14.1	13.8	13.5	13.2	13.0	12.7
24.0	16.4	16.1	15.8	15.5	15.2	14.9	14.6	14.3	14.0	13.7	13.5	13.2	12.9
24.2	16.7	16.4	16.0	15.7	15.4	15.1	14.8	14.5	14.2	13.9	13.7	13.4	13.1
24.4	17.0	16.6	16.3	16.0	15.7	15.3	15.0	14.7	14.5	14.2	13.9	13.6	13.3
24.6	17.2	16.9	16.5	16.2	15.9	15.6	15.3	15.0	14.7	14.4	14.1	13.8	13.6

续表

平均回弹值 R_m	测区混凝土强度换算值 $f^c_{cu,i}$(MPa)												
	平均碳化深度值 d_m(mm)												
	0	0.5	1.0	1.5	2.0	2.5	3.0	3.5	4.0	4.5	5.0	5.5	≥6.0
24.8	17.5	17.1	16.8	16.5	16.2	15.8	15.5	15.2	14.9	14.6	14.3	14.1	13.8
25.0	17.8	17.4	17.1	16.7	16.4	16.1	15.8	15.5	15.2	14.9	14.6	14.3	14.0
25.2	18.0	17.7	17.3	17.0	16.7	16.3	16.0	15.7	15.4	15.1	14.8	14.5	14.2
25.4	18.3	18.0	17.6	17.3	16.9	16.6	16.3	15.9	15.6	15.3	15.0	14.7	14.4
25.6	18.6	18.2	17.9	17.5	17.2	16.8	16.5	16.2	15.9	15.6	15.2	14.9	14.7
25.8	18.9	18.5	18.2	17.8	17.4	17.1	16.8	16.4	16.1	15.8	15.5	15.2	14.9
26.0	19.2	18.8	18.4	18.1	17.7	17.4	17.0	16.7	16.3	16.0	15.7	15.4	15.1
26.2	19.5	19.1	18.7	18.3	18.0	17.6	17.3	16.9	16.6	16.3	15.9	15.6	15.3
26.4	19.8	19.4	19.0	18.6	18.2	17.9	17.5	17.2	16.8	16.5	16.2	15.9	15.6
26.6	20.0	19.6	19.3	18.9	18.5	18.1	17.8	17.4	17.1	16.8	16.4	16.1	15.8
26.8	20.3	19.9	19.5	19.2	18.8	18.4	18.0	17.7	17.3	17.0	16.7	16.3	16.0
27.0	20.6	20.2	19.8	19.4	19.1	18.7	18.3	17.9	17.6	17.2	16.9	16.6	16.2
27.2	20.9	20.5	20.1	19.7	19.3	18.9	18.6	18.2	17.8	17.5	17.1	16.8	16.5
27.4	21.2	20.8	20.4	20.0	19.6	19.2	18.8	18.5	18.1	17.7	17.4	17.1	16.7
27.6	21.5	21.1	20.7	20.3	19.9	19.5	19.1	18.7	18.4	18.0	17.6	17.3	17.0
27.8	21.8	21.4	21.0	20.6	20.2	19.8	19.4	19.0	18.6	18.3	17.9	17.5	17.2
28.0	22.1	21.7	21.3	20.9	20.4	20.0	19.6	19.3	18.9	18.5	18.1	17.8	17.4
28.2	22.4	22.0	21.6	21.1	20.7	20.3	19.9	19.5	19.1	18.8	18.4	18.0	17.7
28.4	22.8	22.3	21.9	21.4	21.0	20.6	20.2	19.8	19.4	19.0	18.6	18.3	17.9
28.6	23.1	22.6	22.2	21.7	21.3	20.9	20.5	20.1	19.7	19.3	18.9	18.5	18.2
28.8	23.4	22.9	22.5	22.0	21.6	21.2	20.7	20.3	19.9	19.5	19.2	18.8	18.4
29.0	23.7	23.2	22.8	22.3	21.9	21.5	21.0	20.6	20.2	19.8	19.4	19.0	18.7
29.2	24.0	23.5	23.1	22.6	22.2	21.7	21.3	20.9	20.5	20.1	19.7	19.3	18.9
29.4	24.3	23.9	23.4	22.9	22.5	22.0	21.6	21.2	20.8	20.3	19.9	19.5	19.2
29.6	24.7	24.2	23.7	23.2	22.8	22.3	21.9	21.4	21.0	20.6	20.2	19.8	19.4
29.8	25.0	24.5	24.0	23.5	23.1	22.6	22.2	21.7	21.3	20.9	20.5	20.1	19.7
30.0	25.3	24.8	24.3	23.8	23.4	22.9	22.5	22.0	21.6	21.2	20.7	20.3	19.9
30.2	25.6	25.1	24.6	24.2	23.7	23.2	22.8	22.3	21.9	21.4	21.0	20.6	20.2
30.4	26.0	25.5	25.0	24.5	24.0	23.5	23.0	22.6	22.1	21.7	21.3	20.9	20.4
30.6	26.3	25.8	25.3	24.8	24.3	23.8	23.3	22.9	22.4	22.0	21.6	21.1	20.7
30.8	26.6	26.1	25.6	25.1	24.6	24.1	23.6	23.2	22.7	22.3	21.8	21.4	21.0
31.0	27.0	26.4	25.9	25.4	24.9	24.4	23.9	23.5	23.0	22.5	22.1	21.7	21.2
31.2	27.3	26.8	26.2	25.7	25.2	24.7	24.2	23.8	23.3	22.8	22.4	21.9	21.5
31.4	27.7	27.1	26.6	26.0	25.5	25.0	24.5	24.1	23.6	23.1	22.7	22.2	21.8
31.6	28.0	27.4	26.9	26.4	25.9	25.3	24.8	24.4	23.9	23.4	22.9	22.5	22.0
31.8	28.3	27.8	27.2	26.7	26.2	25.7	25.1	24.7	24.2	23.7	23.2	22.8	22.3
32.0	28.7	28.1	27.6	27.0	26.5	26.0	25.5	25.0	24.5	24.0	23.5	23.0	22.6

续表

平均回弹值 R_m	测区混凝土强度换算值 $f^{c}_{cu,i}$(MPa)												
	平均碳化深度值 d_m(mm)												
	0	0.5	1.0	1.5	2.0	2.5	3.0	3.5	4.0	4.5	5.0	5.5	≥6.0
32.2	29.0	28.5	27.9	27.4	26.8	26.3	25.8	25.3	24.8	24.3	23.8	23.3	22.9
32.4	29.4	28.8	28.2	27.7	27.1	26.6	26.1	25.6	25.1	24.6	24.1	23.6	23.1
32.6	29.7	29.2	28.6	28.0	27.5	26.9	26.4	25.9	25.4	24.9	24.4	23.9	23.4
32.8	30.1	29.5	28.9	28.3	27.8	27.2	26.7	26.2	25.7	25.2	24.7	24.2	23.7
33.0	30.4	29.8	29.3	28.7	28.1	27.6	27.0	26.5	26.0	25.5	25.0	24.5	24.0
33.2	30.8	30.2	29.6	29.0	28.4	27.9	27.3	26.8	26.3	25.8	25.2	24.7	24.3
33.4	31.2	30.6	30.0	29.4	28.8	28.2	27.7	27.1	26.6	26.1	25.5	25.0	24.5
33.6	31.5	30.9	30.3	29.7	29.1	28.5	28.0	27.4	26.9	26.4	25.8	25.3	24.8
33.8	31.9	31.3	30.7	30.0	29.5	28.9	28.3	27.7	27.2	26.7	26.1	25.6	25.1
34.0	32.3	31.6	31.0	30.4	29.8	29.2	28.6	28.1	27.5	27.0	26.4	25.9	25.4
34.2	32.6	32.0	31.4	30.7	30.1	29.5	29.0	28.4	27.8	27.3	26.7	26.2	25.7
34.4	33.0	32.4	31.7	31.1	30.5	29.9	29.3	28.7	28.1	27.6	27.0	26.5	26.0
34.6	33.4	32.7	32.1	31.4	30.8	30.2	29.6	29.0	28.5	27.9	27.4	26.8	26.3
34.8	33.8	33.1	32.4	31.8	31.2	30.6	30.0	29.4	28.8	28.2	27.7	27.1	26.6
35.0	34.1	33.5	32.8	32.2	31.5	30.9	30.3	29.7	29.1	28.5	28.0	27.4	26.9
35.2	34.5	33.8	33.2	32.5	31.9	31.2	30.6	30.0	29.4	28.8	28.3	27.7	27.2
35.4	34.9	34.2	33.5	32.9	32.2	31.6	31.0	30.4	29.8	29.2	28.6	28.0	27.5
35.6	35.3	34.6	33.9	33.2	32.6	31.9	31.3	30.7	30.1	29.5	28.9	28.3	27.8
35.8	35.7	35.0	34.3	33.6	32.9	32.3	31.6	31.0	30.4	29.8	29.2	28.6	28.1
36.0	36.0	35.3	34.6	34.0	33.3	32.6	32.0	31.4	30.7	30.1	29.5	29.0	28.4
36.2	36.4	35.7	35.0	34.3	33.6	33.0	32.3	31.7	31.1	30.5	29.9	29.3	28.7
36.4	36.8	36.1	35.4	34.7	34.0	33.3	32.7	32.0	31.4	30.8	30.2	29.6	29.0
36.6	37.2	36.5	35.8	35.1	34.4	33.7	33.0	32.4	31.7	31.1	30.5	29.9	29.3
36.8	37.6	36.9	36.2	35.4	34.7	34.1	33.4	32.7	32.1	31.4	30.8	30.2	29.6
37.0	38.0	37.3	36.5	35.8	35.1	34.4	33.7	33.1	32.4	31.8	31.2	30.5	29.9
37.2	38.4	37.7	36.9,	36.2	35.5	34.8	34.1	33.4	32.8	32.1	31.5	30.9	30.2
37.4	38.8	38.1	37.3	36.6	35.8	35.1	34.4	33.8	33.1	32.4	31.8	31.2	30.6
37.6	39.2	38.4	37.7	36.9	36.2	35.5	34.8	34.1	33.4	32.8	32.1	31.5	30.9
37.8	39.6	38.8	38.1	37.3	36.6	35.9	35.2	34.5	33.8	33.1	32.5	31.8	31.2
38.0	40.0	39.2	38.5	37.7	37.0	36.2	35.5	34.8	34.1	33.5	32.8	32.2	31.5
38.2	40.4	39.6	38.9	38.1	37.3	36.6	35.9	35.2	34.5	33.8	33.1	32.5	31.8
38.4	40.9	40.1	39.3	38.5	37.7	37.0	36.3	35.5	34.8	34.2	33.5	32.8	32.2
38.6	41.3	40.5	39.7	38.9	38.1	37.4	36.6	35.9	35.2	34.5	33.8	33.2	32.5
38.8	41.7	40.9	40.1	39.3	38.5	37.7	37.0	36.3	35.5	34.8	34.2	33.5	32.8
39.0	42.1	41.3	40.5	39.7	38.9	38.1	37.4	36.6	35.9	35.2	34.5	33.8	33.2
39.2	42.5	41.7	40.9	40.1	39.3	38.5	37.7	37.0	36.3	35.5	34.8	34.2	33.5

续表

平均回弹值 R_m	测区混凝土强度换算值 $f^c_{cu,i}$(MPa)												
	平均碳化深度值 d_m(mm)												
	0	0.5	1.0	1.5	2.0	2.5	3.0	3.5	4.0	4.5	5.0	5.5	≥6.0
39.4	42.9	42.1	41.3	40.5	39.7	38.9	38.1	37.4	36.6	35.9	35.2	34.5	33.8
39.6	43.4	42.5	41.7	40.9	40.0	39.3	38.5	37.7	37.0	36.3	35.5	34.8	34.2
39.8	43.8	42.9	42.1	41.3	40.4	39.6	38.9	38.1	37.3	36.6	35.9	35.2	34.5
40.0	44.2	43.4	42.5	41.7	40.8	40.0	39.2	38.5	37.7	37.0	36.2	35.5	34.8
40.2	44.7	43.8	42.9	42.1	41.2	40.4	39.6	38.8	38.1	37.3	36.6	35.9	35.2
40.4	45.1	44.2	43.3	42.5	41.6	40.8	40.0	39.2	38.4	37.7	36.9	36.2	35.5
40.6	45.5	44.6	43.7	42.9	42.0	41.2	40.4	39.6	38.8	38.1	37.3	36.6	35.8
40.8	46.0	45.1	44.2	43.3	42.4	41.6	40.8	40.0	39.2	38.4	37.7	36.9	36.2
41.0	46.4	45.5	44.6	43.7	42.8	42.0	41.2	40.4	39.6	38.8	38.0	37.3	36.5
41.2	46.8	45.9	45.0	44.1	43.2	42.4	41.6	40.7	39.9	39.1	38.4	37.6	36.9
41.4	47.3	46.3	45.4	44.5	43.7	42.8	42.0	41.1	40.3	39.5	38.7	38.0	37.2
41.6	47.7	46.8	45.9	45.0	44.1	43.2	42.3	41.5	40.7	39.9	39.1	38.3	37.6
41.8	48.2	47.2	46.3	45.4	44.5	43.6	42.7	41.9	41.1	40.3	39.5	38.7	37.9
42.0	48.6	47.7	46.7	45.8	44.9	44.0	43.1	42.3	41.5	40.6	39.8	39.1	38.3
42.2	49.1	48.1	47.1	46.2	45.3	44.4	43.5	42.7	41.8	41.0	40.2	39.4	38.6
42.4	49.5	48.5	47.6	46.6	45.7	44.8	43.9	43.1	42.2	41.4	40.6	39.8	39.0
42.6	50.0	49.0	48.0	47.1	46.1	45.2	44.3	43.5	42.6	41.8	40.9	40.1	39.3
42.8	50.4	49.4	48.5	47.5	46.6	45.6	44.7	43.9	43.0	42.2	41.3	40.5	39.7
43.0	50.9	49.9	48.9	47.9	47.0	46.1	45.2	44.3	43.4	42.5	41.7	40.9	40.1
43.2	51.3	50.3	49.3	48.4	47.4	46.5	45.6	44.7	43.8	42.9	42.1	41.2	40.4
43.4	51.8	50.8	49.8	48.8	47.8	46.9	46.0	45.1	44.2	43.3	42.5	41.6	40.8
43.6	52.3	51.2	50.2	49.2	48.3	47.3	46.4	45.5	44.6	43.7	42.8	42.0	41.2
43.8	52.7	51.7	50.7	49.7	48.7	47.7	46.8	45.9	45.0	44.1	43.2	42.4	41.5
44.0	53.2	52.2	51.1	50.1	49.1	48.2	47.2	46.3	45.4	44.5	43.6	42.7	41.9
44.2	53.7	52.6	51.6	50.6	49.6	48.6	47.6	46.7	45.8	44.9	44.0	43.1	42.3
44.4	54.1	53.1	52.0	51.0	50.0	49.0	48.0	47.1	46.2	45.3	44.4	43.5	42.6
44.6	54.6	53.5	52.5	51.5	50.4	49.4	48.5	47.5	46.6	45.7	44.8	43.9	43.0
44.8	55.1	54.0	52.9	51.9	50.9	49.9	48.9	47.9	47.0	46.1	45.1	44.3	43.4
45.0	55.6	54.5	53.4	52.4	51.3	50.3	49.3	48.3	47.4	46.5	45.5	44.6	43.8
45.2	56.1	55.0	53.9	52.8	51.8	50.7	49.7	48.8	47.8	46.9	45.9	45.0	44.1
45.4	56.5	55.4	54.3	53.3	52.2	51.2	50.2	49.2	48.2	47.3	46.3	45.4	44.5
45.6	57.0	55.9	54.8	53.7	52.7	51.6	50.6	49.6	48.6	47.7	46.7	45.8	44.9
45.8	57.5	56.4	55.3	54.2	53.1	52.1	51.0	50.0	49.0	48.1	47.1	46.2	45.3
46.0	58.0	56.9	55.7	54.6	53.6	52.5	51.5	50.5	49.5	48.5	47.5	46.6	45.7
46.2	58.5	57.3	56.2	55.1	54.0	52.9	51.9	50.9	49.9	48.9	47.9	47.0	46.1
46.4	59.0	57.8	56.7	55.6	54.5	53.4	52.3	51.3	50.3	49.3	48.3	47.4	46.4

平均回弹值 R_m	测区混凝土强度换算值 $f^c_{cu,i}$（MPa）												
	平均碳化深度值 d_m（mm）												
	0	0.5	1.0	1.5	2.0	2.5	3.0	3.5	4.0	4.5	5.0	5.5	≥6.0
46.6	59.5	58.3	57.2	56.0	54.9	53.8	52.8	51.7	50.7	49.7	48.7	47.8	46.8
46.8	60.0	58.8	57.6	56.5	55.4	54.3	53.2	52.2	51.1	50.1	49.1	48.2	47.2
47.0		59.3	58.1	57.0	55.8	54.7	53.7	52.6	51.6	50.5	49.5	48.6	47.6
47.2		59.8	58.6	57.4	56.3	55.2	54.1	53.0	52.0	51.0	50.0	49.0	48.0
47.4		60.0	59.1	57.9	56.8	55.6	54.5	53.5	52.4	51.4	50.4	49.4	48.4
47.6			59.6	58.4	57.2	56.1	55.0	53.9	52.8	51.8	50.8	49.8	48.8
47.8			60.0	58.9	57.7	56.6	55.4	54.4	53.3	52.2	51.2	50.2	49.2
48.0				59.3	58.2	57.0	55.9	54.8	53.7	52.7	51.6	50.6	49.6
48.2				59.8	58.6	57.5	56.3	55.2	54.1	53.1	52.0	51.0	50.0
48.4				60.0	59.1	57.9	56.8	55.7	54.6	53.5	52.5	51.4	50.4
48.6					59.6	58.4	57.3	56.1	55.0	53.9	52.9	51.8	50.8
48.8					60.0	58.9	57.7	56.6	55.5	54.4	53.3	52.2	51.2
49.0						59.3	58.2	57.0	55.9	54.8	53.7	52.7	51.6
49.2						59.8	58.6	57.5	56.3	55.2	54.1	53.1	52.0
49.4						60.0	59.1	57.9	56.8	55.7	54.6	53.5	52.4
49.6							59.6	58.4	57.2	56.1	55.0	53.9	52.9
49.8							60.0	58.8	57.7	56.6	55.4	54.3	53.3
50.0								59.3	58.1	57.0	55.9	54.8	53.7
50.2								59.8	58.6	57.4	56.3	55.2	54.1
50.4								60.0	59.0	57.9	56.7	55.6	54.5
50.6									59.5	58.3	57.2	56.0	54.9
50.8									60.0	58.8	57.6	56.5	55.4
51.0										59.2	58.1	56.9	55.8
51.2										59.7	58.5	57.3	56.2
51.4										60.0	58.9	57.8	56.6
51.6											59.4	58.2	57.1
51.8											59.8	58.7	57.5
52.0											60.0	59.1	57.9
52.2												59.5	58.4
52.4												60.0	58.8
52.6													59.2
52.8													59.7

注：1. 碳化深度大于 6.0mm 时按 6.0mm 查表；

2. 表中未注明的测区混凝土强度换算值为小于 10MPa 或大于 60MPa；

3. 表中未列数据，可用内插法求得，计算结果精确至 0.1MPa；

4. 数据引自《回弹法检测混凝土抗压强度技术规程》JGJ/T 23—2011。

附录C 非水平状态检测时的回弹值修正值

$R_{m\alpha}$	检测角度							
	向上				向下			
	90°	60°	45°	30°	−30°	−45°	−60°	−90°
20	−6.0	−5.0	−4.0	−3.0	+2.5	+3.0	+3.5	+4.0
21	−5.9	−4.9	−4.0	−3.0	+2.5	+3.0	+3.5	+4.0
22	−5.8	−4.8	−3.9	−2.9	+2.4	+2.9	+3.4	+3.9
23	−5.7	−4.7	−3.9	−2.9	+2.4	+2.9	+3.4	+3.9
24	−5.4	−4.4	−3.7	−2.7	+2.2	+2.7	+3.2	+3.7
25	−5.3	−4.3	−3.7	−2.7	+2.2	+2.7	+3.2	+3.7
26	−5.4	−4.4	−3.7	−2.7	+2.2	+2.7	+3.2	+3.7
27	−5.3	−4.3	−3.7	−2.7	+2.2	+2.7	+3.2	+3.7
28	−5.2	−4.2	−3.6	−2.6	+2.1	+2.6	+3.1	+3.6
29	−5.1	−4.1	−3.6	−2.6	+2.1	+2.6	+3.1	+3.6
30	−5.0	−4.0	−3.5	−2.5	+2.0	+2.5	+3.0	+3.5
31	−4.9	−4.0	−3.5	−2.5	+2.0	+2.5	+3.0	+3.5
32	−4.8	−3.9	−3.4	−2.4	+1.9	+2.4	+2.9	+3.4
33	−4.7	−3.9	−3.4	−2.4	+1.9	+2.4	+2.9	+3.4
34	−4.6	−3.8	−3.3	−2.3	+1.8	+2.3	+2.8	+3.3
35	−4.5	−3.8	−3.3	−2.3	+1.8	+2.3	+2.8	+3.3
36	−4.4	−3.7	−3.2	−2.2	+1.7	+2.2	+2.7	+3.2
37	−4.3	−3.7	−3.2	−2.2	+1.7	+2.2	+2.7	+3.2
38	−4.2	−3.6	−3.1	−2.1	+1.6	+2.1	+2.6	+3.1
39	−4.1	−3.6	−3.1	−2.1	+1.6	+2.1	+2.6	+3.1
40	−4.0	−3.5	−3.0	−2.0	+1.5	+2.0	+2.5	+3.0
41	−4.0	−3.5	−3.0	−2.0	+1.5	+2.0	+2.5	+3.0
42	−3.9	−3.4	−2.9	−1.9	+1.4	+1.9	+2.4	+2.9
43	−3.9	−3.4	−2.9	−1.9	+1.4	+1.9	+2.4	+2.9
44	−3.8	−3.3	−2.8	−1.8	+1.3	+1.8	+2.3	+2.8
45	−3.8	−3.3	−2.8	−1.8	+1.3	+1.8	+2.3	+2.8
46	−3.7	−3.2	−2.7	−1.7	+1.2	+1.7	+2.2	+2.7
47	−3.7	−3.2	−2.7	−1.7	+1.2	+1.7	+2.2	+2.7
48	−3.6	−3.1	−2.6	−1.6	+1.1	+1.6	+2.1	+2.6
49	−3.6	−3.1	−2.6	−1.6	+1.1	+1.6	+2.1	+2.6
50	−3.5	−3.0	−2.5	−1.5	+1.0	+1.5	+2.0	+2.5

注：1. $R_{m\alpha}$小于20或大于50时，分别按20或50查表；

2. 表中未列入的相应于$R_{m\alpha}$的修正值$R_{a\alpha}$可用内插法求得，精确至0.1。

附录D 不同浇筑面的回弹值修正值

R_{tm}或R_{bm}	表面修正值 R_{tm}	底面修正值 R_{bm}	R_{tm}或R_{bm}	表面修正值 R_{tm}	底面修正值 R_{bm}
20	+2.5	−3.0	36	+0.9	−1.4
21	+2.4	−2.9	37	+0.8	−1.3
22	+2.3	−2.8	38	+0.7	−1.2
23	+2.2	−2.7	39	+0.6	−1.1
24	+2.1	−2.6	40	+0.5	−1.0
25	+2.0	−2.5	41	+0.4	−0.9
26	+1.9	−2.4	42	+0.3	−0.8
27	+1.8	−2.3	43	+0.2	−0.7
28	+1.7	−2.2	44	+0.1	−0.6
29	+1.6	−2.1	45	0	−0.5
30	+1.5	−2.0	46	0	−0.4
31	+1.4	−1.9	47	0	−0.3
32	+1.3	−1.8	48	0	−0.2
33	+1.2	−1.7	49	0	−0.1
34	+1.1	−1.6	50	0	0
35	+1.0	−1.5			

注：1. R_{tm}（或R_{bm}）小于20或大于50时，分别按20或50查表；

2. 表中有关混凝土浇筑表面的修正值是指一般原浆抹面的修正值；

3. 表中有关混凝土浇筑底面的修正值，是指构件底面与侧面采用同一类模板在正常浇筑情况下的修正值；

4. 表中未列入的相应于R_{tm}（或R_{bm}）的$R_{t\alpha}$（或$R_{b\alpha}$）值，可用内插法求得，精确至0.1。

附录E 常用机械式量测仪表使用技术

一、试验目的

1. 了解机械式量测仪表的种类、特性及构造原理；
2. 掌握机械式仪表的安装、调试及测试方法；
3. 熟悉仪表刻度值、量程、标距、精度等性能指标；
4. 了解一般结构静载试验的加载方法及加载程序。

二、试验设备及仪表

1. 悬臂钢梁：悬臂外伸 400mm，截面尺寸 $b \times h = 30\text{mm} \times 6\text{mm}$；
2. 钢梁弹性模量：$E = 2.1 \times 10^5 \text{N/mm}^2$；
3. 百分表、千分表、杠杆式应变仪、手持式应变仪、磁性表座；
4. 加载砝码 5 枚，每枚重 10N。

三、仪表安装与调试

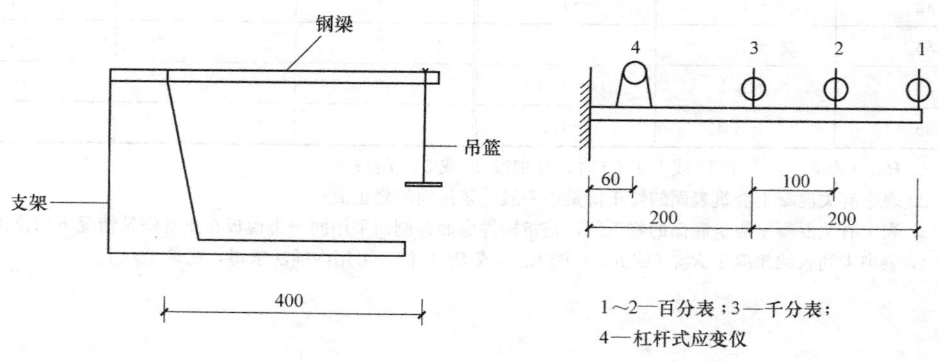

附图 E-1 试验装置及测点布置图

1. *百分表和千分表*

试验装置及测点布置如附图 E-1 所示。百分表和千分表都是用来测量位移和变形的仪表，最小刻度分别为 1/100mm 和1/1000mm。使用时先将仪表固定在磁性表座上，并将表座置于相对固定点，仪表测杆与被测试件接触，并垂直于被测试件表面，试件表面应平整光滑。仪器大小盘读数调整一致，读数以“mm”为单位，读至最小刻度后再估读一位。建筑、桥梁、铁路等工程结构使用过程中，承受各种作用（如荷载等直接作用，温度、混凝土收缩、地震等间接作用），它将产生内力和变形等一系列结构反应。为了解和掌握工程结构在各种作用下的反应，就需要进行试验测试，以获得反映结构性能的各种参数。如图 1-1 所示为某新型结构的抗震性能试验。通过作动器在结构模型上施加低周反复荷载，由位移计和荷载传感器测得结构模型的滞回曲线，进而分析模型结构的抗震性能，包括结构强度、刚度、延性和变形能力等。

2. 杠杆式应变仪

(1) 仪器原理

杠杆式应变仪也称双杠杆引伸仪，是用来测量应变的机械式仪表。通过杠杆原理把构件标距 L 范围内产生的变形 ΔZ，经仪表两组杠杆放大后由指针在刻度盘上标示出。

则构件应变为：

$$\varepsilon=\frac{\Delta Z}{KL}$$

式中 ΔZ——两次读数差值；

L——标准标距，为 20mm；

K——示值放大率，为 1000。

(2) 使用方法

杠杆应变仪的安装质量对其正常工作有很大影响。使用时先检查仪器各部件是否正常，然后关上仪器杠杆闸后，将仪器固定在表架上。试件表面经处理后，把仪器固定在悬臂钢梁上。安装时应使二刀口的连线与量测应变方向一致，并与试件表面相垂直。刀口与试件的压紧程度要适当，压力太小不能保证刀口的移动与试件的变形一致，且在轻微震动下可能脱落，压力太大时易造成刀口不移动，仪表安装见附图 E-2。安装完毕后检查安装质量并打开杠杆闸，调整仪表指针座侧调节螺丝，使指针移至读数盘的适当位置。读数时应读取指针与小镜内影像重合时的读数。

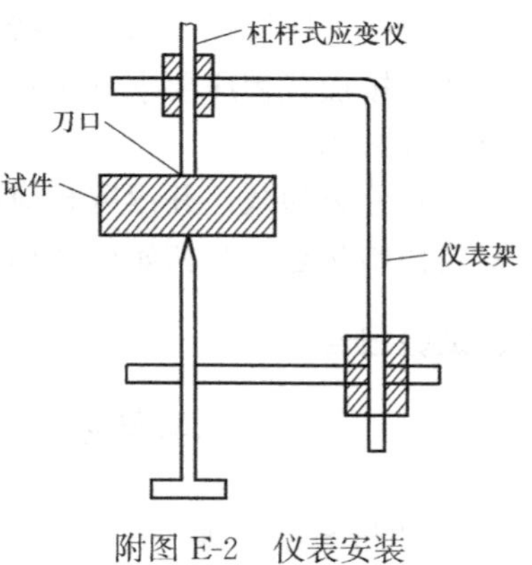

附图 E-2 仪表安装

3. 手持式应变仪

手持式应变仪也是一种用位移计量测应变的仪器，使用时应事前在钢梁上直接形成锥形小穴（或安装脚标），标距为 250mm（标距视不同仪器而定）。测读时将仪器的两个插足插在孔穴中，读取位移计上读数。使用时插足必须与试件表面垂直，加适当压力以保证仪器与试件共同变形，测得加载前后两次读数差值后，即可计算出试件在标距 L 内所产生的平均应变值。

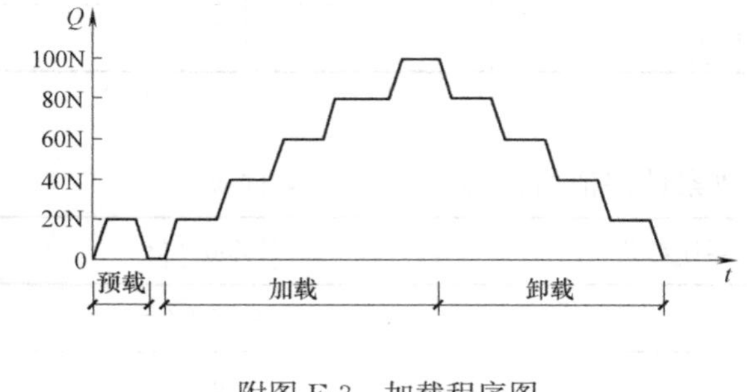

附图 E-3 加载程序图

四、加载程序

试验加载程序如附图 E-3 所示。试验时应先预加一级荷载，观察所有仪表工作是否正常，然后按图示要求进行分级加载，级间间隔时间应根据结构是否完成变形及读数所需时间而定，每加一级荷载，读取每个仪器仪表的测量值。

五、试验步骤

1. 用百分表及杠杆应变仪测量位移及应变

（1）选择测点及构件表面处理。

（2）在所选测点上安装合适量程的仪器，并调整读数，检查仪器是否进入正常工作状态。

（3）预加一级荷载，观察所有仪器是否工作正常。

（4）正式加载前，在同一时间统一读取各仪器读数。

（5）按加载程序要求分级加载，每加完一级荷载后读取仪表读数，并记录入附表 E-1，直至满载 50N。

（6）满载后应分级卸载，并测取相应读数，并记录入附表 E-1。

（7）按以上 4～6 步重复进行 3 次，以得到可靠读数。

2. 用手持式应变仪测量应变

（1）从试验钢梁上拆除百分表及杠杆应变仪。

（2）按上述操作要求将手持式应变仪两插足插入钢梁上锥形小穴内，并读取初读数。

（3）按加载程序要求分级加载，并在每级荷载后读取仪表读数，并记录入附表 E-1，直至满载 50N。

（4）分级卸载，并读取相应读数，并记录入附表 E-1，在荷载为零时注意仪表读数是否回到初始状态，与初始读数相差较大时，应重复试验一次。

六、试验报告

试验日期：　　　　组别：　　　　成绩：

1. 测量数据处理

（1）说明下表中仪表的技术性能指标

技术指标 / 仪器名称	最小刻度值	放大率	量程	标距
百分表				
千分表				
杠杆应变仪				
手持应变仪				

注：应变仪量程用应变表示。

（2）计算杠杆应变仪及手持应变仪读数累计差值所代表应变（50N 时应变）

仪器名称	累计差值	计算应变值
杠杆应变仪		$\varepsilon = \Delta Z/KL=$
手持应变仪		$\varepsilon = \Delta L/L=$

2. 计算钢梁在试验荷载（50N）作用下，测点 1、2、3 处的相应位移理论值及测点 4 应变的理论值。

3. 计算钢梁在试验荷载（50N）作用下，手持式应变仪测量点的应变理论值。

4. 测量误差计算（见下表）

荷载	仪器编号	理论计算值		实测值		$\left\| \frac{\text{理论值}-\text{测量值}}{\text{理论值}} \right\| \times 100\%$
		应变($\mu\varepsilon$)	位移(mm)	应变($\mu\varepsilon$)	位移(mm)	
50N	1 号百分表	/		/		
	2 号百分表	/		/		
	千分表		/		/	
	杠杆应变仪		/		/	
	手持应变仪		/		/	

七、思考题

1. 使用百分表或千分表测量位移时应注意哪些问题？

2. 试述杠杆应变仪及手持应变仪测量应变的工作原理，并说明一个 $\mu\varepsilon$ 的物理含义。

测量数据记录表 **附表 E-1**

仪表读数 / 荷载等级	1号百分表			2号百分表			千分表			杠杆式应变仪			手持式应变仪		
	读数	差值	累计	读数	差值	累计	读数	差值	累计	读数	差值	累计	读数	差值	累计
0N															
10N															
20N															
30N															
40N															
50N															
40N															
30N															
20N															
10N															
0N															

附录F　电阻应变片粘贴与检测技术

一、试验目的

1. 了解电阻应变片的种类、标距、电阻值及其构造；
2. 掌握应变片的选片原则及鉴别应变片质量的方法；
3. 学习电阻应变片的粘贴技术及贴片工艺要求。

二、试验仪表及器材

1. 电桥
2. 兆欧表
3. 万用电表
4. 悬臂钢梁或钢筋试件
5. 25W 电烙铁、剪刀等工具
6. 常温普通型电阻应变片
7. 胶粘剂（KH502 胶粘剂）、环氧树脂、丙酮等化学试剂
8. 导线若干

三、试验方法及步骤

1. 选择电阻应变片

（1）选择应变片的类型和规格

所选应变片规格应根据试验试件的材料性质和试件的应力状态而定。在匀质材料制成的试件上贴片时，一般应选用标距较小的应变片；在非匀质材料制成的试件上贴片时，应选用大、中标距的应变片；试件处于平面应力状态时应该选用应变花。

（2）应变片质量检查

外观检查：可用放大镜进行，对所选定的应变片逐片进行检查，主要检查有无气泡、霉斑、锈点等缺陷，以及栅丝是否平直、整齐、均匀，不合格的应变片应剔除。

电阻值检查：先用万用电表检查是否有断路和短路，然后用电桥逐个测量其电阻值，并进行电阻值选配。在同一测区内的应变片的阻值应基本一致，阻值相差不得超过仪器可调平的允许范围。

2. 试件测点表面处理

为了保证应变片与测点表面粘结牢固，测点表面必须平整干净，钢材试件表面应除锈打磨。先用工具或化学试剂除去试件待测表面漆层、电镀层、锈斑及污垢覆盖层，然后用 80 号砂布打平磨光，再用 120 号砂布打成与测量方向成 45°交叉斜纹，吹去浮尘后用棉球蘸丙酮沿一个方向擦拭干净。最后在试件上画出测点定位标记，等待贴片。

3. 粘贴应变片

贴片前应准备聚乙烯类塑料薄膜若干片（每片大小约是应变片基底面积的 2～3 倍）。使用 502 快干胶贴片时，应左手捏住应变片引线，分清应变片正反面后，右手上胶，胶水应匀而薄且不宜过多。稍等片刻，待胶水开始发黏时，迅速将应变片粘在试件的标记位置上，并校正方向贴好。再垫上塑料薄膜，用手指来回滚压，挤出空气，以保证粘贴平整、均匀、牢固。

4. 固化处理

贴片后必须使胶粘剂充分干燥，以保证固化后能传递试件的变形和保证应变片的绝缘度，一般靠自然干燥让溶剂挥发而固化。但当温度低于 15℃时，为加快这一过程，可用红外线灯或热吹风机将粘片区加热至 40～50℃。温度过高可能引起脱壳，甚至损伤应变片。

5. 焊接导线

焊接导线前，应先在应变片引出线处粘贴绝缘性较好的接线端子，接线端子（1～2mm 厚覆铜绝缘板制成）粘贴牢固后再将引出线焊于接线端子上，最后把测量导线的一端与接线端子连接，见附图 F-1。

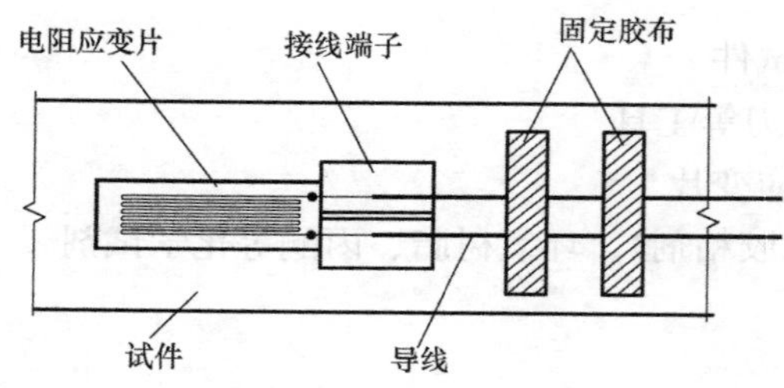

附图 F-1　应变片与导线连接及固定方法

6. 贴片质量检查

（1）用放大镜检查贴片方位是否准确，有无缺角、气泡，焊接点是否存在虚焊，导线固定是否牢固等外观质量问题。

（2）用兆欧表量测应变片与试件绝缘度是否满足要求。一般静动态测量绝缘电阻值均大于 200MΩ 以上方为合格。

（3）用万用电表检查是否短路或断路，并用电桥测量应变片电阻值有无变化，一般在胶层固化后应变片电阻值应无明显变化。

（4）如有必要重贴时，一定要除去原有胶层，重新擦洗、画线、涂胶重贴。

7. 应变片防潮处理

当环境湿度较大或在较长时间内须进行重复试验时，应采用防潮措施，以保证应变片正常工作。防潮措施应在应变片粘贴质量检查合格后立即进行。一般环境条件下用松香石蜡（1：2）加热溶化、脱水调匀，降温至 50℃左右时，均匀涂于应变片上，厚度约为 2mm，且必须覆盖整个应变片并稍大 5mm 左右。需做防水处理时，一般采用环氧树脂胶。环氧树脂胶配比为：环氧树脂：邻苯二甲酸二丁酯：乙二胺＝100：15：7 。

四、试验报告

试验日期:　　　　　　组别:　　　　　　成绩:

1. 试述应变片的性能指标及选片要求。

2. 应变片阻值相差过大对测量结果有何影响?

3. 简述粘贴应变片的工艺流程，指出贴片时应注意的问题。

附录G　钢筋混凝土受弯构件正截面破坏试验

一、试验目的

1. 了解受弯构件正截面的承载力大小、挠度变化及裂缝出现和发展过程；
2. 了解受弯构件受力和变形过程的三个工作阶段及适筋梁的破坏特征；
3. 测定受弯构件正截面的开裂荷载和极限承载力，验证正截面承载力计算方法。

二、试件、试验仪器设备

1. 试件特征

（1）根据试验要求，试验梁的混凝土强度等级为C20，纵向受力钢筋强度等级Ⅰ级。

（2）试件尺寸及配筋如附图G-1所示，纵向受力钢筋的混凝土净保护层厚度为15mm。

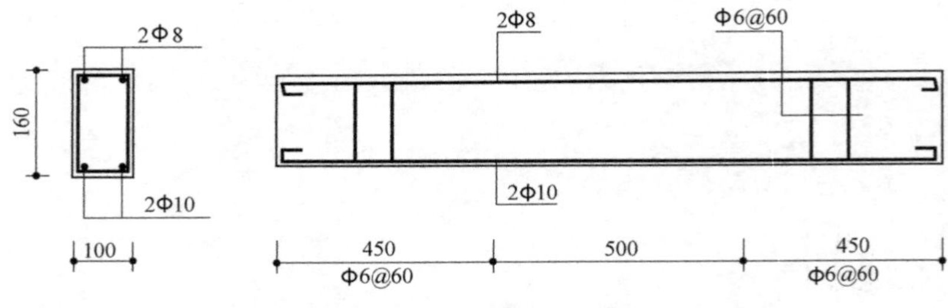

附图G-1　试件尺寸及配筋图

（3）梁的中间500mm区段内无腹筋，其余区域配有ϕ6@60的箍筋，以保证不发生斜截面破坏。

（4）梁的受压区配有两根架立筋，通过箍筋与受力筋绑扎在一起，形成骨架，保证受力钢筋处在正确的位置。

2. 试验仪器设备

（1）静力试验台座、反力架、支座及支墩

（2）20t液压千斤顶及手动油泵

（3）20t荷重传感器

（4）YD-21型动态电阻应变仪

（5）X-Y函数记录仪

（6）DH3818型静态电阻应变仪

（7）读数显微镜及放大镜

（8）位移计（百分表）及磁性表座

（9）电阻应变片、导线等

三、试验装置及测点布置

1. 试验装置图（附图 G-2）

（1）在加荷架中，用千斤顶通过传力梁进行两点对称加载，使简支梁跨中形成长500mm的纯弯曲段（忽略梁的自重）。

（2）构件支座构造应保证试件端部转动及其中一端水平位移不受约束，基本符合铰支承的要求。

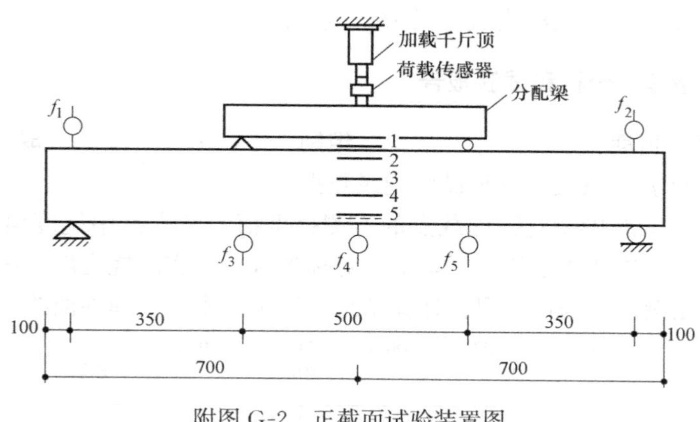

附图 G-2　正截面试验装置图

2. 测点布置

（1）在纵向受力钢筋中部预埋电阻应变片，用导线引出，并做好防水处理，设ε_{s1}、ε_{s2}为跨中受拉主筋应变测点。

（2）纯弯区段内选一控制截面，在该截面处梁的受压区边缘布一应变测点ε_{c1}，侧面沿截面高度布置 4 个应变测点ε_{c2}（附图 G-2 跨中 2 点）～ε_{c5}（附图 G-2 跨中 5 点），用来测量控制截面的应变分布。

（3）梁的跨中及两个对称加载点各布置一位移计 f_3～f_5，量测梁的整体变形，考虑在加载的过程中，两个支座受力下沉，支座上部分别布置位移测点 f_1 和 f_2，以消除支座下沉对挠度测试结果的影响。

四、试验步骤

1. 加载方法

（1）采用分级加载，开裂前每级加载量取 5%～10%的破坏荷载，开裂后每级加载量增加为 15%的破坏荷载。

（2）试验准备就绪后，首先预加一级荷载，观察所有仪器是否工作正常。

（3）每次加载后持荷时间为不少于 10 分钟，使试件变形趋于稳定后，再仔细测读仪表读数，待校核无误，方可进行下一级加荷。加荷时间间隔控制为 15 分钟，直至加到破坏为止。

2. 测试内容

（1）试件就位后，按照试验装置要求安装好所有仪器仪表，正式试验之前，应变仪各测点依次调平衡，并记录位移计初值，然后进行正式加载。

（2）测定每级荷载下纯弯区段控制截面混凝土和受拉主筋的应变值ε_c和ε_s，以及混凝土开裂时的极限拉应变ε_{tu}与破坏时的极限压应变ε_{cu}，将应变读数分别记录入附表G-1。

（3）测定每级荷载下试验梁的支座下沉挠度、跨中挠度及对称加载点的挠度，并记入附表G-2中。

（4）用放大镜仔细观察裂缝的部位，并在裂缝旁边用铅笔绘出裂缝的延伸高度，在顶端画一水平线注明相应的荷载级别。用读数显微镜测试1～3条受拉主筋处的裂缝宽度，取其中最大值。试验破坏后，绘出裂缝分布图。

（5）测定简支梁开裂荷载、正截面极限承载力，详细记录试件的破坏特征。

（6）用X-Y函数记录仪绘出试验梁P-f变形曲线。

五、试验结果的整理、分析和试验报告

试验日期：　　　　　　　　　组别：　　　　　　　　　成绩：

1. 认真填写试验记录表，整理试验记录数据。

2. 计算每级荷载跨中及对称加载点的实测挠度值。其中跨中挠度值等于跨中位移计测量值减去两支座位移计测量值的平均值。对称加载点的实测挠度应考虑支座沉降的影响且按测点距离的比例进行修正。根据计算结果，绘出简支梁的弹性曲线（整体变形曲线）。

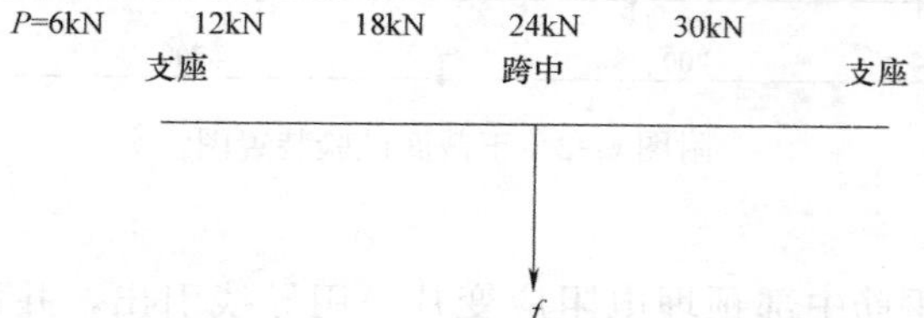

3. 绘制M/M_u-f、M/M_u-ε_s、M/M_u-ε_c（受压区边缘）曲线，分析受弯构件正截面受力与变形过程的三个工作阶段。

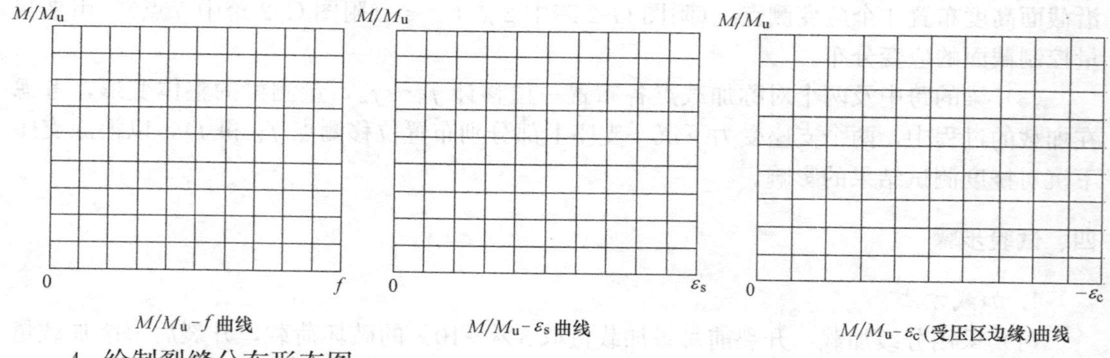

M/M_u-f曲线　　M/M_u-ε_s曲线　　M/M_u-ε_c(受压区边缘)曲线

4. 绘制裂缝分布形态图。

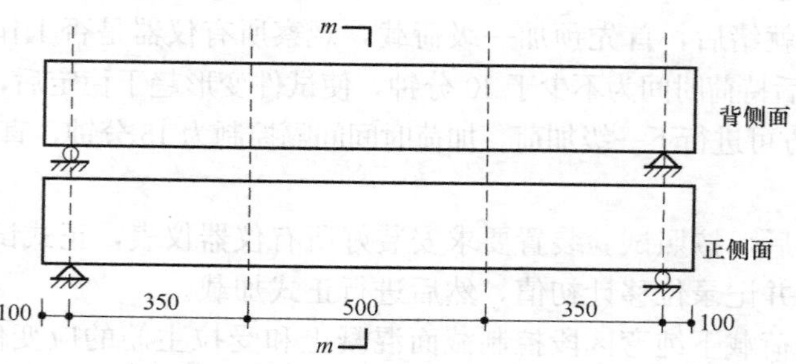

5. 将控制截面实测各点应变值绘制在跨中正截面（m-m）应变分布图中（下部混凝土开裂后用钢筋应变值）。

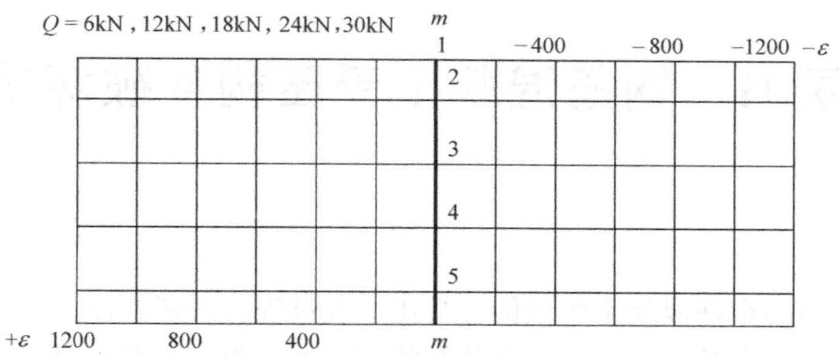

6. 根据试验梁材料的实测强度及几何尺寸，计算正截面承载力的理论值，并与梁的正截面承载力实测值进行比较，计算出实测值与理论值的符合程度$=\dfrac{\text{实测值}}{\text{理论值}}$。

挠度记录 **附表 G-1**

加荷序数	加荷时间	荷载（kN）	f_1			f_2			f_3			f_4		
			读数	差值	累计	读数	差值	累计	读数	差值	累计	读数	差值	累计

应变记录 **附表 G-2**

加荷序数	加荷时间	荷载（kN）	测点ε_{c1}			测点ε_{c2}			测点ε_{c3}			测点ε_{c4}		
			读数	差值	累计	读数	差值	累计	读数	差值	累计	读数	差值	累计

附录 H　钢筋混凝土受压构件破坏试验

一、试验目的

1. 通过试验观察钢筋混凝土短柱偏心受压承载过程及破坏特征；
2. 了解偏心受压短柱中央截面应力分布状态、侧向弯曲及裂缝分布和开展过程；
3. 测定偏心受压短柱极限承载力，并验证钢筋混凝土短柱偏心受压承载力计算方法；
4. 初步掌握偏心受压柱静载试验的一般过程和测试方法。

二、试验仪器设备

1. 2000kN 长柱试验机
2. DH3818 型静态电阻应变仪
3. 位移计、磁性表架
4. 电阻应变片及导线
5. 读数显微镜、放大镜等其他工具

三、试件特征及试验装置

1. 试件特征

(1) 试件尺寸及配筋如附图 H-1 所示。

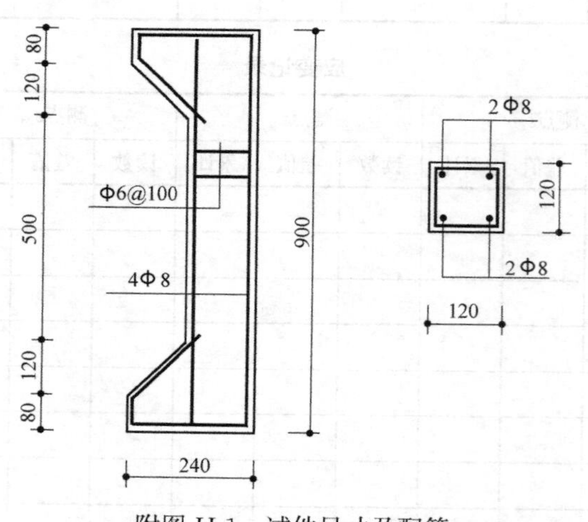

附图 H-1　试件尺寸及配筋

(2) 混凝土强度等级 C20，受力钢筋强度等级Ⅰ级。

(3) 在浇筑试件之前，预先粘贴好设在受力钢筋上的电阻应变片，并作好防水处理。

(4) 混凝土净保护层厚度 20mm。

2. 试验装置

试验装置及测点布置如附图 H-2 所示。

（1）在柱子的中央截面混凝土受拉面及受压面各布置两个应变测点。

（2）纵向受力钢筋各布置一个应变测点。

（3）在柱子的中央侧面安装一个位移计，在中央截面距柱端的二分之一处侧面各安装一个位移计，用来测量短柱的侧向位移。

（4）偏心距 $e_0=25$mm。

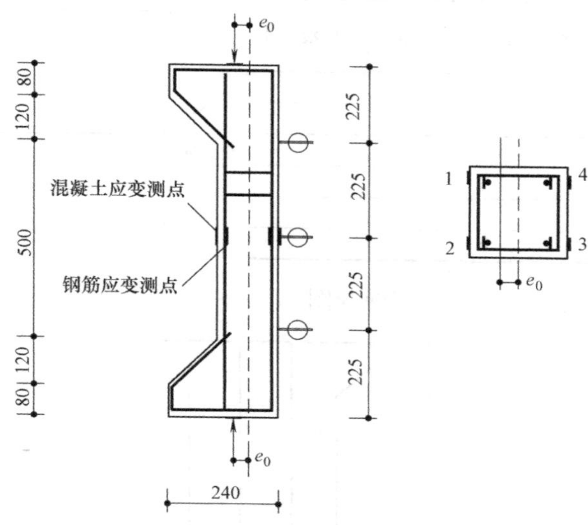

附图 H-2　试验装置及测点布置

四、试验步骤

1. 试件就位

（1）试件就位之前，将混凝土应变测点表面清理干净，粘贴好应变片并用导线引出。

（2）试件就位及几何对中后，再进行力学对中，然后将加载点移至偏心距处，加适量的初载，固定好试件，并安装好位移计。

（3）各测量仪器调零或读取初读值。

2. 加载方法

（1）采用分级加载，每级加荷载 10%～15%破坏荷载。

（2）每加一级荷载，持荷 5 分钟后，开始测读各测点的读数。

3. 测试内容

（1）测定每级荷载下中央截面混凝土和钢筋的应变值，记入附表 H-1 和附表 H-2。

（2）测定每级荷载下试验柱的侧向位移值，记入附表 H-3。

（3）用放大镜仔细观察纵向裂缝，并标记裂缝出现的部位及延伸长度。用读数显微镜测定主要裂缝的宽度，并作详细记录。

（4）测定柱的开裂荷载及极限承载力。

（5）试件破坏后，绘制偏心受压短柱的破坏形态图。

五、试验数据整理及试验报告

试验日期：　　　　　　组别：　　　　　　成绩：

1. 根据试验数据，计算各级荷载下，靠近纵向力一侧（正面）受力钢筋及混凝土应变平均值和离纵向力较远一侧（背面）受力钢筋及混凝土应变平均值，并绘出中央控制截面前6级荷载混凝土平均应变分布图。

钢筋及混凝土平均应变计算表

位置 荷载	正面钢筋	背面钢筋	正面混凝土	背面混凝土
1级				
2级				
3级				
4级				
5级				
6级				

1～6级荷载混凝土平均应变分布图

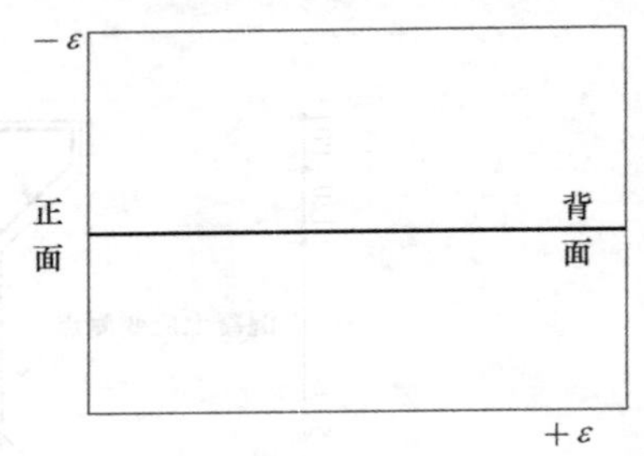

2. 绘出偏心受压构件的破坏形态展开图。

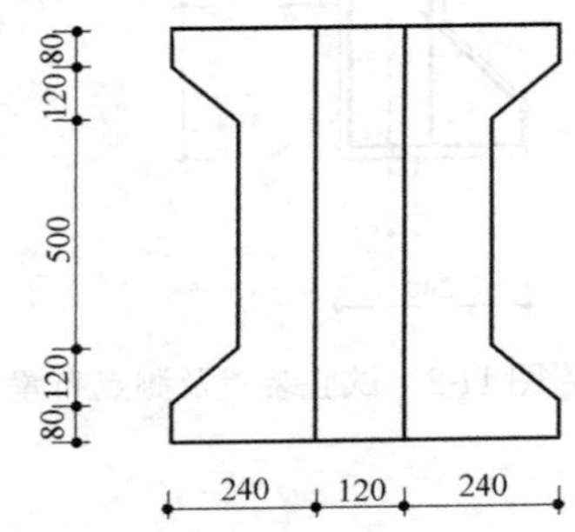

3. 绘制短柱实测 N-f（控制截面侧向位移）曲线。

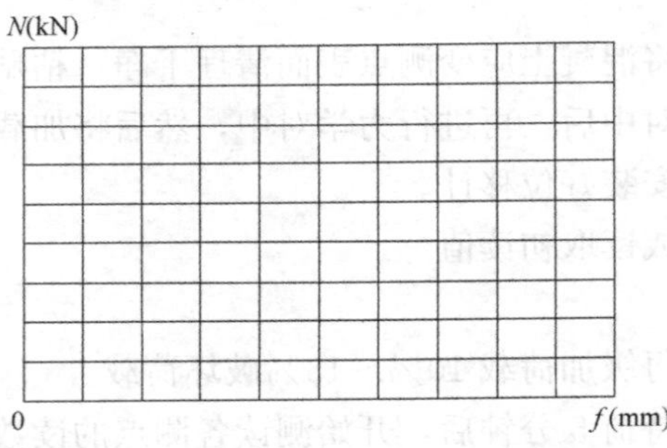

4. 根据试件材料的实测强度，计算偏心受压构件极限承载力，并与实测承载力进行比较。（注：取 $\xi=0.621$，附加偏心距 $e_a=h/30$）

挠度记录 **附表 H-1**

加荷序数	加荷时间	荷载（kN）	f_1			f_2			f_3			f_4		
			读数	差值	累计	读数	差值	累计	读数	差值	累计	读数	差值	累计

应变记录（1） **附表 H-2**

加荷序数	加荷时间	荷载（kN）	测点ε_{c1}			测点ε_{c2}			测点ε_{c3}			测点ε_{c4}		
			读数	差值	累计	读数	差值	累计	读数	差值	累计	读数	差值	累计

应变记录（2） **附表 H-3**

加荷序数	加荷时间	荷载（kN）	测点ε_{c5}			测点ε_{c6}			测点ε_{s1}			测点ε_{s2}		
			读数	差值	累计	读数	差值	累计	读数	差值	累计	读数	差值	累计

参考文献

[1] 易伟建，张望喜．建筑结构试验（第四版）[M]．北京：中国建筑工业出版社，2016.
[2] 徐奋强，董晓进，李卫青．建筑工程结构试验与检测 [M]．北京：中国建筑工业出版社，2017.
[3] 胡忠君，贾贞．建筑结构试验与检测加固（第2版）[M]．武汉：武汉理工大学出版社，2017.
[4] 马永欣，郑山锁．结构试验 [M]．北京：科学出版社，2001.
[5] 姚振纲，刘祖华．建筑结构试验 [M]．上海：同济大学出版社，1996.
[6] 刘明．土木工程结构试验与检测 [M]．北京：高等教育出版社，2008.
[7] 杨德健，王宁．建筑结构试验 [M]．武汉：武汉理工大学出版社，2005.
[8] 王天稳．土木工程结构试验（第2版）[M]．武汉：武汉理工大学出版社，2006.
[9] 宋彧．土木工程试验 [M]．北京：中国建筑工业出版社，2011.
[10] 熊仲明，王社良．土木工程结构试验（第二版）[M]．北京：中国建筑工业出版社，2015.
[11] 赵来顺，张淑云．土木工程结构试验与检测 [M]．北京：化学工业出版社，2015.
[12] 姚谦峰．土木工程结构试验（第二版）[M]．北京：中国建筑工业出版社，2008.
[13] 周明华．土木工程结构试验与检测（第3版）[M]．南京：东南大学出版社，2013.
[14] 朱柏龙．结构抗震试验 [M]．北京：地震出版社，1989.
[15] 邱法维，钱稼茹，陈志鹏．结构抗震试验方法 [M]．北京：科学出版社，2000.
[16] 中华人民共和国住房和城乡建设部，中华人民共和国国家质量监督检验检疫总局．混凝土结构试验方法标准 GB/T 50152—2012 [S]．北京：中国建筑工业出版社，2012.
[17] 中华人民共和国住房和城乡建设部．建筑抗震试验规程 JGJ/T 101—2015 [S]．北京：中国建筑工业出版社，2015.
[18] 中华人民共和国住房和城乡建设部．回弹法检测混凝土抗压强度技术规程 JGJ/T 23—2011 [S]．北京：中国建筑工业出版社，2011.
[19] 中国工程建设标准化协会．超声法检测混凝土缺陷技术规程 CECS 21：2000 [S]．北京：中国建筑工业出版社，2001.
[20] 中国工程建设标准化协会．超声回弹综合法检测混凝土强度技术规程 CECS 02：2005 [S]．北京：中国建筑工业出版社，2005.
[21] 中国工程建设标准化协会．拔出法检测混凝土强度技术规程 CECS 69：2011 [S]．北京：中国建筑工业出版社，2011.
[22] 中国工程建设标准化协会．钻芯法检测混凝土强度技术规程 CECS 03：2007 [S]．北京：中国建筑工业出版社，2007.
[23] 中华人民共和国住房和城乡建设部，中华人民共和国国家质量监督检验检疫总局．混凝土强度检验评定标准 GB/T 50107—2010 [S]．北京：中国建筑工业出版社，2010.
[24] 蔡新江，田石柱．振动台试验方法的研究进展 [J]．结构工程师，2011，27（s）：42-46.
[25] 周颖，吕西林．建筑结构振动台模型试验方法与技术 [M]．北京：科学出版社，2012.
[26] 宗周红，陈亮，黄福云．地震模拟振动台台阵试验技术研究及应用 [J]．结构工程师，2011，27（s）：6-14.
[27] 国巍，余志武，蒋丽忠．地震模拟振动台台阵性能评估与测试注记 [J]．科技导报，2013，31（12）：53-58.
[28] 蔡新江．基于 NetSLab 平台及 MTS 系统接口的远程协同试验技术研究 [D]．硕士学位论文．哈尔滨工业大学，2006.
[29] 范云蕾．结构远程协同拟动力试验方法研究及平台 [D]．硕士学位论文．湖南大学，2006.
[30] 茹继平，肖岩．美国地震工程模拟网系统 NESS 计划及在我国实现远程协同结构试验的设想 [J]．建筑结构学报，2002，23（6）：91-94.
[31] 刘春生，夏代林．现代测试技术与工程结构安全评估 [C]．中国岩土力学与工程学会第六次学术大会论文集，2000.
[32] 王大鹏．远程协同结构拟动力试验方法与技术研究 [D]．博士学位论文．哈尔滨工业大学，2009.
[33] 曹江．大型预制装配式混凝土风洞施工关键技术研究 [D]．硕士学位论文．东南大学，2017.

［34］肖岩，胡庆，郭玉荣．结构拟动力远程协同试验网络平台的开发研究［J］．建筑结构学报，2005，26（3）：122-129

［35］吕建民，郭玉荣，肖岩．结构远程协同试验研究进展［J］．建筑科学与工程学报，2006，23（4）：38-43.

［36］李博平，张宗国，廖小烽，等．施工应用背景下混凝土风洞工程 BIM 模型创建研究［J］．施工技术，2014，21：13-16.

［37］赵宪忠，李秋云．土木工程结构试验量测技术研究进展与现状［J］．西安建筑科技大学学报（自然科学版），2017，49（1）：48-55.

［38］张伟．图形数字化技术在土木工程结构试验中的应用探究［J］．工程技术，2016，43（11）：112-113.

［39］李炳生，汤海林，张其林．结构试验与加载检测技术的发展及其应用［J］．结构工程师，2011，27（s）：69-75.